焦虑的意义

〔美〕罗洛·梅 著

程 璇 郑世彦 译

THE MEANING OF ANXIETY

浙江教育出版社·杭州

只 为 优 质 阅 读

好
读
———
Goodreads

初版前言

　　本书谈论的是当今时代最紧迫的问题之一，也是我多年来探索、研究和思考的成果。对心理学家和精神病学家而言，临床经验已经证明，心理治疗的核心问题在于厘清焦虑的本质。只要我们能够解决这个问题，便在理解人格整合与分裂的原因方面迈出了第一步。

　　但是，如果焦虑仅仅是一种适应不良的现象，我们大可把它交给心理咨询室或诊所，而本书也会被送到专业图书馆。然而，如今我们生活在一个"焦虑的时代"，证据可以说无处不在。如果我们透过政治、经济、商业、职业或家庭危机的表面，深入探索它们的心理原因，或者试图去理解当今时代的艺术、诗歌、哲学和宗教，那么我们几乎在每一个角落都会遇到焦虑的问题。在当今这个变化无常的世界里，日常生活的压力和紧张是如此之巨，以至于每个人都必须面对焦虑，并以某种方式来处理它。

在过去的一百年里，基于本书将要提到的原因，心理学家、哲学家、社会历史学家和其他人文学者，越来越关注这种紧跟现代人脚步的、无名又无形的不安。然而，据我所知，迄今为止只有两本相关的图书出版，分别是克尔凯郭尔和弗洛伊德的作品。它们客观地描述了焦虑的面貌，并提出了应对焦虑的建设性方法。

本书试图将西方文化中不同领域研究者提出的焦虑理论汇集起来，找出这些理论中的共同元素并加以阐明，以便我们在一些共同的基础上来做进一步的探究。如果本书所做的对焦虑理论的综合，能够为这个领域带来一些秩序和条理，那么我的大部分目标也就达到了。

当然，焦虑不仅仅是一个抽象的理论概念，它还具有实际的重要性，就像一艘船在离岸一英里的海上倾覆之后，游泳对落水者而言的重要性。如果对焦虑的讨论与当前的人类问题无关，那么就不值得去写作或阅读。因此，本书通过对实际焦虑情境和精选案例的研究，来验证我对焦虑理论的综合，从而发现有多少具体的证据可以支持我对以下问题的结论：焦虑意味着什么，以及它在人类经验中有什么作用？

为了保证本研究在可控的范围内，我仅仅挑选了同时代人的观察结果，甚至只挑选了其中最重要的人物的观察结果。这些人代表了我们所经历的西方文明，有像克尔凯郭尔这样的哲学家，也有像弗洛伊德这样的心理治疗师，还有小说家、诗人、经济学家、社会历史学家，以及其他对人类问题有着敏锐洞察力的人。虽然这些时间和空间上的限制，可以使焦虑问题更加凸显，但这并不意味着焦虑仅仅是现代的问题或西方的问题。我希望本书能够激发焦虑领域其他类似的研究。

由于人们对焦虑这个主题的普遍关注，我将自己的研究结果呈现给大家，以便不仅专业读者，还有学生、社会科学家，以及想从心理学角度解读现代问题的读者，都能够了解这些发现。实际上，本书是为那些心有担忧的公众而写的，他们能够感受到当今时代的压力和引起焦虑的冲突，他们询问自己这种焦虑可能的原因和意义，以及该如何处理这种焦虑。

对现代心理治疗学派的比较研究感兴趣的人，可以把本书视为一本实用的教科书，因为它展示了这一领域十几位代表人物的观点。要理解这些不同的学派，最好的方法莫过于比较它们关于焦虑的理论。

在本书写作期间，我与许多同事和朋友进行了讨论，我对焦虑的看法也因此变得更加深刻和开阔，因为人数众多，无法一一致谢。但我要特别感谢莫勒（O. H. Mowrer）博士、戈德斯坦（Kurt Goldstein）博士、蒂利希（Paul

Tillich）博士和劳埃德-琼斯（Esther Lloyd-Jones）博士，他们在不同阶段分别阅读了我的手稿，并与我讨论了他们各自领域中的焦虑问题，使我深受启发。我还要感谢弗洛姆（Erich Fromm）博士和威廉·阿兰森·怀特精神病学、精神分析和心理学研究所（William Alanson White Institute of Psychiatry，Psychoanalysis and Psychology）的其他同事，他们也对这项研究提供了直接或间接的帮助。最后，我还要感谢某家机构的精神科医生和社会工作者，本书中未婚妈妈的案例研究就是在那里完成的。这些同事和朋友为我了解这些个案提供了专业帮助，但出于伦理的原因，他们必须保持匿名。

罗洛·梅

纽约州，纽约市

1950年2月

修订版前言

自本书于1950年首次出版以来，人们对焦虑的兴趣逐渐增长，关于焦虑的研究也大量出现。在1950年以前，只有两本关于焦虑的著作；而在过去的25年里，竟然出版了20本相关著作。同样，在1950年以前只有6篇相关论文；而在1950年以后，关于焦虑及相关主题的论文至少有6000篇。毫无疑问，焦虑已经从专业人士昏暗的办公室走进了万众瞩目的大市场。我很欣慰，本书初版在这一过程中起到了助推的作用。

然而，即使集聚了天才们的努力，我知道也没人敢声称已经解开焦虑之谜。我们的知识确实在增长，但我们仍未学会如何处理焦虑。譬如本书初版中提出的"正常焦虑"这一概念，虽然在理论上已被普遍接受，但它隐含的意义却仍未得到正视。我们仍在执着于一个不合逻辑的信念："心理健康就是过着没有焦虑的生活。"我们似乎没有意识到，"没有焦虑的生活"这个妄念暴露了人们对现实的根本误解——在这个有原子辐射和氢弹的时代，人们不可能没有焦虑。

焦虑是有意义的。虽然这个意义有破坏性的一面，但也可能有建设性的一面。人类之所以能生存下来，是因为我们在远古时期便面对焦虑。正如弗洛伊德和阿德勒所言，原始人最初体验到的焦虑是一种警告，因为野兽的尖牙利爪对他们的生命构成了威胁。焦虑在人类进化过程中扮演了重要的角色，它帮助我们的祖先发展了思考的能力及使用符号和工具的能力，从而扩展了自己的势力范围。

但在今天，有人仍然认为主要威胁来自有形敌人的尖牙利爪。实际上，这些威胁在很大程度是心理上的，从更广泛的意义上讲是精神上的。也就是说，威胁来自一种无意义感。我们不再是老虎和乳齿象的猎物，但我们害怕自尊心受损、被群体排斥或者在竞争中失败。虽然焦虑的形式改变了，但焦虑的体验却没有变。

焦虑是人类的基本处境。举个我个人的例子，尽管我已经身经百战，但在每次演讲前，我都会感到有些焦虑。有一天，我厌倦了这种似乎没有必要的紧张，于是我下定决心，要让自己摆脱这种焦虑。那天晚上，当我登上讲台时，我非常放松，一点也不紧张。但是，我的演讲非常糟糕。没有了紧张感，没有了挑战感，也没有了赛马站在起跑线上的激情，而这些都是正常焦虑所表现出的身心状态。

面对焦虑能够（注意是"能够"而不是"将会"）使我们摆脱无聊，使我们更加敏锐，使我们保持人类生存所必需的张力。一个人有焦虑，便表明他有活力。就像发烧一样，焦虑证明了个体内心在进行一场斗争。只要这场斗争继续下去，就有可能找到建设性的解决方案。而当焦虑消失时，斗争就结束了，抑郁便会随之而来。这就是为什么克尔凯郭尔认为，焦虑是我们"最好的老师"。他指出，每当出现新的可能性时，焦虑也会随之浮现。这些思考指向了当代研究中很少触及的一个主题——焦虑与创造力、原创性以及智力之间的关系。本书的第三部分虽然只对这个主题进行了简短的讨论，但在这一版中完全是新增内容。

我相信，这样一个大胆的理论是必要的，它不仅有助于我们理解"正常"焦虑和"神经质"焦虑，还有助于理解文学、艺术和哲学中的焦虑。这个理论必须在最高的抽象层面上加以表述。我认为这个理论建立在这一定义之上，即焦虑是存在肯定自我并对抗非存在的体验。非存在是指各种会分解或摧毁存在的东西，比如攻击性、疲劳、无聊，以及终极的死亡。我重新修订本书，希望它的出版有助于这一焦虑理论的形成。

在此，我要向鼓励我修订本书的研究生和同事表示感谢，这项工作比我所预想的更有意义。特别感谢我的研究助理乔安妮·库珀（Joanne Cooper）博士，她不仅大力协助我搜索这一主题的文献，而且向我提供了许多深刻的建议。

罗洛·梅

加利福尼亚州，蒂伯龙市

1977年6月

我发现，所有令我害怕的东西，除了心灵受其影响之外，都没有好坏之分。

——斯宾诺莎《知性改进论》

　　我想说，学习了解焦虑是一场冒险，如果一个人不想因不了解焦虑或被其吞没而走向毁灭，那么他就必须冒险。因此，那些学会正确对待焦虑的人，就已经学会了最重要的事情。

——克尔凯郭尔《恐惧的概念》

　　毫无疑问，焦虑问题是许多重要问题的节点，它就像一个谜，而其谜底必将为我们的整个精神世界投下光芒。

——弗洛伊德《精神分析引论》

目　录

第一部分

焦虑的现代解读

第一章　20世纪中叶的焦虑

当整整一代人被困在……

两个时代之间，两种生活模式之间，

其结果就是，他们丧失了理解自身的能力，

没有行为规范，没有安全感，甚至没有基本的共识。

——黑塞《荒原狼》

社会中每一个机警的公民，都能从他自己的经验和对别人的观察中认识到：焦虑是20世纪一种普遍而深刻的现象。自1945年原子弹诞生以来，焦虑从一个隐蔽的问题变成了一个公开的问题。当时，那些警觉的公民不仅意识到更明显的焦虑情境，比如失控的核战争、激进的政治运动和经济动荡，还察觉到自己和他人身上不那么明显但更深层、更个人化的焦虑来源；后者包括内在的困惑、异化、心理的迷失，以及价值观和行为准则上的不确定。因此，试图"证明"我们这个时代的焦虑无处不在，正如大白天提灯笼，实属多此一举。

既然社会中焦虑的隐性来源已经得到普遍承认，那么我们在这一章的任务，就是说明焦虑是如何浮出水面的，以及它如何在一定程度上成为西方文化中许多不同领域的显性问题。人们有这样一种印象：在20世纪中叶，科学、诗歌、宗教和政治等不同领域，似乎都在探究焦虑这个核心问题。二三十年前，或许还能称其为"隐性的焦虑时代"——我将在本章后面说明这一点——但到了20世纪中叶，正如奥登和加缪所说，已经是"显性的焦虑时代"。焦虑问题由隐性向显性转化，从一个"情绪"问题变成了我们必须不遗余力去界定和澄清的紧急课题，这确实是值得注意的现象。

不仅在理解和治疗情绪障碍和行为障碍时，焦虑被认为是弗洛伊德所说的"关键问题"，而且在文学、社会学、政治与经济思想、教育、宗教和哲学等不同领域中，焦虑同样被视为关键课题。我将引用这些领域中的例子，先从更普遍的描述开始，再到把焦虑作为科学问题的具体考量。

文学中的焦虑

如果要探究20世纪二三十年代美国文学中呈现出的焦虑，我们看到的必然是焦虑的症状表现，而不是显性的焦虑本身。尽管在那个时期，公开的、明显的焦虑迹象并不多见，但学者们还是可以发现大量潜在焦虑的症状表现。举个例子，回想一下像托马斯·沃尔夫（Thomas Wolfe）这样的小说家，他的作品中那种显著的孤独感，以及不停求索的品质——疯狂地、强迫性地追求却一再受挫——就是一种焦虑的表现。从本书展示的焦虑案例中，我们可以看到，大多数情况下的焦虑，在本质上与沃尔夫的《你不能再回家》（*You Can't Go Home Again*）这一书名所象征的意义密切相关。我们将会看到，神经质焦虑的发生往往是因为这些人无法接受"不能回家"的心理意义，即心理自主权的丧失。人们可能会好奇（因为意识到文学艺术家运用象征手法，以惊人的准确性描述了他们文化中的无意识假设和冲突），沃尔夫笔下的象征意象是否意味着，20世纪20年代末至30年代初的美国人开始认识到，他们不仅不能再回家了，过去维系安全感的经济、社会和道德标准也不复存在了。这一认识的结果是，伴随着一种"无家可归"的感觉，我们看到越来越多显性的焦虑，它已成为一个意识层面的问题。如果我们把这一现象看作关于家庭和母亲核心象征的揣测，那么它可能会有效地提出一个问题，我们将以更具体的形式，在这项焦虑研究中不断面对这个问题。

到1950年，焦虑在当代的文学作品中开始了显性表达。诗人奥登用他认为最准确的描述时代特性的词汇，把自己的诗歌命名为《焦虑的年代》[1]。尽管奥登对诗中四个人内心体验的解释是以战争为时代背景的——那时"恐惧已成必然，自由令人厌倦"[2]——但他清楚地表明，诗中人物以及同时代其他人焦虑的根本原因并不只在战争，而在更深的层次之中。诗中的四个人物，虽然气质和背景不尽相同，但有着相同的时代特征：孤独、丧失为人的价值、无法体验爱与被爱——尽管他们有共同需求、能共同努力，也有酒精提供的短暂喘息。这种焦虑的根源可以在我们文化的某些基本趋势中找到，在奥登看来，其中之一便是从众（conformity）的压力，它出现在一个商业与机械的价值被奉为神明的世界里：

---

1 奥登：《焦虑的年代》（*The Age of Anxiety*，New York，1947）。
2 奥登：《焦虑的年代》，第3页。

我们继续前行

如巨轮滚滚；革命

见证一切，兴衰成败

无情的买卖……[1]

……这个愚蠢的世界

精品巧器就是上帝，我们不停交谈，

没完没了，但仍旧孤独，

活着却孤独，归乡——何处？——

像无根的野草。[2]

　　而诗中的四个人物可能面临的处境是，他们也将被拉入这毫无意义的机械化日常中：

……我们所知的恐惧

是未知。夜晚是否会为我们带来

糟糕的秩序——在一个小镇上

开一家五金店……教进步的女孩

生活的科学——？为时已晚。

1 奥登：《焦虑的年代》，第45页。
2 奥登：《焦虑的年代》，第44页。

我们被人需要过吗？或许我们根本就

不值一提？[1]

　　他们失去的是体验的能力，不再相信自己是一个有价值的、独一无二的存在。与此同时，这些象征着我们每个人的角色，也失去了信任他人的能力，无法与他人进行有意义的沟通。[2]

　　与奥登的诗名类似，加缪曾把这个时代称作"恐惧的世纪"，他还称17世纪是数学的时代，18世纪是物理学的时代，19世纪是生物学的时代。加缪知道这些描述在逻辑上并不一致，因为恐惧并不是一门学科，但恐惧"必然与科学有所关联，因为科学最新的进展已经到了否定自身的地步，完美的科技正对地球产生毁灭性的威胁。此外，虽然恐惧本身不能被视为一门学科，但它确实能被视作一种技法"[3]。我们的时代也常被称为"心理学的世纪"。恐惧与心理学之间是否存在必然的联系？恐惧是否就是驱使人们去审视自己内心

1　奥登：《焦虑的年代》，第42页。

2　我很兴奋地发现，在本书初版期间，伯恩斯坦（Leonard Bernstein）创作了一部交响乐，就叫《焦虑的年代》（*Age of Anxiety*），并于1949年首度公演。伯恩斯坦相信，奥登的诗真实地展现了"时代现状"，亦把同一代人的心声表露无遗。因此，伯恩斯坦用音乐的符号将奥登的诗转译了出来。

3　引自《纽约时报》，1947年12月21日，第7版，第2页。

的力量？这些都是贯穿本书始终的问题。

　　另一位作家卡夫卡也尖锐地描述了这一时期人们的焦虑和类似焦虑的状态。到20世纪四五十年代，人们对卡夫卡的作品再次产生浓厚兴趣，这对本书的写作目的非常重要，因为这种情况展现了随着时代的变迁，人们越发焦虑的状况。事实上，越来越多的人发现卡夫卡的文字直指人心，他传达了社会大众普遍经历的某些深刻层面。在卡夫卡的小说《城堡》中，城堡里的当权者控制着村民生活的方方面面，有权决定主人公从事的行业，以及他的人生意义，而主人公倾其一生都在与当权者周旋，疯狂而绝望。"生命中最原始的渴望：扎根于乡土的诉求，成为社群中一员的需要"[1]，驱使着卡夫卡笔下的平民英雄不断反抗。但是，城堡里的当权者依然高深莫测、难以接近，英雄的人生失去了方向、支离破碎，甚至隔绝于社群之外。这座城堡具体象征什么，是个可以详细讨论的问题，但有一点显而易见，城堡里的当权者是官僚体制效率的缩影，而官僚主义既扼杀了个人的自主权，也抹杀了有意义的人际关系。我们可以相信，卡夫卡描写的正是19世纪末20世纪初资产阶级文化的某些方面，在那个时代，由于科学技术效率的极大提高，个人价值遭到了毁灭性打击。

1　马克斯·勃罗德（Max Brod）：《城堡》（*The castle*，New York，1930）的附录，第329页。

与卡夫卡相比，赫尔曼·黑塞在文学中较少使用象征手法，他更明确地指出了现代人焦虑的根源。20世纪的欧洲比美国更早感知到创伤性的社会变革，因此黑塞写于1927年的《荒原狼》，比起当时的美国，更贴合20世纪40年代美国显现出来的问题。在这部小说中，他将主人公哈勒尔的故事作为我们时代的寓言。[1]黑塞认为，哈勒尔及同时代人的孤独和焦虑源于这一事实，即19世纪末20世纪初的资产阶级文化强调机械的、理性的"平衡"，其代价是压抑了个人经验中动态的、非理性的因素。哈勒尔试图克服他的孤独和寂寞，为此他释放出先前压抑的感性与非理性的冲动（即书名中的"狼"），但这种被动的方法只能带来暂时的缓解。事实上，对于当代西方人的焦虑问题，黑塞并没有提出彻底的解决方案，因为在他看来，当前的时代正是"整整一代人被困在……两个时代之间"。也就是说，资产阶级的标准与控制已经崩溃，但还没有新的社会标准取而代之。

黑塞将哈勒尔的经历视为时代的记录，因为正如我所知，哈勒尔心灵上的疾病，不是单个人的怪病，而是时代本身的弊病，哈勒尔所属的整个时代都患了

1　黑塞：《荒原狼》（*Steppenwolf*，New York，1947），克雷顿（Basil Creighton）译，1927年初版于德国。

神经症……这种疾病攻击的……恰恰是那些精神强大、天赋异禀的人。[1]

社会学中的焦虑

焦虑在社会学领域也走上了前台。20世纪二三十年代的美国，焦虑逐渐成为一个显性的社会问题，这一点在林德夫妇对米德尔敦两次研究的比较中可以看到。[2]在20世纪20年代开展的第一次研究中，焦虑对米德尔敦人来说并不是一个显性的问题，这个主题甚至没有出现在林德夫妇著作的索引中。但是，任何从心理学角度阅读这一研究的人都会怀疑，米德尔敦人的许多行为都是隐性焦虑的症状——例如，强迫性工作（为了赚钱，"商人和工人似乎在拼命工作"[3]）、普遍的努力从众、强迫性合群（过分强调"加入"俱乐部），以及社区居民疯狂地用各种活动填满自己的闲暇时间（比如"开车兜风"）等，而这些活动本身可能毫无意义。每个星

---

1 黑塞：《荒原狼》，第28页。
2 林德夫妇（Lynds）：《米德尔敦》（*Middletown*，New York，1929），《转型中的米德尔敦》（*Middletown in Transition*，New York，1937）。
3 林德夫妇：《米德尔敦》，第87页。

期天的下午，许多人会照例钻进车里，开五十英里，然后再开回家。这让我们想起帕斯卡尔（Pascal）对一些隐性焦虑症状的描述：人们不断地转移自己的注意力，逃避无聊，避免独处，直到"躁动"（agitation）本身成为一种问题。在第一次研究中，只有一个人——林德夫妇称他为"敏锐的"观察者——注意到这些症状，并感觉到隐秘的恐惧。他还注意到其他市民："这些人都在恐惧着什么，但恐惧什么呢？"[1]

但是，20世纪30年代对同一社区开展的第二次研究，却呈现了一幅截然不同的画面。此时，显性的焦虑出现了。林德夫妇发现："米德尔敦的每个人都有一个共同点，那就是面对复杂世界时的不安。"[2]当然，最直接、最明显的焦虑情境是经济萧条。但是，如果认为经济萧条是引发焦虑的全部原因，那就错了。林德夫妇准确地将米德尔敦人的不安与当时个人所经历的角色混乱联系起来。他们写道，米德尔敦人"陷入了相互冲突的模式带来的混乱，这些模式没有一个被全然否定，但也没有一个得到明确的认同，或者使人免于困惑；换言之，虽然群体约束明确规定了人们应各司其职，但个人在面对这些文化要求时，却无法立即给予回应"[3]。

米德尔敦这种"相互冲突的模式带来的混乱"，呈现的

1　林德夫妇：《米德尔敦》，第493页。
2　林德夫妇：《转型中的米德尔敦》，第315页。
3　林德夫妇：《转型中的米德尔敦》，第177页。

是美国文化中普遍存在的社会变迁，它与我们时代无处不在的焦虑密切相关，这一点我将在后面的章节中提到。[1]林德夫妇注意到，因为"大多数人无法同时容忍生活中的所有方面的变化和不确定性"[2]，所以米德尔敦倾向于转向更僵化、更保守的经济和社会意识形态。这种不祥的发展既是焦虑的症状，也是对焦虑的防御。在下文讨论焦虑和政治极权主义的关系时，我们将继续探讨这一话题。

罗伯特·利夫顿可以被视作一位社会精神病学家，他为我们提供了许多关于洗脑过程的深刻见解。[3]自1950年以来，洗脑已经成为世界各地社会动荡的一种突出形式。在深入了解利夫顿在许多相关领域的开创性研究之前，我只想引用其中一个与焦虑主题相关的内容：

> 杰出的天主教神学家约翰·邓恩（John S. Dunne）认为，我们时代的新宗教，是"一种我们称为'跨越'（passing over）的现象"。邓恩将这一过程描述为"走向另一种文化、另一种生活方式、另一种宗教立场……随之而来的是一个平等而对立的过程，我们

---

1 这个问题将在第六章详细讨论。
2 林德夫妇：《转型中的米德尔敦》，第315页。
3 罗伯特·利夫顿（Robert Lifton）：《思想改造与极权主义心理学》（*Thought Reform and the Psychology of Totalism*，New York，1961）。

称之为'回归'（coming back），带着对自己文化、生活方式和宗教的新见解回归"[1]。

　　然而，这个过程也有黑暗的一面。一般而言，变化多端的"跨越"过程和普罗透斯风格可能会带来大量的焦虑。这种四处弥漫的焦虑，又反过来促使我们寻求确定性，就像我们在当前原教旨主义派和各种独裁主义的精神运动中所看到的。[2]

　　利夫顿将当代人形容为"普罗透斯人"（Protean Man），即身份不断变化的人。在希腊神话中，普罗透斯能够改变他的外形——"从野猪、狮子、巨龙、火焰到洪水……除非抓住他，用铁链把他锁起来，否则没法让他停下来。"正如一个年轻的"现代普罗透斯人"所说，被驱使着戴上不同面具、不断改变自我、不断适应环境，却不知道"自己属于哪里，自己是谁"[3]，这预示了一种快速变化、令人眩晕的文化状况。无论我们对此是赞许还是绝望，不可否认的是，这种状况映射出了西方社会的动荡不安。

---

1 约翰·邓恩：《世界之道》（*The Way of All Earth*，New York，1972）。
2 利夫顿：《自我的生活》（*The Life of the Self*，New York，1976），第141页。
3 利夫顿：《历史与人类生存》（*History and Human Survival*，New York，1961），第319页。

利夫顿认为现代人的焦虑，如对核战争的恐惧，是一种自我麻木的过程。这种防御是情感上的退缩，人们借此降低对外界的敏感度，切断对威胁的感知。缩小意识范围似乎能暂时屏蔽焦虑。至于个人以后是否要为此付出代价却是未知；对于"普韦布洛号事件"的当事人来说，代价确实存在。一位研究这一事件的学者说道："由于明显的压抑和否认，可能会带来短期的好转，但日后必定会为此付出代价。"[1]例如，出现自杀或精神病性抑郁之类的状况。

政治场景中的焦虑

政治与焦虑的理想关系，体现于斯宾诺莎对"免于恐惧"的政治层面的洞察。他认为，国家的目的是"使每个

---

1 查尔斯·福特（Charles Ford）：《普韦布洛号事件：对重大压力的心理反应》（*The Pueblo Incident：Psychological Response to Severe Stress*），收录于欧文·萨拉森（Irwin Sarason）和查尔斯·施皮尔贝格尔（Charles Spielberger）主编的《压力与焦虑》第2册（*Stress and Anxiety II*，New York，1975），第229—241页。（"普韦布洛号"是由美国货运船改装的武装间谍船，1968年1月23日在朝鲜东部海域进行谍报任务时，遭朝鲜方面勒令停船接受检查并以非法入侵领海的理由逮捕。这篇文章的作者查尔斯·福特主要从学术角度研究"普韦布洛号"被捕人员面临压力情境的身心反应，对本事件的叙述立场不代表本书出版者立场。——编者注）

人免于恐惧，使他们能够安心地生活和行动，不会伤害自己或邻人"。但是，当我们转向实际的政治舞台时，我们发现了明显的焦虑及其症状表现。我们无须探讨法西斯主义的复杂成因，只需注意一点，即它是在普遍焦虑的时代中诞生并积攒势力的。保罗·蒂利希曾在德国亲历了希特勒的崛起，他描述了20世纪30年代德国法西斯主义在欧洲的发展：

> 首先是一种恐惧感，更确切地说，是一种莫名的焦虑感在蔓延。不仅在经济和政治方面，而且在文化和宗教方面，似乎统统失去了安全感。没有什么东西可以依赖，所有事物都没有根基。灾难性的崩溃随时可能发生。因此，人们对安全的渴望与日俱增。带来焦虑和恐惧的自由，已失去了它的价值；与其要恐惧的自由，不如要安全的权威！[1]

在这样的时期，人们不顾一切地抓住政治独裁主义，想要靠它来摆脱焦虑。从这个意义上说，独裁主义在文化层面上的特定作用，类似于神经症保护个人远离难以忍受的焦虑。观察意大利与西班牙法西斯主义的学者赫伯特·马修斯写道：

---

[1] 保罗·蒂利希（Paul Tillich）：《新教时代》（*The Protestant Era*, Chicago, 1947），第245页。

"法西斯主义就像一座监狱，它给予个人一定程度的保障、住所和食物。"[1]独裁主义之所以能站稳脚跟，很大程度上是因为它像症状一样，"束缚"了这种焦虑，并使其有所缓解。[2]

除了上述症状性的焦虑外，在近十年的社会政治领域中，非系统化的焦虑也日益明显。我们时常提到富兰克林·罗斯福在第一次总统就职演说中的箴言——"我们唯一需要恐惧的，就是恐惧本身。"由此可见，面对20世纪的社会政治变革，越来越多的人开始意识到"对恐惧的恐惧"，或者更准确地说，就是焦虑。[3]

---

1 赫伯特·马修斯（Herbert L. Matthews）：《特派记者的教育》（*The Education of a Correspondent*, New York, 1946）。

2 某种程度上，独裁政权是在文化焦虑时期诞生并上台的；一旦大权在握，他们便生活在焦虑之中。例如，统治集团的许多行动是由自身焦虑驱使的；独裁政权通过利用和引起本国人民与敌对国人民的焦虑来维持其权力统治。

3 亚当斯（J. Donald Adams）引用了几则小罗斯福总统之前提到有关"恐惧的恐惧"的事例［《纽约时报书评》（*New York Times Book Review*），1948年1月11日，第2页］：爱默生引述梭罗《日记》（*Journals*）的话："除了恐惧本身，没有什么是可怕的。"卡莱尔（Thomas Carlyle）说过："我们必须摆脱恐惧；否则我们无法行动。"培根也说过："除了恐惧本身，没什么可怕的。"而"我们唯一需要恐惧的，就是恐惧本身"这句话，出自古罗马作家塞涅卡（Lucius Annaeus Seneca）。如果这些论述指的是恐惧，是说不通的。确切地说，恐惧并不阻碍行动，它为行动做准备。"恐惧本身"这个用语是否具有逻辑意义，是值得怀疑的——因为恐惧必须有所指向。把"恐惧本身"称为焦虑更有道理。如果用"焦虑"一词取代"恐惧"，上述引文的意义会更加明显。

原子时代的到来，使原先尚未成形、"自由浮动"的焦虑成为人们关注的焦点。第一颗原子弹被投下后不久，诺曼·考辛斯就在关于焦虑的慷慨激昂的陈述中呈现了现代人可能面临的严峻处境：

> 原子时代的恐惧，远比希望来得多。这是一种原生的恐惧，对未知的恐惧，对人类无法引导和理解的力量的恐惧。这种恐惧并不新鲜；其典型是对非理性死亡的恐惧。但一夜之间，它愈演愈烈。它从潜意识里爆发出来，进入意识的领域，使头脑中充斥着原始的忧虑……人们在哪里找不到答案，就会在哪里发现恐惧。[1]

即使我们有幸在枪战和核战中存活，不用直面真正的死亡，但这个不祥的世界局势中所固有的焦虑，仍然萦绕在我们左右。历史学家阿诺德·汤因比（Arnold Toynbee）相信，在我们有生之年，世界大战不太可能再爆发，但我们将长期

---

1 诺曼·考辛斯（Norman Cousins）：《过时的现代人》（*Modern Man is Obsolete*, New York, 1945），第1页。首先以社论形式刊登在《周六文学评论》（*The Saturday Review of Literature*）上，随后以书的形式出版。尽管考辛斯用的词是"恐惧"，但我认为他形容的是焦虑。"对非理性死亡的恐惧"就是焦虑的佳例。

处于"冷战"之中。这意味着紧张和忧虑的状态将持续蔓延。整整一代人（事实证明更久）生活在焦虑之中，这是多么可怕的前景！

但前景并非全然暗淡。汤因比认为，持续"冷战"中的紧张状态可以被建设性地利用，促使我们改善社会经济标准。我同意这一点，政治和社会的存续与否，不仅取决于我们能否容忍可怕世界中固有的焦虑，也取决于我们能否将这种焦虑转化为建设性的力量。

汤因比就焦虑的建设性力量，做了一个生动的类比，我把它概述如下。从北海捕捞鲱鱼的渔民面临着一个问题：鲱鱼在水槽里越来越不鲜活，随之，鲱鱼的市场卖价也越来越低。后来，一位渔民想出了一个主意，在装鲱鱼的水槽里放两条鲇鱼。因为有了这两条鲇鱼的威胁，鲱鱼不但没有奄奄一息，反而变得更加活蹦乱跳。当然，西方对"鲇鱼"是否真有建设性的反应，是另一个问题；换句话说，我们能否建设性地利用当前世界局势中的焦虑，在很大程度上仍有待观察。

由于没有明确的反派或"魔鬼"来让我们投射恐惧，在这种情况下，焦虑与日俱增。而随着我们在主观和客观两方面更多地涉入这个问题，焦虑会进一步加剧。正如《花生漫画》（*Peanuts*）中所说："我们遇到了敌人，他就是我们自己。"

哲学与神学中的焦虑

焦虑也是同时代哲学和宗教中的一个核心问题，它不仅是一般性的，而且是特殊的指标，表明文化中普遍存在着焦虑。焦虑已然成为某些神学家思想中最突出的部分，比如雷茵霍尔德·尼布尔（Reinhold Niebuhr），他最关心当代的政治和经济问题；在某些哲学家的思想中也是如此，比如保罗·蒂利希和马丁·海德格尔，他们亲历了过去30年来西方社会的文化危机和动荡。

在尼采看来，哲学家是"文化的医生"。因此，这些哲学家和神学家的思想不应被视为象牙塔的产物，而应被视为对整个西方文化状况的诊断。

蒂利希将焦虑描述为人类对非存在（nonbeing）威胁的反应。人是唯一意识到自己存在（being）的生物，同时意识到自己随时可能"不在"。当然，蒂利希的这个概念是在原子时代之前提出的，但它无疑是一个生动的象征，可以让更多的人领会非存在的直接威胁。用哲学话语来说，当个体意识到"存在"面对的是无处不在的"非存在"的可能性时，焦虑就产生了。这与克尔凯郭尔将焦虑描述为"对虚无的恐惧"（fear of nothingness）是相似的。"非存在"并不仅仅意味着肉体死亡的威胁——尽管死亡可能是这种焦虑最常见的形式和象征。非存在的威胁同样存在于心理和精神领域，表现为无意义对个体存在的威胁。无意义的威胁，经常被个体消极地体验为对自我存在的威胁（用戈德斯坦的话来说，就是"自我的消解"）。但是，当个体积极地面对这种形式的焦虑时，当个体意识到无意义的威胁并反抗这种威胁时，他的自我体验就会得到强化。同时强化的还有他的自我认知，他会认为自己是一个不同于虚无世界或客体世界的存在。

尼布尔将焦虑作为他的神学人性论（theological doctrine of man）的核心。在尼布尔看来，人的每一个行为，无论是创造还是毁灭，都带着某种焦虑的成分。焦虑的根源在于：一方面，人是有限的，像动物一样，受困于自然界的必然和偶然；另一方面，人又是自由的。不同于"动物，人类看到了这种（偶然的）处境，并预见了它的风险"，在这一点上，人类超越了自身的有限性。"简而言之，人既受约束又有自由，既有限又无限，因此人是焦虑的。人类身处自由与有限的悖论中，焦虑自然而生。"[1]关于焦虑是神经症的先决条件，本书稍后会展开具体论述；不过在这里，尼布尔使用神学术语，把焦虑称为"罪的内在前提……焦虑是对诱惑状态

---

1 雷茵霍尔德·尼布尔：《人的本性与命运》（*The Nature and Destiny of Man*, New York, 1941），第182页。

的内在描述"[1]，这一说法引人深思。

心理学中的焦虑

社会心理学家威洛比（R. R. Willoughby）断言："焦虑是西方文明最突出的精神特质。"然后，他以社会病理学中三个问题不断上升的发生率，作为这一论断的统计证据。他认为自杀、功能性精神疾病和离婚这三个现象，可以被合理地理解为人们对焦虑的反应。[2]在过去的七十五年到一百年里，欧洲大陆大多数国家的自杀率都在稳步上升。对于功能性精神疾病，威洛比认为，"即使给予充足的补给，提升医院的医疗设施和诊疗能力……精神疾病的发病率可能还是会显著上升"[3]。在20世纪，除日本外，各国的离婚率都呈现出稳定上升的态势。威洛比认为，离婚率是衡量人们能否承受重大婚姻调整（marital adjustment）所带来的压力的一个指

---

1 尼布尔：《人的本性与命运》，第182页。

2 威洛比：《魔法和同源现象：一个假设》（*Magic and Cognate Phenomena：an Hypothesis*），收录于卡尔·默奇森（Carl Murchinson）主编的《社会心理学手册》（*Handbook of Social Psychology*，Worcester，Mass.，1935），第498页。

3 威洛比：《魔法和同源现象：一个假设》，收录于卡尔·默奇森主编的《社会心理学手册》，第500页。

标，而较高的离婚率必然预示着该文化中有相当大的焦虑负荷。事实上，在美国，因为感到"残忍"（cruelty）而离婚，是"离婚率增加的主要原因，其他原因都在稳步下降"。威洛比认为"残忍"事关焦虑的增加——"如果另一半的行为强化了焦虑，那就是'残忍'。"

威洛比引入这些统计数据，是为了证实"西方文明中存在大量且不断增加的焦虑这一常识"，这一点是毋庸置疑的。但是，这些统计数据与焦虑的关系，是否像他认为的那样直接，可能还有待考量。离婚率的上升，不仅因为普遍存在的焦虑，也因为社会改变了对离婚的态度。将不断上升的离婚率、自杀率和精神疾病发病率，连同焦虑一起视为西方文化急剧转型中的症状和产物，似乎更合乎逻辑。

我们追溯一下迄今为止的离婚率，便会注意到，根据1976年公布的统计数据，"在近30岁的美国人当中，首次婚姻以离婚告终的比例，是45年前同年龄段人的三到四倍"[1]。离婚率在过去的12年里增加了一倍多。无论我们如何看待这些统计数据，它们无疑是文化激烈动荡的象征，而文化中的人们面临着无处不在的焦虑。

在后续的章节中，我们将详细讨论心理学各个领域中

---

1 统计数据由哥伦比亚大学政策研究中心（Center for Policy Research）提供。

的焦虑研究，因此在这一章，我们仅简要说明，焦虑已逐渐成为学习理论（learning theory）和动力心理学（dynamic psychology）研究的中心问题，特别是在精神分析和其他心理治疗形式中更是如此。虽然人们很早就知道忧虑和恐惧，特别是与父母和老师的赞扬或惩罚有关的，对孩子有着很大的影响，但直到最近，我们才科学地认识到，微妙的焦虑也大量渗透到了孩子的教育和课堂经验中。我们能够将焦虑作为学习理论的研究重点，并加以科学地表述，这要归功于莫勒、米勒、多拉德，以及其他许多后继的学习心理学家。[1]

　　三十多年前，弗洛伊德将焦虑视为情绪和行为障碍的关键问题。精神分析的进一步发展只是证实了他的主张，直到现在各方都认识到，焦虑是"神经症的基本现象"，或者用卡伦·霍妮（Karen Horney）的话说，是"神经症的动力核心"。这不仅在精神病理学领域是个事实，甚至在"正常人"的行为活动中，人们也认识到，焦虑比几十年前人们所怀疑的要普遍得多。无论我们关注的是"正常的"还是"异常的"行为，弗洛伊德的观点都是正确的：要解开焦虑这个"谜题"，就必须"为我们整个精神世界投下光芒"[2]。

1　详见本书第四章。

2　弗洛伊德：《精神分析引论》（*Introductory Lectures on Psychoanalysis*，New York，1966），詹姆斯·斯特雷奇（James Strachey）译，第393页。

本书意旨

尽管焦虑已成为西方文化中许多不同领域的核心问题，但是迄今为止，关于焦虑的各种理论和研究仍未得到整合，因此焦虑问题也尚未被攻克。虽然专业的心理学家一直在勤奋工作，但是从1950年到1977年，这个情况依然没有改变。拿各种焦虑专题研讨会上的论文来说，任何一个阅读过的人都会发现，我们甚至没有使用相同的语言去讨论。弗洛伊德于1933年出版的著作，其中焦虑那一章开篇就对这个问题的现状做了精确描述："关于焦虑的种种假设，我将向你们报告许多新的东西，当你们听到这些内容时，不要感到惊讶……如果你们了解到这些内容中没有一个能够为尚未解决的问题提供最终的答案，你们也无须感到惊讶。"在当前阶段，要理解焦虑，就必须"引入恰当的抽象概念，并将其应用于观察到的原始材料，以便为它带来一些秩序和条理"[1]。

本书的意旨是，尽我们所能，为目前尚未整合的焦虑

1　弗洛伊德：《精神分析引论新编》（*New Introductory Lectures in Psychoanalysis*，New York，1974），第113页。

理论领域带来一些"秩序和条理"。因此，我打算将各种焦虑理论综合起来，并从文化、历史、生物和心理的角度来研究它们。然后，我将寻找这些理论的基本共同点，评估其不同点，尽可能将各种观点综合成一个全面的焦虑理论。本书呈现的案例研究，是为了从临床角度来检验焦虑理论。换言之，是为了证明或质疑这个整合的当代焦虑理论的各个方面。

第二章　焦虑的哲学解读

我不想言辞激烈地谈论这整个时代，但对当代情势有所观察的人都不会否认，这个时代显得那么不协调；而令其焦虑不安的原因是，尽管真理的范围越来越广、数量越来越多，甚至在抽象层面上变得清晰，但是，它们的确定性却在逐渐下降。

——克尔凯郭尔《恐惧的概念》

在弗洛伊德和其他深度心理学家出现之前，焦虑问题一直属于哲学范畴，特别是伦理学和宗教领域。那些细致研究焦虑和恐惧的哲学家，关心的不是建立抽象的理论体系，而是活生生的人面临的存在危机和冲突。他们无法逃避焦虑问题，因为活生生的人是无法逃避的。因此，对焦虑及其相关问题最深刻的见解，来自那些同时关注哲学和宗教的思想家，比如斯宾诺莎、帕斯卡尔和克尔凯郭尔，这并非历史的偶然。

　　探讨焦虑问题的哲学背景，有助于我们从两个方面理解当时的焦虑。第一个也是最明显的助益是：我们可以从这些哲学家的著作中，发现对焦虑的意义的真实洞见——这些洞见，正如克尔凯郭尔所阐述的，不仅大多早于弗洛伊德的理论，而且在某些方面预测了弗洛伊德之后的发展。第二个助益是：这样的探究揭示了我们社会中焦虑问题的历史背景。因为个体的焦虑受制于他所处的文化历史处境，而我们要理解他的焦虑，就必须了解他的文化，包括形成他成长氛围的主导观念。[1]因此，我们在本章的任务是，揭示某些文化议题和态度的起源，它们对当时的焦虑是至关重要的。

　　其中一个议题，就是精神和身体的二分法，这是笛卡儿和17世纪其他思想家以现代形式阐述的论点。它不仅在19世

1　本章隐含的这个假设将在第六章详细讨论。

纪末和20世纪,造成了许多人心理上的分裂和焦虑,而且在某些方面还为弗洛伊德处理焦虑问题奠定了基础。[1]

另一个例子是,我们的文化倾向于关注"理性"、机械的现象,而抑制所谓的"非理性"经验。因为焦虑总带有非理性的成分,所以我们倾向于压抑这种体验。我们可以通过两个问题来探讨这项议题:第一,为什么直到19世纪中期,焦虑才成为特定问题浮出水面?第二,尽管在过去的半个世纪里,对恐惧的研究已经在心理学界占据主流,但为什么直到20世纪30年代末,各大心理学流派才把焦虑当作一个问题来处理(精神分析学派是个例外)?这些问题的答案五花八门,但其中一个重要的回答是:自文艺复兴以来,我们普遍倾向于怀疑"非理性"现象。只有当那些经验呈现出"理性"的一面,也就是提出智识方面的"理由"时,我们才会在自己的体验中承认它们,并将其纳入合理的研究领域。举个例子,在本书关于未婚妈妈焦虑的研究中,有好几个案例都呈现了这种倾向。尤其是海伦这个案例,她因未婚先孕而产生了强烈焦虑,但她试图把焦虑压制下来,不断关注怀孕方面看似科学的"事实"。在我们的社会中,许多人都有和海伦类似的做法:把所有理智上无法"接受"和解释的想法

---

1 罗洛·梅:《现代焦虑理论的历史根源》(*Historical Roots of Modern Anxiety Theories*),载于《焦虑》(*Anxiety*, New York, 1950)。

和感受，统统排除在意识觉知之外。

由于恐惧是明确而具体的，我们可以运用"逻辑"来解释它们，也可以通过数学方法来研究它们。但焦虑不一样，它通常是一个人所体验到的极其非理性的现象。在我们的文化中，因为焦虑的非理性而压抑它，或者用"恐惧"来将它合理化，这种倾向绝不仅限于老练的知识分子。事实上，这一倾向不断出现在临床或精神分析工作中，成为治疗焦虑问题的主要障碍。本书第九章中的海伦就是一个很好的例子。如果要理解这种倾向的起源，就必须深入了解我们社会的态度和规范形成的背景。

在接下来的讨论中，我不会把这些哲学观点当作事件的因或果，而是把它们视为当时整个文化发展的表现。那些哲学家（如我们将在本章中提到的那些人）成功地传达并渗透了文化发展的方向和主流意义，他们的哲学观点不仅影响了自己那个时代，而且对随后几个世纪产生了深远的影响。从这个意义上说，一个世纪的知识领袖所提出的观点，会以无意识假设的形式，成为后世许多人通用的理念。[1]

我们从17世纪开始讨论，因为在现代社会中占主导地位的思想体系，是在那个时候逐渐形成的。虽然那个世纪的

---

1 现代文化中影响焦虑问题发展的其他方面（例如，经济学与社会学），将在本书第六章具体探讨。第七章对当代焦虑文化背景的总结，可作为对本章讨论的补充。

科学家和哲学家所遵循的许多原则，在文艺复兴时期已经出现，但直到17世纪——笛卡儿、斯宾诺莎、帕斯卡尔、莱布尼茨、洛克、霍布斯、伽利略、牛顿等群星闪烁的经典时代，这些原则才得以形成体系。

17世纪的哲学，在理解人性方面有一个共同的课题，那就是寻求"人类问题的理性解决之道"[1]。这些学说的共同点在于，它们相信每个人都是理性的个体，能够在智力、社会、宗教和情感生活中保持自主性。数学被视为理性的主要工具。这种对理性的信念——蒂利希称之为"自主理性"（autonomous reason），卡西尔认为是"数学理性"——是自文艺复兴以来指导文化革命的思想原则，它推翻了封建主义和专制主义，并最终成就了资产阶级的霸权。在那个时代，人们相信自主理性可以控制个人情绪，如斯宾诺莎就持此观点。此外，自主理性还可以使人掌握物质本性，这种信心后来在物理科学的广泛发展中得到完全证实。通过对思维过程（内涵）和物理性质（外延）的鲜明区分，笛卡儿大力推动了这一发展。

关键点在于笛卡儿二元论的推论，即物质本性，包括人的身体，可以通过机械和数学的法则来理解与控制。于

---

1 恩斯特·卡西尔（Ernst Cassirer）：《人论》（*An Essay on Man*, New Haven, Conn., 1944），第16页。

是，这就导致了现代人沉迷于那些易用机械和数学来处理的现象。人们沉迷于此的同时，还试图把机械和数学方法尽可能多地应用到各种经验领域，并倾向于忽略那些不受这种方法影响的经验领域。对非机械和"非理性"经验的压制与文艺复兴后新工业主义的需求，可以说是互为因果、相辅相成的。只要能够被计算和测量的东西，在工业和日常的世界中就有实用价值，而"非理性"的事物则一文不值。

相信物质本性和人类身体在数学和机械层面是可控的，这一信念对消除焦虑有着巨大的作用。它不仅能够满足人类的物质需求并克服自然的威胁，而且能将人类从"非理性"的恐惧和焦虑中解放出来。在中世纪的最后二百余年和文艺复兴时期，对魔鬼、巫师和各式各样魔法的恐惧是人们普遍的焦虑之源，而现在，消除这些恐惧的方法出现了。蒂利希指出，笛卡儿学派假设灵魂无法影响身体，因而能够"为世界祛魅"（disenchant the world）。例如，从文艺复兴时期席卷至18世纪初的"猎巫运动"，就是在笛卡儿学说的影响下逐渐消除的。

相信自主的、理性的个体拥有力量，这一信念起源于文艺复兴时期，而到17世纪有了更明确的表达。它一方面具有消除焦虑的效果，但另一方面，由于这种信念与文艺复兴时期的个人主义密不可分，所以它在个人的心理孤立感制造了新的焦虑来源。[1]事实上，就某种方面而言，自主理性的学说本身，就是17世纪个人主义的智性表达。笛卡儿的经典名言"我思故我在"，虽然强调以理性过程作为存在的标准，但就社群角度而言，它也暗示了个体可以在真空中找到自我。而目前的心理学概念认为，当孩子意识到自己与他人的不同时，才会产生自我认同的体验。诗人奥登用简洁而富有诗意的语言描述了自我的社会起源：

> ……自我如梦如幻
> 直到邻人的需求出现
> 它才诞生。[2]

如果我们不考虑"邻人的需求"，就会向新的焦虑敞开大门。

17世纪的思想，也同样面临着个体孤立的问题，而它所提出的解决方案，对缓解焦虑有着深远的影响。这种解决方案相信，每个人的理性解放将导致普遍人性的实现，以及个人与社会之间达成和谐的体系。也就是说，个人不必感到孤立，因为如果他勇敢地追求自己的理性，他的立场和利益最

---

1 这一观点将在本书第六章讨论。
2 奥登：《焦虑的年代》，第8页。

终将与他的同胞一致，一个和谐的社群就会产生。此外，这个方案甚至提出了克服孤立的形而上学基础，即对普遍理性的追求将引导个人符合"普遍现实"（universal reality）。正如卡西尔所说："数学理性是人类和宇宙的纽带。"[1]

这一时期思想的个人主义特征及其补充和修正的因素，都可以在莱布尼茨的思想中看到。他关于"单子"（monads）的基本学说带有个人主义色彩，因为单子是单一的、独立的，但他的"预定和谐说"（pre-established harmony）给出了补充和修正的因素。蒂利希将其生动地描述如下：

> 在这个和谐的体系中，每个个体的形而上的孤独都被着重强调，从一个单子到另一个单子之间没有"门或窗"。每一个单子都是孤独的，它们之间没有任何直接的交流。但这个想法的可怕之处被下述的"和谐假说"所缓和，即每一个单子中都潜藏着一个完整的世界；每一个单子的发展，又与其他所有单子的发展变化保持着自然的和谐。这是资产阶级初期文明最深刻的形而上的象征。它之所以适合这种情况，是因为尽管资产阶级社会分化日益加剧，但仍有一个

---

1 卡西尔：《人论》，第16页。

共同的世界存在。[1]

这些消除焦虑的思维方式至关重要，它们有助于我们理解，为什么17世纪的思想家很少面临具体的焦虑问题。我将以斯宾诺莎的著作为例，证明相信理性可以克服恐惧，确实在很大程度上有助于消除焦虑。我们还将讨论帕斯卡尔，他是那个时代不相信自主理性力量的代表，因此对他来说，焦虑是一个中心问题。

斯宾诺莎：理性克服恐惧

用数学理性方法来处理恐惧最有名的例子，就是哲学家斯宾诺莎。卡西尔对此评论道，斯宾诺莎"在关于世界和人类心智的数学理论上，勇敢地迈出了最后决定性的一步"，"斯宾诺莎构建了一种新的伦理学……一种关于道德世界的数学理论"。[2]众所周知，斯宾诺莎的作品充满了敏锐的心理学洞见，它们非常接近当代科学的心理学理论，比如他曾

---

1 蒂利希：《新教时代》，第246页。
2 卡西尔：《人论》，第16页。

说过，心理和生理的现象是同一过程的两个方面。[1]我们可以肯定的是，如果斯宾诺莎不关心自己的焦虑，那并不是因为他缺乏心理学洞见。事实上，在许多方面，他预见了后来的精神分析概念。例如，他对"激情"的论述［他用激情（passion）来表示某种情结（complex），而不像克尔凯郭尔用它来表示委身（commitment）］："当一个人对激情有了清晰的认识时，那就不再是激情了。"[2]这对后来的精神分析技术，比如澄清某种情绪，是一种有意思的预测。

斯宾诺莎认为，恐惧本质上是一个主观问题，即一个人的精神状态或态度的问题。他将恐惧与希望相提并论，认为两者都是怀疑者的特征。恐惧是一种"不确定的痛苦"，源于我们担心某些讨厌的事情可能会降临到我们身上；而希望是一种"不确定的快乐"，源于我们相信美好的愿望可能会实现。"根据这些定义，"斯宾诺莎补充道，"没有希望便没有恐惧，没有恐惧也就不会有希望。"[3]恐惧"源于心智

---

1 斯宾诺莎指出："通过情绪，我得以了解身体状况的调整，身体中的行动力因此或增或减，或促进或抑制，同时了解到自己对这些调整的看法。"这一定义是现代的詹姆斯-兰格情绪理论的前身。参见斯宾诺莎：《情绪的起源与本质》（*Origin and Nature of the Emotions*），《伦理学》（*Ethics*, London, 1910），第84页。

2 斯宾诺莎：《理智的力量》（*The Power of the Intellect*），《伦理学》，第203页。如本书第一章所述，斯宾诺莎窥见了政治层面的"免于恐惧"。

3 斯宾诺莎：《情绪的起源与本质》，《伦理学》，第131页。

的软弱，是理性没有运作的缘故"[1]。希望同样源于心智的软弱。"因此我们越努力生活在理性的指导下，我们就越少依赖希望，也就越能够拯救自己，使自己免于恐惧并尽可能地战胜命运，最后根据理性的建议来指导我们的行动。"[2]斯宾诺莎关于如何克服恐惧的指导与当时对普遍理性的强调是一致的，在那个时代，情绪不是受到压抑，而是服从于理性。确实，他认为，一种情绪只能被另一种相反的、更强烈的情绪克服。但是，这也可以通过"将我们的思维和想象秩序化"来实现。"为了抛开恐惧，我们必须以同样的方式来思考勇气，也就是说，我们必须盘算和想象生活中常见的危险，思考怎样凭借勇气更好地避免和克服这些危险。"[3]

在斯宾诺莎的分析中，有好几次他站在了焦虑问题的门槛上，如当他把恐惧与希望相提并论时。一个人身上同时存在着恐惧和希望，并且持续相当一段时间，这就是心理冲突的一个方面，在后来的学者（包括我自己）看来，这也就是

---

1 我们可以从斯宾诺莎的这句话中受益，思考一个人所处的历史环境，在多大程度上决定了他的焦虑和恐惧。有人可能会说，在20世纪——原子弹、极权主义和创伤性社会变革的时代，如果没有恐惧地活着，就意味着心智的脆弱，或者更准确地说，是麻木不仁和心智萎缩。

2 斯宾诺莎：《情绪的力量》（*The Strength of the Emotions*），《伦理学》，第175页。

3 斯宾诺莎：《理智的力量》，《伦理学》，第208页。

焦虑。[1]但是，斯宾诺莎并没有触及焦虑问题本身。与19世纪的克尔凯郭尔形成鲜明对比的是，他并不认为希望和恐惧的冲突是持久或必然的；他认为勇敢地投身于理性就可以克服恐惧，因此并没有直面焦虑的问题。

斯宾诺莎和19世纪哲学家的其他差异，表现在他对信心和绝望的态度上。用斯宾诺莎的话说，当怀疑的因素从我们的希望中被移除，也就是我们确信好事一定会发生时，我们便是有信心的；当怀疑的因素从我们的恐惧中被移除，也就是我们确信邪恶的事情将会发生或已经发生时，我们便陷入绝望。相反，在克尔凯郭尔看来，有信心并不是消除了怀疑（和焦虑），而是在怀疑和焦虑的情况下，仍然能够勇往直前的态度。

在斯宾诺莎的作品中，"确定性"（certain）这个词让我们印象无比深刻。如果一个人相信——就像斯宾诺莎在他那个时代显然相信的那样——这种理智和情绪上的确定性能够实现，那么令人羡慕的心理安全就会随之而来。当然，这种信念是斯宾诺莎构建"伦理学数学"（a mathematics of

---

1 库尔特·里茨勒（Kurt Riezler）：《恐惧的社会心理学》（*The Social Psychology of Fear*），载于《美国社会学期刊》（*Amer. J. Sociol.*，1944年5月刊），第489页。关于潜藏在焦虑下的精神冲突的例子，请参阅我所描述的"期望与现实的裂痕"，它构成了本书第二部分案例中某些神经质焦虑的基础。

ethics）的基础；一个人对伦理问题的态度，应该像对几何命题的态度一样坚定。对斯宾诺莎来说，关键的一点是，如果我们通过"理性的确定建议"来引导自己，就有可能消除怀疑并获得确定性。

确实，焦虑的核心问题并未渗入斯宾诺莎的思想。我们不得不承认的是，鉴于他所处的文化环境，他对理性的信念已经使其心满意足。[1]

1　然而，我们应该牢记的是，斯宾诺莎所处的17世纪的文化状况，与19世纪和20世纪不同，而且他对理性的信心，也与19世纪濒死的理性主义不同。后者对情绪是否认和压抑的。此外，由于我们对斯宾诺莎的关注点，是他作为17世纪对理性抱持信心的代言人，因此我们必须强调，他绝不是当代意义上的理性主义者。他对伦理和神秘事物的兴趣，为他的思想提供了广泛而深刻的背景，这在后来局限的理性主义中是不存在的。例如，如果我们遵循他关于克服恐惧（以及焦虑，只要焦虑作为问题出现）的分析的最终步骤，我们就会发现，每一种破坏性的情感必须被一个更强大的建设性的情感克服。我们还会发现，他用神秘又理性的语言，为最终的建设性情感下了定义，即"对上帝的理性之爱"。换句话说，恐惧（和焦虑）最终只有通过对人生整体持一种宗教态度才能克服。此外，我们也应该顺带提到，斯宾诺莎的思想基础广泛的一个重要结果，是他能够超越那个时代哲学所流行的身心二分法。

帕斯卡尔：理性的不足

帕斯卡尔是17世纪知识分子的杰出代表，他有着惊人的数学、科学天赋，但不相信数学的理性主义可以用来理解复杂多变、丰富又矛盾的人性。他认为，关于人类理性的确定性，与几何学与物理学理性的确定性在任何意义上都不相同。因此，帕斯卡尔听起来像是与我们同时代的人，而斯宾诺莎则像是不同时代的人。在帕斯卡尔看来，影响人类生活的法则是机遇和"概率"。因此，他关注的是人类存在的偶然性。

当我思索着自己短暂的一生，先前和往后的永恒湮没了我，我所填满的，甚至所见的那一小片空间，被不可捉摸的无限空间吞噬。我惶惶不安，我惊异地发现自己在此处，而不在彼处；为什么我会在此处而非彼处？为什么是此时而非彼时？这一切毫无道理。

当目睹人类的盲目和痛苦，当眼见整个宇宙沉默不语，当看到人类身上没有光明，孑然一身，仿佛被遗弃在宇宙的角落里，不知道是谁把自己放在这里，不知道自己要来做什么，死后又会变成什么，一切都如此茫然；此时，我陷入恐惧中，就像一个人在睡梦中被带到一座可怕的荒岛上，醒来时不知自己身在何处，也不知该如何脱身。然而，令我震惊的是，人们在如此悲惨的境况里，竟然没有落入绝望。[1]

因此，帕斯卡尔不仅关心他自己体验到的焦虑，还关心他观察到的同时代人在生活表层之下的焦虑，他所说的"人们在无休止的不安中度过一生"[2]便是证明。他注意到，人们不断地转移自己的注意力，逃避无聊，避免独处，直到"躁动"本身成为一种问题。他认为，人类的大部分消遣，实际上都是为了避免"思考自身"而做出的努力，因为一旦停下来沉思，他们就会感到痛苦和焦虑。

帕斯卡尔专注于人类经验的偶然性和不确定性，虽然他知道，他的同时代人将理性当作确定性的向导，但他认为，将理性当作现实指导是不可靠的。他并非贬低理性本身。相反，他认为理性是人类的独特品质，是人类在沉寂无声的自然中的尊严，也是道德的源泉（"善思……是道德的准则"[3]）。

---

1 帕斯卡尔：《思想录》（*Pensées*，Mt.Vernon，New York，1946），罗林斯（G. B. Rawlings）编译，第36—37页。

2 帕斯卡尔：《思想录》（*Thoughts*，New York，1825），克雷格（Edward Craig）译，第110页。

3 帕斯卡尔：《思想录》，罗林斯编译，第35页。

但在实际生活中，理性是不可靠的，因为它"受制于人的感官"，而感官是极具欺骗性的。此外，他认为，对理性的普遍信念之所以错误，是因为没有考虑情绪的力量。[1]帕斯卡尔从积极和消极两方面来看待情绪。一方面，他在理性主义所不能理解的情绪中看到了价值，并以美丽又恰当的词句表达之："心有理性所不知的理性。"另一方面，情绪又常常扭曲和推翻理性，这时理性成了单纯的合理化。对理性的过分信赖往往会造成理性的滥用，不是用来支持陈规旧习、国王的权力，就是用来合理化不公正的举措。事实上，理性往往"在山的这一边是真理，到那一边就成了谬误"[2]。最让帕斯卡尔印象深刻的是，人类的真实动机是利己主义和虚荣心，却总以"理性"加以辩护。他讽刺地说道，如果"理性真的合理"，那确实能给予理性更大的信任。在所有这些对理性充满信心的行动中，帕斯卡尔显然更重视他所谓的"对智慧的真诚热爱和尊重"，但他认为这种对智慧的热爱和尊重，在人类生活中是一种罕见现象。因此，他对人类处境的看法，远不如同时代人乐观。他观察得出："我们被置于一个巨大的媒介中，在知道和无知之间永恒地飘摇。"[3]

---

1 有趣的是，在帕斯卡尔悲叹情绪是非理性的三个多世纪后，弗洛伊德致力于扩展理性的范围，将情绪包括在内。
2 帕斯卡尔：《思想录》，罗林斯编译，第38页。
3 帕斯卡尔：《思想录》，克雷格译，第84页。

我们先前指出，正如17世纪的知识领袖所演绎的那样，对理性的信念有助于消除焦虑。而帕斯卡尔这个无法接受理性能够解决人类问题的人，同时成为无法避免焦虑的人，可算是对上述假设的某种支持。

然而，对于他那个时代的流行理论，以及近代哲学发展的主流而言，帕斯卡尔是一个例外。[1]总的来说，相信理性可以掌控自然和人类情绪这一信念，令17世纪的知识领袖们相当满意，因此他们的思想中很少涉及焦虑问题。我认为，斯宾诺莎和其他近代思想家所处的文化立场，并没有对他们造成多大的内心创伤，而这种创伤在19世纪的知识领袖和20世纪的大众身上均有所体现。对自主理性力量的核心信念，使当时的文化在心理层面获得了统一；直到19世纪，这种文化才面临严重瓦解的威胁。

克尔凯郭尔：19世纪的焦虑

在19世纪，我们可以广泛地观察到，近代文化的一致性

---

1 至于帕斯卡尔为什么是一个例外，他为什么比同时代的人经历了更严重的内心创伤和焦虑，这些问题会把我们带离目前的讨论。不过，我们可以提一下卡西尔的观点，他认为帕斯卡尔对人的看法，实际是中世纪的延续，尽管帕斯卡尔是科学天才，但他并没有真正吸收文艺复兴时期出现的新的人本观。

出现了裂缝，而这些裂缝就是我们当代焦虑的主要根源。对自主理性的革命性信念，曾在近代文化的开端和结构化中占据中心地位，现在却被"技术理性"[1]取代。随着对物质本性的迅速掌握，人类社会结构发生了广泛而深刻的变化。关于这些变化的经济和社会层面，将在后面的章节中讨论；在这里，我们需要注意的是当时人们对自己看法的变化。

这是一个"自动科学"（autonomous sciences）的时代。每一种科学都朝着自己的方向发展，但正如卡西尔所说，缺乏统一的原则。尼采曾警告过"科学作为制造工厂"的后果，他一方面看到技术理性的迅速发展，另一方面看到人类理想与价值观的分裂，他担心这将导致虚无主义。在大多数情况下，19世纪关于人的理论，并没有脱离先进科学所提供的经验数据。但是，由于科学本身没有统一的原则，关于人性的观点就众说纷纭、彼此不一了。卡西尔说"每一位思想家都向我们描绘了他所认为的人性图景"，尽管每一幅图景都基于经验性证据，但每一种"理论都成了普洛克路斯忒斯之床[2]，经验事实被不断地调整，以便塞进一个预先设想好的

---

1 "技术理性"（technical reason）一词出自蒂利希。它指的是这样一个事实：在19世纪，理性被越来越多地应用于技术问题。这种对理性的技术方面日益强调的理论意义，在当时并没有得到广泛的重视。

2 传说矮个子躺在普洛克路斯忒斯之床上腿要被拉长，而高个子躺在这张床上腿要被砍掉一截，以适合这张床的长度。——译者注

模式之中"[1]。他继续说道：

> 由于这种发展，现代的人性论失去了它的智识中心。相反，我们得到的是一种思想的无政府状态……神学家、科学家、政治家、社会学家、生物学家、心理学家、人种学家、经济学家，都从各自的角度来探讨这个问题。要联合或统一所有这些特定的方面和视角是不可能的……每一位学者最终似乎都被他自己的人生看法和评价左右。

卡西尔认为这种观念上的对立，不仅仅是"一个严重的理论问题，而且对我们整个伦理和文化生活构成了迫在眉睫的威胁"[2]。

19世纪的特征就是文化上的"裂解"，不仅在理论和科学方面，在文化的其他方面也是如此。在美学上，出现了"为艺术而艺术"的运动，艺术与自然现实的分离日益加深——这一发展趋势在19世纪末受到塞尚和凡·高的强烈抨击。在宗教方面，理论信仰和主日实践与日常生活中的事务分裂。家庭生活亦是如此，易卜生在《玩偶之家》中生动地

---

1 卡西尔：《人论》，第21页。
2 卡西尔：《人论》，第22页。

描绘并抨击了这种分裂。至于个人的心理生活，19世纪的大致特征是"理性"和"情绪"的分裂，人们通过意志力对两者进行裁决，其结果就是对情绪的普遍否认。

17世纪对情绪实行理性控制的信念，到如今已经成为对情绪的习惯性压抑。就此而论，我们很容易理解为什么那些较难接受的情绪冲动，比如性和敌意，会遭到如此广泛的否定。正是这种心理上的不统一，为弗洛伊德的工作提供了问题背景。他关于无意识力量的发现，他旨在帮助个人恢复心理统一的技术，只有在19世纪人格裂解的背景下才能被充分理解。[1]

考虑到这种心理上的不统一，焦虑在19世纪成为一个不可避免的问题，也就不足为奇了。在19世纪中期，我们会发现，克尔凯郭尔对焦虑做出了最直接的并且某种程度上也是最深刻的研究，这同样不令人惊讶。当然，这种不统一本身就会制造焦虑。正如克尔凯郭尔和后来的弗洛伊德所做的那样，为了寻求人格统一的新基础，首先需要面对并且尽可能

---

[1] 弗洛伊德经常写到，他的目标是把无意识变成有意识，从而扩大理性的范围。在他的理论著作中［参见《文明及其不满》(*Civilization and Its Discontents*)和《一个幻觉的未来》(*The Future of an Illusion*)］，他对理性和科学的概念，都是直接从17世纪和18世纪继承下来的。但在实践中，他的理性概念，与传统理性主义的"理性"完全不同，更像是个人的意识经验与内在大量无意识倾向的结合。

解决的就是焦虑问题。

　　这种思想和文化上的分裂，被19世纪许多有先见之明的思想家敏锐地捕捉到，他们中的大多数人可以归类为存在主义者。存在主义运动可以追溯到1841年德国哲学家谢林（F. W. J. Schelling）在柏林的演讲，当时的听众包括克尔凯郭尔、恩格斯和布克哈特等知名人士。[1]除了谢林和克尔凯郭尔之外，存在主义思想中的一支是"生活哲学家"，包括尼采、叔本华和后来的柏格森（Bergson）等人；另一支是社会哲学家，包括费尔巴哈和马克思等人。[2]"所有存在主义哲学家共同反对的是，西方工业社会及其哲学代表建立的关于思想和生活的'理性'体系。"[3]蒂利希将这些存在主义思想家的努力，描述为"在基督教和人文主义两大传统已经失去解惑力和信服力的文化环境中，设法为那些与现实疏离的人寻找新的生活意义而进行的殊死搏斗"。蒂利希继续说道：

1　蒂利希：《存在主义哲学》（*Existential Philosophy*），发表于《思想史期刊》（*Journal of the History of Ideas*, 1944, 5：1），第44—70页。由于蒂利希的思想涉及存在主义的传统，他对该运动的描述特别具有说服力，本节中会经常引用他的陈述。

2　这一思想形式与威廉·詹姆斯（William James）提出的美国实用主义的关系，我们稍后说明。现代存在主义思想的代表人物有海德格尔、雅斯贝尔斯、萨特以及马塞尔（Gabriel Marcel）。

3　蒂利希：《存在主义哲学》，第66页。

在过去的一百年里，这个体系的影响越来越明显：这种逻辑或自然主义的机制，似乎摧毁了个人的自由、个人的决定和有机的社群；这种分析的理性主义削弱了生命的活力，并且把包括人在内的一切，都变成了可被计算和控制的对象……[1]

存在主义思想家拒绝传统的理性主义，而且他们坚持认为，只有完整的个体——一个感受着、行动着和思考着的有机体，才能贴近和体验现实。克尔凯郭尔驳斥了黑格尔的哲学体系，认为把抽象思维与真实相混淆，完全是一种欺骗。他和其他存在主义者相信，思考根本无法离开"激情"（这个词意味着全身心地投入）。费尔巴哈写道："只有激情投注的对象才是真实的。"[2]尼采也说："我们用身体思考。"

因此，这些思想家试图克服传统的身心二分法，消除压抑"非理性"经验的倾向。克尔凯郭尔认为，纯粹的客观是一种错觉；即使不是这样，它也是不可取的。他强调"'关心'（interest，inter-est）这个词，是指我们如此密切地参与到客观世界中，以致不可能满足于客观地看待真理，也就是说，我们不可能漠不关心地（disinterestedly）看待真

1 蒂利希：《存在主义哲学》，第67页。
2 蒂利希：《存在主义哲学》，第54页。

理"[1]。克尔凯郭尔强烈反对僵化地定义"自我"和"真理"等术语；他认为它们应该是动态的，由生活着的人们持续不断地去认识。他高喊道："远离臆测，走出'体系'，回归真实。"[2]他坚持认为，"真理只存在于创造它的个体的行动中"[3]。这听起来像是一种激进的主观性，看起来确实如此；但我们必须记住，克尔凯郭尔和其他存在主义者认为，这才是通向真正的客观性的道路，而不是"理性主义"体系虚伪的客观性。正如蒂利希所言，这些思想家"转向人的直接经验，转向'主观性'，但它并非与'客观性'对立，而是一种主观性和客观性都根植于其中的生活经验"[4]。同时，"他们也努力发掘一个创造性的存在领域，这个领域早于并且超越了主观和客观的区分"。

这些思想家的目标是，通过强调个体是一个生活着和经验着的整体，即一个集思考、感觉和意志于一身的有机体，来克服他们文化中的分裂现象。存在主义者在本书中占据重要地位，不仅因为他们的思想突破了心理学和哲学的二分状态，还因为他们第一次使焦虑在现代作为具体问题直接走到台前。

1　沃尔特·劳里（Walter Lowrie）：《克尔凯郭尔的短暂一生》（*A Short Life of Kierkegaard*，Princeton，N.J.，1944），第172页。

2　劳里：《克尔凯郭尔的短暂一生》，第116页。

3　克尔凯郭尔：《恐惧的概念》（*The Concept of Dread*，Princeton，N.J.，1944），劳里译，第123页。

4　蒂利希：《存在主义哲学》，第67页。

现在，我们将直接转向克尔凯郭尔。据布洛克所言，克尔凯郭尔被认为是欧洲大陆"有史以来最杰出的心理学家之一，虽然他的思想在广度上有所欠缺，但在深度上却超越了尼采，只有陀思妥耶夫斯基能与之匹敌"[1]。

克尔凯郭尔出版于1844年的关于焦虑的小册子[2]，其核

---

1 维尔纳·布洛克（Werner Brock）：《当代德国哲学》（*Contemporary German Philosophy*，Cambridge，1935），第75页。欲了解20世纪心理学家对克尔凯郭尔的推崇，请参见莫勒在《学习理论与人格动力》（*Learning Theory and Personality Dynamics*，1950）一书中的"焦虑"章节。莫勒相信，在克尔凯郭尔的深刻见解广为人知之前，需要弗洛伊德的作品。

2 克尔凯郭尔：《恐惧的概念》。译者劳里解释，英文中"没有恰当的字词能翻译德文Angst"（摘自前述版本的前言，第ix页）。因此，劳里博士以及克尔凯郭尔作品的其他早期译者经过深思熟虑后，决定以"恐惧"（dread）来翻译克尔凯郭尔的Angst。我当然同意，"焦虑"（anxiety）在英文中常常被肤浅地运用，如表示"急不可待"（eagerness）["我急着（anxious）要去做某事"]，或者表示轻微的担忧，或者是其他并不能适当传达Angst内涵的同义词。不过，德文Angst是弗洛伊德、戈德斯坦等人用来表示"焦虑"的词；它也是本书中"焦虑"一词的公分母。问题是，"焦虑"的心理学意义（而非字面意义）是否比"恐惧"一词更接近克尔凯郭尔所说的"Angst"？蒂利希教授既熟悉"Angst"一词的心理学意义，也熟悉克尔凯郭尔的作品，他相信是这样的。在本书中，我试图用"正常焦虑"和"神经质焦虑"这两个术语来指代表层和深层两种含义。总之，劳里教授慷慨地允许我在他翻译的克尔凯郭尔著作中，把"恐惧"一词换成"焦虑"，以符合本书中的术语用法。在经历这一番字斟句酌之后，我欣喜地发现，在最新的克尔凯郭尔作品翻译中，学者们已经将"焦虑"一词恢复到了它应有的地位。参见《焦虑的概念》（*The Concept of anxiety*，Northfield，Minn.，1976），亨格夫妇（Howard V. Hong & Edna V. Hong）译。

心思想是焦虑和自由的关系。克尔凯郭尔认为，"焦虑必须被理解为面向自由的"[1]。自由是人格发展的目标；从心理学的角度来说，"善即自由"[2]。克尔凯郭尔把自由定义为可能性。他认为这是人的精神层面的事务；事实上，当克尔凯郭尔描写"精神"（spirit）的时候，把它读作"可能性"也没什么不妥。与纯粹的动物或植物相比，人类的显著特征在于其可能性的范围，以及我们对可能性的自我意识。克尔凯郭尔认为，人是一种不断受到可能性召唤的生物，人构想可能性，把它形象化，并通过创造性活动将其变为现实。就心理学的意义而言，这种可能性的具体内容何时呈现，在下文阐述克尔凯郭尔关于扩展性和沟通性的观点时，我将展开讨论。在这里，我们只需强调，这种可能性就是人类的自由。

现在，这种自由的能力带来了焦虑。克尔凯郭尔说，焦虑是人类面对自由时的一种状态。事实上，他把焦虑描述为"自由的可能性"（the possibility of freedom）。当一个人看到可能性时，焦虑就潜藏在其中。就日常经验的意义而言，我们可以回想一下：每个人都有机会并需要在他的成长中前进。例如，儿童学习走路，然后进入学校；成人步入婚姻或新的事业。这样的可能性，就像前方的道路，因为还没有走

---

1 克尔凯郭尔：《恐惧的概念》，第138页。
2 克尔凯郭尔：《恐惧的概念》，第99页。

过或经历过，所以不可能被了解，并因此包含着焦虑（这是"正常焦虑"，不要与"神经质焦虑"混淆，后文会讨论这一点。克尔凯郭尔明确指出，神经质焦虑是一种更具收缩性和无创造性的焦虑形式，它是由于个体在正常焦虑的状态下无法向前发展而导致的）。[1] 任何实现可能性的过程中都包含了焦虑。在克尔凯郭尔看来，一个人的可能性越大（创造性越高），他潜在的焦虑也就越强。可能性（"我能"）会转化为现实，但其中的决定因素是焦虑。"可能性意味着我能（做某事）。从逻辑上讲，可能性很容易变为现实。但在现实生活中，这并不容易，它需要一个中介决定因素。而这个中介决定因素就是焦虑……"[2]

克尔凯郭尔从发展的角度看待焦虑，他从婴儿的原初状态开始谈起。他把这种状态称为纯真状态，此时婴儿与周围

1　克尔凯郭尔坚持认为，为了实现自我，个人必须勇往直前："以世人的眼光来看，冒险前进的风险很大。原因何在？因为个人可能会失败。放弃冒险或许是一个聪明的选择，但是如果不去冒险，那么我们可能极易失去那些在最艰难的冒险中也很难失去的东西；一个冒险的人不管失去多少，也不会像不冒险的人那么轻易、彻底地失去……他的自我。如果我的冒险有问题，很好，生活会以惩罚的方式指点我。但如果我根本不去冒险，那么谁能帮助我呢？如果连踏上完全冒险之旅的勇气都没有（完全冒险，恰恰是指自我意识之旅），即便获得一切世俗利益……但失去了自我！那有何用？"克尔凯郭尔：《致死的疾病》（*Sickness Unto Death*, Princeton, N.J., 1941），劳里译，第52页。

2　克尔凯郭尔：《恐惧的概念》，第44页。

的环境几乎是一体的。婴儿具有可能性。这当中就隐含了焦虑，但这种焦虑没有特定内容。在这种原初状态下，焦虑是一种"对冒险的追求，对惊奇和神秘的渴望"[1]。孩子由此向前迈进，去实现他的可能性。但在纯真状态下，他并没有自觉地意识到，这个成长的可能性还包括了危机、与父母的冲突、对父母的反抗。在纯真状态下，个体化（individuation）是一种尚未被自我意识到的潜能。与之相关的焦虑，是一种"纯粹的可能性"，也就是说，没有具体的内容。

接下来，人在成长的过程中产生了自我意识。克尔凯郭尔借用亚当的故事，作为这一现象的神话形式的呈现。他驳斥了将这个神话视为历史事件的腐朽观点，坚持认为"它代表的是内在经验的外在显现"[2]。从这个意义上讲，亚当的神话在每个人1到3岁期间都会重新上演。克尔凯郭尔的解释是，它代表了个人内在自我意识的觉醒。在发展的某个阶段，就像神话所描述的那样，"善恶的知识"诞生了。然后，有意识的选择成了可能性的化身。但这种可能性以及连带的责任，会让人们有一种不祥的预感。因为个人现在要面对遭遇冲突与危机的可能性；可能性既有积极的，也有消极的。从发展的角度来看，孩子正在逐步迈向个体化。而他所

1 克尔凯郭尔：《恐惧的概念》，第38页。
2 克尔凯郭尔：《恐惧的概念》，第92页。

踏上的道路，并非与环境完全和谐，特别是在与父母的关系方面；事实上，他要走的路，是一条与环境反复磨合的道路。在很多情况下，这条路必须直接穿越与父母冲突的真实经验。孤立、无助以及随之而来的焦虑，就是在孩子成长的这个阶段出现的（这一点稍后讨论）。个体化（成为自己）的代价，就是面对与环境既和谐又对立的关系中所固有的焦虑。正是在描述这种对自由之可能性的高度意识时，克尔凯郭尔提到了"成为有能力者的惊人可能性"（the alarming possibility of being able）[1]。

在此指出这一点或许有所帮助：克尔凯郭尔在心理学角度的阐述，其核心问题是一个人如何能够成为他自己。意欲成为他自己是人真正的天职。克尔凯郭尔认为，我们无法明确定义一个人的自我是什么，因为自我就是自由。但是，他花了相当长的篇幅，指出人是如何不愿意成为他自己的：他会避免意识到自我；他会意欲成为别人，或者干脆随波逐流；他可能立志要成为自己，却以心灰意冷收场，因此注定无法收获完整的自我。克尔凯郭尔所说的"意欲"（will）不能与19世纪的唯意志论（voluntarism）混为一谈，后者主要是指对自我内部不可接受的因素的压抑。相反，他说的"意欲"是一种创造性的决定，主要基于自我意识的扩展。"一

---

1 克尔凯郭尔：《恐惧的概念》，第40页。

般来说，意识（即自我意识）是自我的决定性标准，"克尔凯郭尔写道，"有更多的意识，就有更多的自我……"[1]

对任何熟悉心理治疗的人来说，这番话都不难理解。治疗的一个基本目的，就是通过澄清内在自我挫败的冲突来扩大自我意识。而这些冲突的存在，正是因为个体在早期被迫阻断了自我意识。[2]从治疗中可以清楚地看到，自我意识之所以被阻断，是因为个体无法穿越在各个成长阶段所累积的焦虑。克尔凯郭尔清楚地指出，完整的自我依赖于个人面对焦虑，并在焦虑中依然前行的能力。在克尔凯郭尔看来，自由并非简单的累积增长；也不像植物因为阻挡它的岩石被移开了，便向着太阳自发地生长（自由的问题，有时会在拙劣的心理治疗中被这样简化）。自由，更确切地说，依赖于一个人在当下的每一刻与自己联结的程度。用今天的话来说，这意味着，自由依赖于一个人对自己负责和自主的程度。

克尔凯郭尔谈到，儿童在纯真状态之后，自我意识会觉醒，我们想把它与当代心理学的观点作个比较。但这种比较的困难在于，两者并不是对等的关系。例如，克尔凯郭尔的

1　克尔凯郭尔：《致死的疾病》，第43页。
2　很明显，就像现代心理疗法的倡导者一样，克尔凯郭尔并不是在谈论所谓"不健康的内省"（unhealthy introspection）。这种内省并非源自过多的自我意识（这在克尔凯郭尔看来是自相矛盾的），而是被阻断的自我意识。

自我（self）概念，与当代心理学术语中含义最为接近的"自我"（ego）相比，也仅有部分意思相同。但我们可以说，自我意识的觉醒时间，与心理学领域所说的"自我浮现"（emergence of the ego）大致平行。这种情况通常发生在1到3岁之间；我们可以观察到，这种自我意识在婴儿身上尚未出现，而在四五岁的孩子身上却清晰可见。据克尔凯郭尔所言，这种变化是"质的飞跃"，因此无法用科学方法充分描述。克尔凯郭尔的目标是，从现象学的角度描述人类的处境，如一个成年人，从原本的懵懂无知到发现自己置身于冲突状态（自我意识的产生）。[1]

由于这种自我意识的"飞跃"，焦虑具有了反思性，也就是说，它现在有了更多的内容。焦虑"在后来的个体身上更具反思性，因为它参与了人类历史的进程"[2]。自我意识不仅使自我指导的个体发展成为可能，而且使自我觉知的历史发展成为可能。就像个体认为自己不仅受到环境的支配，而且拥有选择和独立的能力一样，他也不会把自己看作一台被毫无意义的历史发展吞没的机器。通过自我意识，人可以塑造并在一定程度上改变他当前的历史发展。但这并不能否定个人所处的历史环境的决定性影响。克尔凯郭尔写道："每

---

1 用哲学的术语来说，这是人类的"存在"先于"本质"的问题。
2 克尔凯郭尔：《恐惧的概念》，第47页。

个人都在历史的脉络中诞生，而自然法则的影响一如既往地有效。"[1]但最重要的是，个人如何将自己与他的历史脉络联系起来。

到此为止，克尔凯郭尔的观点可以总结如下：在纯真状态下，个体与他周围的环境是不分离的，此时，焦虑是模糊的。然而，在自我意识的状态下，出现了个体分离的可能性。此时，个体的焦虑具有反思性。在一定程度上，个体可以通过自我意识指导自己的发展，并参与人类历史的进程。

我们现在到了一个关键的节点。焦虑总是涉及内心的冲突，这是自我意识的另一个重要结果。克尔凯郭尔说，焦虑"是在害怕什么，但它与害怕的对象保持着一种若即若离的关系（sly intercourse），它无法将视线从对象身上移开，实际上也不会离开……"[2]（我们的作者补充道，读者可以自明其意，"如果有人认为这很难理解，我也无能为力"。）

> 再者，焦虑是一种对害怕对象的渴望，是一种带有同情的厌恶。焦虑是一种控制着个体的异己力量，个人无法挣脱，也不想挣脱。因为他害怕，但个体害怕的，也是他渴望的。于是，焦虑使人变得无

1 克尔凯郭尔：《恐惧的概念》，第65页。
2 克尔凯郭尔：《恐惧的概念》，第92页。

能（impotent）。[1]

这种以焦虑为特征的内在冲突，在现代临床心理学中十分常见，弗洛伊德、斯特克尔（Stekel）、霍妮等人都专门描述过它。我们可以从临床资料中找到大量的例证，尤其是在严重的神经症案例中：比如，患者有性或攻击的欲望，但他害怕这些欲望（包括这些欲望的后果），从而产生了持续的内心冲突。每一个患过重病的人都有这样的体会：他在患病时会非常焦虑，唯恐无法治愈，但他也在盘算着疾病会持续下去。用克尔凯郭尔的话说，他对自己最痛恨和最害怕的前景滋生同情。这种现象比单纯地想从疾病中"获益"要深刻得多，不管是情绪上还是身体上的利益。当弗洛伊德提出与"生命本能"相对的、备受质疑的"死亡本能"假说时，他也可能在试图描述这一现象。奥托·兰克（Otto Rank）关于"生的意志"和"死的意志"相互冲突的概念[2]，似乎更接近克尔凯郭尔的看法（同时避免了弗洛伊德的假设中不太被接受的部分）。这种冲突不仅发生在焦虑中，它本身就是焦虑的产物。换句话说，一个人有这样的冲突，便意味着他在这

---

1 克尔凯郭尔：《恐惧的概念》，第xii页，摘自他的日记（III A 233；Dru No. 402）。

2 有趣的是，兰克也认为，健康的个体是能够创造的人，尽管存在内在冲突（用他的话说，即"生的意志"与"死的意志"的冲突），而神经症患者则无法处理这个冲突，只能削减和牺牲他的创造力。

种情境下已经有了焦虑。

无论如何，克尔凯郭尔明确表示，他不会将这种内在冲突局限于神经症现象。他认为，在每一种可能性中，在婴儿期之后的每一种焦虑体验中，都会存在冲突。在每一次经历中，个体都希望继续前进，实现他的可能性；但与此同时，他也在考虑不这么做的可能性，也就是说，他的内心也在想着不去实现他的可能性。克尔凯郭尔描述了"神经症"和"健康"状态的区别。他认为，健康的人在冲突中前进，去实现他的自由；不健康的人则退缩到一个"封闭的"状态，牺牲他的自由。恐惧和焦虑的根本区别在此显而易见：在恐惧中，个人朝着一个方向移动，远离恐惧的对象；而在焦虑中，内在冲突在持续起作用，个人与焦虑对象之间呈现出模棱两可的关系。克尔凯郭尔始终认为，尽管经过反思的焦虑会呈现出更多的内容，但它永远不可能被赋予完全具体的内容，因为它描述的是一种内在的状态，一种冲突的状态。

自我意识的另一个产物是责任感和罪疚感。[1]对克尔凯郭尔和当代心理学家来说，罪疚感是一个艰难而复杂的问题。在我看来，罪疚感常常被过分简单化地回避掉了。要理解克尔凯郭尔如何看待焦虑与罪疚的关系，我们就必须强调，他

---

[1] 当代精神病理学主张，有罪疚感（害怕惩罚）的地方总是会有焦虑，但反过来就不一定了。不过，我们将会了解到克尔凯郭尔所说的另一个层面，即罪疚感与创造力的关系。

总是谈到焦虑与创造力的关系。一个人之所以焦虑，是因为他有创造的可能——不仅在无数的日常活动中进行创造，而且他还在创造自己、意欲成为自己（它们是同一过程的两个方面）。如果没有任何可能性，一个人就不会感到焦虑。让接受治疗的患者知道这一点是很有价值的，也就是要向患者指出，焦虑的存在意味着冲突正在发生，只要存在这种情况，就有可能找到建设性的解决方案。

现在，我们知道，创造和实现一个人的可能性，总是涉及破坏性和建设性两个方面。它总是包含破坏现状，破坏个人内在的旧模式，逐步摧毁个人自小就坚持的东西，从而创造出新的生活方式。如果你不这样做，你就是在拒绝成长，拒绝利用自己的可能性，同时你在逃避自己应负的责任。因此，拒绝实现一个人的可能性，会给自己带来罪疚感。但是，创造也意味着打破周围环境的现状，打破旧的形式，它意味着在人际关系和文化形式（如艺术家的创作）中产生一些原创和新颖的东西。[1]每一次创造的经验，都会潜在地攻击

1　在当代心理学中，创造力的过程还没有得到充分探索。艺术家的证词在此可以支持克尔凯郭尔的观点。德加（Degas）说"绘画就像罪犯犯罪的感觉"；托马斯·曼（Thomas Mann）也谈到，艺术家所保守的是"珍贵而罪恶的秘密"。我们可以在神话学中找到更多关于这种现象的见解：在普罗米修斯的神话中，创造力被视为对神的蔑视。我们还可以从心理学角度追问，涉及创造力的个体化过程，是否意味着对母亲的不断脱离，甚至反抗？或者用弗洛伊德的术语来说，创造力是否意味着逐渐地剥夺父亲的权威？

或否定环境中的其他人，或者是自己内在既有的模式。打个比方，在每一次创造的经验中，只有过去的事物被抹杀，新的事物才能在当下诞生。因此，对克尔凯郭尔来说，罪疚感总是与焦虑相伴而生：两者都是体验和实现可能性的方面。他认为，一个人越有创造力，就越有可能出现焦虑和罪疚。克尔凯郭尔写道："越是伟大的天才，越深刻地感到罪疚。"[1]

虽然这种罪疚感的内容常常涉及性和肉欲，但克尔凯郭尔并不认为它们本身就是焦虑或罪疚的根源。性之所以重要，是因为它代表了个体化和群体化的问题。在克尔凯郭尔的观点与我们的文化中，性往往是"成为自己"这个问题最清晰的支点。例如，拥有个人的欲望和冲动，同时不断扩展与他人的关系。要完全满足这些欲望，必然涉及其他人。因此，性可以建设性地表达这种"群体中的个体"（性是人际关系的一种形式），也可以被扭曲成以自我为中心（伪个体化），或者仅仅是一种共生依赖（伪社群）。打个比方，克尔凯郭尔提到，焦虑在女人生孩子时达到顶峰，因为"在那一刻，新的个体来到了这个世界"。在个体进入群体的每一个时刻，焦虑和罪疚都在潜伏着。这种情况不仅仅指孩子的出生，也包括一个人个性的诞生。根据克尔凯郭尔的观点，

1　克尔凯郭尔：《恐惧的概念》，第96页。

一个人在他生命中的每一刻都在或应该在不断地创造自己的人格。[1]

克尔凯郭尔说，人们常常用宿命论来回避创造过程中的焦虑和罪疚。因为"命运是精神（可能性）与外在事物（如不幸、必然或机缘）的结合"，所以，我们感受不到焦虑和罪疚的全部意义。但克尔凯郭尔认为，这种对宿命论的信仰，限制了创造力的发展。因此他相信，坦白地面对罪疚问题的犹太教，比相信命运的希腊精神更胜一筹。真正的创造性天才不会寻求命运之神的庇护，以此来逃避焦虑和罪疚；相反，他会穿越焦虑和罪疚，创造无限可能。

失去自由的一种形式是"封闭"（shut-upness）的状态。"封闭"一词生动地表现了意识受阻、抑制，以及其他常见的对焦虑的神经症反应。[2]克尔凯郭尔指出，这种状态在历史上被称为"着魔"（demoniacal），他引用了一些《圣经》中关于歇斯底里症与缄默症的案例，所以我们知道，他指的是各种临床形式的神经症和精神病。他觉得，这些案例中的问题在于"与善的不自由的关系"。焦虑表现为"对善的恐惧"；个人试图将自由拒之门外，限制自己的发展。此外，克尔凯郭尔还认为，"自由恰恰是扩展性的"，而

1　克尔凯郭尔：《恐惧的概念》，第65页。
2　我们将在以后的章节中经常讨论这一点。例如，参见第九章中菲莉丝与弗朗西丝的案例；也请参见第十章的内容。

且"自由是持续地沟通"，这一观点对沙利文（Harry Stack Sullivan）有所启发。[1] 在着魔的状态下，"不自由使人变得越来越封闭，不愿意沟通"[2]。克尔凯郭尔清楚地指出，"封闭"一词并不是指有创造性的人有所保留，而是指一种退缩和持续的否定。"当处于着魔状态时，并不是用什么东西把自己封闭起来，而是自我封闭。"[3] 因此，他也提出，封闭是乏味的（给人荒芜的印象）和空虚的。当封闭的人面对自由或"善"（两者在此处同义）时，他便会感到焦虑。对封闭的人来说，克尔凯郭尔口中的"善"意味着在自由的基础上重新整合自己。此外，他还把"善"描绘成一种无限的扩展，一种持续增进的沟通。

克尔凯郭尔认为，把封闭的个性看作命运的受害者，其实是一种虚假的同情，因为这意味着我们对此无能为力。真正的同情是怀着罪疚感（即责任）去面对问题。这是我们所有人的责任，不管我们是否封闭自我。勇敢的人生病时，更愿意说："这不是命运，而是罪疚。"因为这样一来，他便有可能尝试改变自己的处境。对于"有道德的人"，克尔凯

1　克尔凯郭尔：《恐惧的概念》，第110页。

2　克尔凯郭尔：《恐惧的概念》。让我们比较一下易卜生对疯人院病患的描述："每个人都把自己封闭在自我的桶中，再用自我的塞子堵住，放到自我的井中浸泡。"［《培尔·金特》（*Peer Gynt*）］。

3　克尔凯郭尔：《恐惧的概念》。

郭尔继续说道，"最害怕的莫过于命运，以及披着同情外衣的华而不实的东西，它们会骗走他的财富，也就是自由"[1]。在我们的文化中，传染病被认为比心理障碍更接近命运，我可以举个例子来说明这一点。在我得了肺结核的时候（那时还没有治疗肺结核的药物），通过观察自己和许多其他病人，我注意到，经常有好心的朋友和医务人员安慰我们，说这种疾病是由结核杆菌意外感染造成的。这种归咎于命运的解释原本是想让病人放心，但实际上，它让许多心理更敏感的病人陷入了更大的绝望。如果这种疾病是命运的安排，我们怎么能确定它不会再次发生呢？相反，如果患者觉得自己的生活方式错了，这是他得病的原因之一，虽然他会更内疚，但也因此看到更多的希望，知道为了痊愈，该怎样改变自身的状况。从这个角度来看，罪疚感不仅是一种更准确的态度，也是一种更能燃起真正希望的态度（当然，克尔凯郭尔和我指的是理性的罪疚感，而不是非理性的罪疚感。后者具有无意识的动力，是非建设性的，需要被消除）。

归根结底，封闭状态是以幻觉为基础的："不难看出，封闭状态意味着谎言，或者说，不真实；而不真实就是不自由……"[2]他建议，与封闭的人打交道时，我们应

---

1 克尔凯郭尔：《恐惧的概念》，第108页注释。
2 克尔凯郭尔：《恐惧的概念》，第114页注释。

该意识到沉默的价值，并且始终保持他们的"类别非常清晰"。他相信，封闭状态可以通过内在的揭示或"洞明"（transparency）来治疗，他在这里所指的，就心理学层面而言，与当代心理疗法中的宣泄（catharsis）和澄清（clarification）十分相似。

自由也可能在身心层面上丧失。在克尔凯郭尔看来，"身体、心理、精气"（可能性）密不可分，"任意一项的紊乱都会影响到其他两项"[1]。他在传统的心理和身体之间，又增加了第三个决定因素，即自体（self）。这个"中介决定因素"包含了可能性和自由。他相信人格不仅仅是心理和身体的结合。如果人格想要变得更强大，那就必须看自我如何与心理和身体相联结。这也表明，克尔凯郭尔的自体概念不能与只占心理一部分的自我（ego）等同起来。当个体能够自由地洞察心理与身体，并依此自由行动时，自体就开始发挥作用了。

其他因焦虑而丧失自由的例子，也可以在僵化刻板的性格中看到。克尔凯郭尔写道，这样的性格特质缺乏内在的确信。

　　一个追随最严格正统教义的信徒，可能就处于着

---

1 克尔凯郭尔：《恐惧的概念》，第109页。

魔的状态。他知道一切，他在圣灵面前顶礼膜拜，真理对他来说是各种仪式的总和；他谈论自己俯伏在上帝座前，并且鞠多少次躬；他对每件事物的了解，就像小学生能够用ABC证明某个数学命题，但当字母换成DEF时，他就束手无策了。因此，只要他听到事情没有按既定顺序进行，他就会感到焦虑。他像极了一位现代的思辨哲学家，发现了灵魂不朽的新证据，但当他遇到必死的危险时，却无法拿出证据，因为他没有随身携带笔记本。[1]

因缺乏内在的确信而产生的焦虑，一方面可能表现为任性和不信（unbelief）——否定的态度；另一方面则表现为迷信。"迷信和不信是不自由的两种形式。"[2]就其心中潜藏的焦虑而言，盲信者和不信者实属同一类型。两者都缺乏扩展性，"都欠缺内省，都不敢深入自我。"[3]

人们会尽一切可能来避免焦虑，这对克尔凯郭尔来说并不奇怪。他谈到了所谓的"懦弱年代"（cowardly age），在那个年代，"人们想尽一切办法，利用各种娱乐活动和喧闹的音乐来驱赶孤独的念头，就像在美洲森林里，人们用火

1 克尔凯郭尔：《恐惧的概念》，第124页。
2 克尔凯郭尔：《恐惧的概念》，第124页。
3 克尔凯郭尔：《恐惧的概念》，第129页。

把、叫喊和铙钹声驱赶野兽一样"[1]。因为焦虑是一种极其痛苦的经历。在这里，我们再次引用克尔凯郭尔对这种痛苦的描述，因为它是如此生动和贴切：

> 没有哪位大审判官能像焦虑一样，随时准备着如此可怕的折磨；没有哪个间谍能像焦虑一样，知道如何狡猾地在敌人最脆弱的时候攻击他，知道如何设下陷阱，让对方落入圈套；也没有哪个聪明的法官能像焦虑一样，知道如何审讯、盘问被告人。无论是分神还是喧闹，无论是工作还是玩耍，无论是白天还是黑夜，焦虑都不会让人逃脱它的牢笼。[2]

但是，逃避焦虑的尝试不仅注定失败，而且在这个过程中，一个人失去了最宝贵的自我显现的机会，也失去了作为人接受教育的机会。"如果人是野兽或是天使，他就不会感到焦虑。但正因为他是两者的综合，所以他才能感到焦虑；而且焦虑越强烈，这个人越伟大。然而，这不是从人们通常所理解的角度来说的，焦虑并非某种身外之物，人本身就会产生焦虑。"[3]

---

1 克尔凯郭尔：《恐惧的概念》，第107页。
2 克尔凯郭尔：《恐惧的概念》，第139页。
3 克尔凯郭尔：《恐惧的概念》，第139页。

克尔凯郭尔以最引人入胜的笔调，将焦虑描述为一所"学校"。焦虑甚至是比现实更好的老师，因为一个人可以回避令人不快的情境，从而暂时逃避现实，但是焦虑作为教育的源泉总是存在，因为它存在于人的内心。"即使是最微小的事情，只要个人足够机灵，他就有可能摆脱此事。而且这极有可能成功，因为现实不像焦虑那样，是一个站在你眼前的犀利考官。"[1]他承认，把焦虑当作老师，看似一个愚蠢的提议，尤其是对那些自诩从未焦虑过的人来说。"对于这个问题，我的回答是，我们确实不应该对作为人、对'有限性'感到恐惧，但一个人只有彻底经受过'可能性'的焦虑，才会受教变得没有焦虑。"[2]

一方面（我们不妨称为消极的一面），这种教育涉及坦率地面对和接受人类的处境。它意味着要面对死亡的事实，以及存在之偶然性的其他方面。从这种"原始焦虑"（Angst der Kreatur）中，一个人学会了如何解释人类处境的现实。"因此，当这样的一个人，从可能性的学校里毕业，他会洞察世情，就像一个孩子熟悉字母表一样，他知道无法向生活提出任何要求，而且恐怖、破灭、毁灭始终伴随左右，他还从中吸取了有益的教训：每一种令人恐慌的焦虑（Aengste）

1　克尔凯郭尔：《恐惧的概念》，第144页。
2　克尔凯郭尔：《恐惧的概念》，第141页。

都可能在下一秒成为事实，所以他会对现实有完全不同的理解，他会赞美现实……"[1]

　　从积极的一面来说，进入焦虑学校能够使人摆脱有限和渺小的限制，并获得自由，实现人格的无限可能。在克尔凯郭尔看来，有限就是"封闭"自由之物，而无限是"打开"自由之门。因此，无限是他的"可能性"概念的一部分。有限可以被定义为，个人在无数的束缚和限制中所体验到的东西，正如我们在临床和生活中观察到的；无限却不能这样来界定，因为它代表了自由。在面对焦虑这件事上，克尔凯郭尔极为推崇苏格拉底的态度：

　　　　他庄严地举起装着毒酒的杯子……就像即将接受痛苦手术的病人，对医生说"我已经准备好了"。就这样，焦虑进入他的灵魂，遍处搜寻，赶出一切有限和渺小之物，将他引向他所要去的地方。[2]

　　在这样面对焦虑时，个人被教育要有信仰，或者说内在的确信。这样，一个人就拥有了"不带一丝焦虑地摒弃焦虑的勇气，只有信仰才能做到这一点——不是说它消灭

1　克尔凯郭尔：《恐惧的概念》，第140页。
2　克尔凯郭尔：《恐惧的概念》，第142页。

了焦虑，而是它与时偕行，在焦虑的濒死挣扎中不断发展自身"。

对聪明的读者来说，在上述引文中，克尔凯郭尔似乎一直使用诗学的和吊诡的修辞手法在论述。当然，事实就是这样，但他所要传达的意义，却可以用清晰的经验术语加以概括。一方面，他预见了霍妮等人的观点，即焦虑表明存在一个亟待解决的问题。在克尔凯郭尔看来，焦虑会尾随一个人的脚步（如果他没有进行彻底的神经症压抑的话），直到问题得以解决。但另一方面，克尔凯郭尔宣称，"自我力量"来自一个人成功地面对焦虑的经历。这就是一个人自我成长和成熟的方式。

克尔凯郭尔的惊人之处在于，尽管他的作品创作于一百多年前，尽管他缺乏解释无意识材料的工具——这些工具在弗洛伊德之后才得以完整呈现——但他还是敏锐而深刻地预见了现代精神分析对焦虑的洞察。与此同时，他将这些见解置于对人类经验的诗学与哲学理解的大背景下。在克尔凯郭尔的作品中，我们看到了法国生理学家克劳德·伯纳德（Claude Bernard）所向往的那一天——有朝一日，"生理学家、哲学家和诗人将会说同一种语言，并且彼此理解"。

第三章　焦虑的生物学解读

在进化的过程中，神经系统的计划功能最终成就了观念、价值观和快乐，这些都是人类社会生活的独特表现。只有人类才能计划遥远的未来，才能回味成功带来的快乐。只有人类会感到幸福，但是，也只有人类会忧心忡忡。神经生理学家谢林顿（Sherrington）说过，姿势与运动如影随形。我现在相信，同样地，焦虑与智力活动也如影随形，我们越了解焦虑的本质，也就越了解智力。

——霍华德·利德尔
《警戒在动物神经症发展中的角色》

在这一章中，我们要探讨的是：当一个有机体面临危险时，它会做出什么反应？我们将从生物学角度进行研究。从生物学角度来看，这种反应不仅包括有机体对危险的反射性反应，还包括更广泛意义上有机体作为一个生命整体对威胁的反应。

我注意到，近二十年来对焦虑的研究中，有许多研究涉入了相对独立的神经学和生理学领域。事实上，在开发更精密的仪器方面——例如出于内分泌学科研究的需要——已经取得了巨大的进展。但每一项研究都像盖房子时用的单块砖头，房子的整体设计却不知在哪里。换句话说，把这些分散的砖块整合到一起的模式在哪里呢？[1]

正如"焦虑"专题研讨会上许多学者都同意的，我们迫切需要一个整合的设计，为这个领域带来一些"秩序和条理"——就像弗洛伊德半个世纪前所说的那样。这个时代混杂、孤立和碎片化的知识在大量增加，但我们对焦虑的整体理解却几乎没有增长。那个涵盖所有不同方面的整合模式，似乎仍是遥不可及的梦想。

例如，尤金·莱维特（Eugene E. Levitt）提到1969年《科

---

1 我想到的整合者只有汉斯·塞里（Hans Selye）和路德维希·冯·贝塔兰菲（Ludwig von Bertalanffy）。尽管他们的贡献很重要，但前者是在实验医学和外科医学领域，而后者是在生物理论领域。我们对焦虑的杂乱研究还没有统一起来。虽然压力与焦虑类似，但正如我稍后将指出的，压力并不等同于焦虑。

学月刊》（*Scientific Monthly*）上的一篇文章，文章作者费里斯·皮茨（Ferris Pitts）声称发现了焦虑的化学来源，即血液中高浓度的乳酸盐。这一发现被宣布为一项"突破"，类似于精神分裂症病因每隔四五年就宣布一次的"突破"。这些"突破"随后就会被人遗忘，只会在作者的讣告中才被再次提及。莱维特总结道："突破性研究，是伪装成顶级作品的低水平作业。"[1]

这些"发现"常常令人失望的原因是，像焦虑这种生活状态的"成因"永远不可能在孤立的神经或生理反应中找到。我们需要的是一个涵盖所有不同研究取向的新模式。焦虑的神经和生理方面，单就它们本身而言是无法理解的，还必须考虑到这样的问题：有机体在与世界的斗争中，想要满足的需要是什么？我所说的世界，不仅指物理的环境，还包括心理和态度的环境。

这就意味着，神经生理过程需要被看作有机体组织结构的一个方面。阿道夫·迈耶（Adolph Meyer）说"生理机能从属于整合的功能，特别是通过象征方式的使用"[2]，指的就是这个意思。

1　尤金·莱维特：《论精神病学的重大突破》（*Commentary on the Psychiatric Breakthrough*），收录于查尔斯·施皮尔贝格尔主编的《焦虑：理论与研究的当前趋势》（*Anxiety: Current Trends in Theory and Research*，New York，1972）第1册，第233页。
2　沙利文：《现代精神病学的概念》（*Conceptions of Modern Psychiatry*，Washington，D.C.，1947），第4页。

迈耶的这一总结陈述有许多经验性的支持。阿伦·贝克指出："充满压力的生活情境，就其本身而言，对焦虑和身体不适的影响，远不如个体感知这些情境的方式重要。"[1]在对越战士兵的焦虑研究中，伯恩、罗斯与梅森（Bourne，Rose & Mason）三位学者总结道，导致焦虑变化的不是生理本身，而是某些士兵"特有的生活方式"。换句话说，个体感知威胁的方式比威胁本身更重要。在个人的生活方式中，综合的动力机制最为重要。梅森指出，许多疾病可能事实上就是这种综合机制的失调，也正是这种机制，使人象征性地将情境解读为威胁性的或非威胁性的。

梅森指出，与生物学中的"元素分析法"相比，"潜藏在'综合性'方法背后的假设是……对生物体的最终理解，不仅在于弄清它最基本的组成部分，而且在于生物学中一个独特且根本的任务，即弄清有机体中许多单独的部分或过程是如何与整个有机体整合在一起的"[2]。

在本章中，我们必须牢记这个整合模式的目标。如果想

---

1 阿伦·贝克（Aaron Beck）：《认知、焦虑与心理生理障碍》（*Cognition, Anxiety, and Psychophysiological Disorders*），收录于施皮尔贝格尔主编的《焦虑：理论与研究的当前趋势》第2册，第349页。

2 梅森：《内分泌整合模式所反映的情绪》（*Emotion as Reflected in Patterns of Endocrine Integration*），收录于莱维（L. Levi）主编的《情绪：参数和测量》（*Emotions: Their Parameters and Measurement*, New York, 1975）。

要避免生理学和神经学中独立研究的不良影响，我们就必须探讨每一项研究如何融入整体。

惊吓模式

我们最先注意到的是一种保护性反应。这种反应虽然不是恐惧或焦虑，却是这些情绪的先兆，即惊吓模式。兰迪斯与亨特对惊吓模式的研究尤其值得关注，因为它揭示了有机体的保护性反应、焦虑和恐惧三者出现的顺序。[1]

如果我们在一个人身后开枪，或用其他方式制造超大声的、突然的刺激，那么这个人会迅速弯腰、向前伸头、眨眼，或者表现出其他的"受惊吓反应"。这是一种原始的、先天的、不由自主的反应，出现在恐惧和焦虑这两种情绪之前。兰迪斯与亨特利用各种实验来诱发惊吓模式，主要使用手枪射击作为刺激，并用摄像机记录被试的瞬时反应。惊吓模式最显著的特征是身体的弯曲，"这类似于个人保护性的收缩或'退缩'"[2]。惊吓模式还有一个特征是眨眼，在正常情况下，它还包括"头向前伸、特定的面部表情、双肩耸

---

1 兰迪斯与亨特（Landis & Hunt）：《惊吓模式》（*The Startle Pattern*，New York，1939）。
2 兰迪斯与亨特：《惊吓模式》，第23页。

起向前、上臂外展、肘部弯曲、下臂内旋、屈指、上身前倾、腹部收缩、屈膝，等等。这是一种原始反应，是不由自主的，也是普遍存在的，在黑人和白人、婴儿和成人，以及灵长类动物和某些低等动物身上都会有"[1]。从神经学角度来说，惊吓模式涉及了高级神经中枢的抑制，因为后者无法整合如此突然的刺激。也就是说，在我们知道威胁是什么之前，我们已经受到惊吓了。

惊吓反应本身并不是恐惧或焦虑。兰迪斯与亨特恰当地指出，"最好把受惊吓定义为'前情绪状态'（preemotional）"[2]。"它是对突然的、强烈的刺激的一种即时反应，迫使有机体做出不同寻常的处理。因此，它具有紧急反应的性质，但这种反应既快速又短暂，在组织和表现上比所谓的'情绪'要简单得多。"[3]真正的情绪可能在惊吓反应之后才出现。在兰迪斯与亨特的实验中，成年受试者在受惊吓之后，表现出了好奇、烦恼、恐惧等次级行为（情绪）。他们认为，这种次级行为是"从先天的、非习得的反应过渡到后天的、受社会制约的、纯粹自主性的反应的桥梁"[4]。

值得注意的是，在这些实验中，婴儿的年龄越小，伴

---

1 兰迪斯与亨特：《惊吓模式》，第21页。
2 兰迪斯与亨特：《惊吓模式》，第153页。
3 兰迪斯与亨特：《惊吓模式》，第153页。
4 兰迪斯与亨特：《惊吓模式》，第136页。

随惊吓出现的次级行为就越少。一个月大的婴儿除了惊吓之外，几乎没有任何其他反应。兰迪斯与亨特说道："我们的研究显示，随着婴儿的成长，会出现越来越多的次级行为……随着年龄的增长，哭泣和回避的行为变得越来越频繁，他要么扭头避开声源，要么真的转身爬走。"[1]

从作为焦虑和恐惧的前情绪反应的惊吓模式中，我们可以推断出很多东西。例如，劳伦斯·库比（Lawrence Kubie）在这种模式中发现了"焦虑的发生学"（ontogeny of anxiety）。他指出，惊吓模式是表明个体和世界之间存在间隙的第一个迹象。库比认为，胎儿不会受到惊吓；胎儿所受的刺激与反应之间没有间隔。但是，婴儿和惊吓模式是在同一时刻诞生的。从那以后，个体和环境之间便存在着"距离"。婴儿会经历等待、拖延和挫折。库比主张，焦虑和思维过程都源于个体与世界之间的"间隙"，而焦虑先于思维的发展。"个体生活中的焦虑就像一座桥梁，连接着惊吓模式和所有思维过程的开端。"[2]

1　兰迪斯与亨特：《惊吓模式》，第141页。请注意，这就是惊吓模式，意即有机体的整体反应。这或许可以解释为什么在过去20年的文献中，研究人员虽然对神经学与生理学中的孤立元素越来越感兴趣，却忽略了惊吓模式。

2　劳伦斯·库比：《焦虑的个体发生学》（*The Ontogeny of Anxiety*），载于《精神分析评论》（*Psychoanalysis Review*，1941，28：1），第78—85页。惊吓模式可应用于许多方面。参见西摩·莱文（Seymour Levine）的《压力与行为》（*Stress and Behavior*），载于《美国科学》（*Scientific American*，1971年1月刊，224：1），第26—31页。

兰迪斯与亨特认为，这种惊吓模式属于普遍的反应类型，戈德斯坦称之为"灾难性反应"（catastrophic reaction）。我们认为，惊吓模式是一种原始的、非习得的保护性反应，是有机体情绪反应的先兆，这种情绪后来会变成焦虑和恐惧。

焦虑和灾难性反应

戈德斯坦的贡献对我们的研究来说非常重要，因为他为理解焦虑提供了广泛的生物学基础。[1]作为一名神经生物学家，戈德斯坦的观点来自他对大量精神病患者的研究，尤其是对脑损伤病人的研究。在第一次世界大战期间，作为德国一家大型精神病院的院长，戈德斯坦有机会观察和研究了许多大脑被子弹击中的士兵。由于脑损伤，这些士兵适应环境的能力受到限制，他们在面对各种刺激时，会出现震惊、焦虑和防御等反应。通过观察他们，就像观察处于危机情境下的正常个体一样，可以深入了解有机体焦虑动力机制的生物

1　库尔特·戈德斯坦：《有机体：生物学的整体取向》（The Organism: a Holistic Approach to Biology, New York, 1939）和《精神病理学视野中的人性》（Human Nature in the Light of Psychopathology, Cambridge, 1938）。

学层面。[1]

戈德斯坦的中心论点是：焦虑是有机体在灾难性情境下的主观体验。当一个有机体无法应对环境的要求时，它就会被抛进一种灾难性情境，并因此感到它的存在或对其存在至关重要的价值受到威胁。我们不应该认为"灾难性情境"总是涉及强烈的情绪体验。它也可能只是一个人脑海中一闪而过的想法——自身存在受到了威胁。它是一种质性的体验，强度等级不是问题所在。

戈德斯坦研究的脑损伤患者发明了无数个避免灾难性情境的方法。例如，有些患者形成强调秩序的强迫行为：他们把衣橱收拾得井井有条。如果这些人被置于杂乱无章的环境中，比如有人改变了他们摆放鞋子、衣服的方式，他们就会惊慌失措，不知如何是好，并表现出极度的焦虑。还有一些患者，当要求他们在纸上写下自己的名字时，他们会写在纸

---

1 我们必须对"生物的"和"心理的"加以区分。前者指的是有机体是行为和反应的整体，而后者指的是这个整体中的一个层次。的确，正如某些作者所坚称的那样，对脑损伤患者的研究并没有得出神经质焦虑在心理方面的相关数据，因为这些患者的神经系统在研究之初就受到了损害。例如，莫勒（1950）认为，戈德斯坦的患者的焦虑表现更类似于Urangst（基本、正常的焦虑），而不是神经质焦虑。事实上，"神经质焦虑"一词在这些患者身上是否有意义，是值得怀疑的。然而，这一区分与我的观点并不矛盾，即戈德斯坦的发现为理解焦虑提供了生物学基础，这一点具有重大价值。我认为（后面将详细说明），从心理学层面理解焦虑，与戈德斯坦在生物学层面的发现并不矛盾，而是相辅相成的。

张的边缘，任何开放性空间（"虚空"）都是他们难以应付的局面。这些患者会避开环境中的任何变化，因为他们不能充分评估新的刺激。在这些情况下，我们看到患者无法应付世界对他提出的要求，也无法施展自身的基本能力。当然，正常的成年人能够应对更广泛的刺激，但当他们面临灾难性情境时，问题的本质是一样的。在这种状态下，客观层面是行为紊乱，主观层面则感到焦虑。

戈德斯坦否认了这种观点，即有机体是由各种"驱力"组成的，而"驱力"受到阻碍或干扰会导致焦虑。[1]相反，有机体只有一种趋势，那就是实现自己的本性（我们注意到，这个观点与克尔凯郭尔的自我实现概念相似）。每个有机体最主要的需要和倾向，都是使自己与环境相互适应。当然，有机体的性质迥然不同——不论是动物还是人类，他们所拥有的基本能力也不尽相同，这些能力决定了个体必须实现什么，以及如何去实现。野兽只有在丛林栖息地才能实现自己的本性，一旦被关进笼子里，它们往往就会神态恍惚、无精打采，甚至表现出疯狂的行为。有时，有机体为了克服本性与环境之间的不协调，会牺牲掉本性中的一些元素——就像有些野生动物为了不受困于牢笼，而牺牲掉自己自由活动的需要。

1　虽然戈德斯坦反对"驱力"的概念，但他认为，我们可以谈论有机体在自我实现过程中的"需要"。

一个适应不良的有机体可能会设法缩小自己的世界，将其缩小到自己能够应付的范围内，从而避免灾难性情境。举个例子，戈德斯坦提到沃尔特·坎农（Walter B. Cannon）的实验：被切除了交感神经的猫经常待在散热器附近，是因为它们对寒冷做出充分反应（从而维持生存）的能力被剥夺了。

戈德斯坦认为，并不是疼痛的威胁造成了灾难性情境，以及随之而来的焦虑，它甚至不是最主要的因素。疼痛常常可以在没有焦虑或恐惧的情况下发生。同样，也不是任何危险都能引起焦虑。只有特定的危险才能威胁有机体的存在——这里的"存在"不仅指肉体的生命，也指心理的生命。这种威胁可能是针对有机体所认同的存在价值的。除了戈德斯坦的分析，我们还会注意到，西方文化中所谓的"驱力"——无论是"性"这样的心理物理驱力，还是"成功"这样的心理文化驱力——往往以各种方式与个体的心理存在联系在一起。因此，有人可能会因为性欲受挫而陷入焦虑；也有人会因为在金钱（或名望）方面不够成功，而觉得自己落入了灾难性情境。

有的学生可能会轻松地应对某次考试而不感到焦虑，而对于将整个人生寄托于此次考试的学生来说，同样的情境可能是一场灾难，他会由此产生紊乱的行为和焦虑反应。因此，"灾难性情境中的有机体"这个概念涉及两个方面：一是客观情境本身；二是情境中有机体的性质。不管在日常生活的正常焦虑中，还是在"百爪挠心的邪恶威胁"中，我们每个人都能识别出灾难性情境的威胁。

人类应对危机情境的能力千差万别。为什么有些人会因为自身的冲突而对危机准备不足，这更严格地说是心理学问题，我们将在下一章详细讨论。这里只需要指出，每个人都有自己的"阈限"，超过这个阈限，额外的压力就会使情境变成灾难。在研究战斗中崩溃的士兵时，格林克与施皮格尔说明过这种阈限。[1]同样，伯恩、罗斯与梅森在研究对越作战的士兵时，也说明了类似的情况。士兵们的各种防御机制——相信自己战无不胜、强迫性的活动、对领导者力量的信仰——都可以被看作对个人的保护，使其免受灾难性情境的影响。[2]

焦虑和失去的世界

现在，我们来看看戈德斯坦的有趣讨论——为什么焦虑是一种没有特定对象的情绪？他同意克尔凯郭尔、弗洛伊德

---

1 格林克与施皮格尔（Grinker & Spiegel）：《压力之下的人》（*Men Under Stress*, Philadelphia, 1945）。顺便一提，本书中频繁出现对士兵的焦虑研究，绝不是因为我们对军事过分热衷，而是因为士兵就像未婚妈妈一样，会长期待在所属团体里以供研究。他们也像未婚妈妈一样，据称处于一种令人焦虑的情境中。

2 伯恩、罗斯与梅森：《尿17-羟皮质类固醇水平》（*Urinary 17-OHCS Levels*），载于《普通精神病学文献》（*Archives of General Psychiatry*, 1967年7月，第17期），第104—110页。

等人的观点，即焦虑应该与恐惧区分开来，因为恐惧有特定对象，而焦虑则是一种模糊的、不明确的忧虑。当代心理学所困惑的不是这个定义，而是它的基本原理。就焦虑而言，我们很容易看出，一个极度焦虑的人无法说出，也不知道他害怕的"对象"是什么。[1]戈德斯坦说，虽然这种"无对象性"（objectlessness）在精神病发作期很明显，但同样的现象也出现在不那么极端的病例中。在精神分析治疗中，当患者处于焦虑状态时（如第八章描述的哈罗德·布朗），他们会报告说，他们没法知道自己在害怕什么，而这正是焦虑如此令人痛苦和不安的原因。

戈德斯坦认为，"随着焦虑的增加，焦虑的对象和内容似乎消失得越来越多"。他问道："焦虑的本质不就是无法得知危险从何而来吗？"[2]在恐惧中，我们既能意识到自己，也能意识到对象，我们可以参照所恐惧的事物来确定自己的所在。但是，用戈德斯坦的话来说，焦虑"从背后袭击我们"；或者像我所说的，焦虑从四面八方同时袭击我们。在恐惧中，你的注意力集中在对象身上，身体被调动起来准

---

1 当然，"伪对象"经常用于焦虑。这就是恐惧和迷信的作用。众所周知，焦虑常常被转移到任何可接受的对象上；一般来说，如果患者能把焦虑附于某种事物之上，痛苦就会随之减轻。焦虑中伪对象的存在，不应与焦虑的真正来源相混淆。

2 戈德斯坦：《有机体：生物学的整体取向》，第292页。

备逃跑；你可以逃离这个对象，因为它在空间中占有一席之地。但是，在焦虑中，你试图逃跑的努力近似于疯狂的行为，因为你并没有感受到来自某个地方的威胁，也不知道要逃到哪里去。正如戈德斯坦所说：

> 在恐惧中，人们会有适当的防御反应、紧张的身体表现，以及对环境某一部分的极度关注。但在焦虑中，我们会发现毫无意义的狂乱，个体从世界中退缩，表情变得僵硬，情感变得封闭，世界也显得无关紧要；任何与世界的牵连、任何有用的感知和行动都中止了。恐惧使人的感官敏锐，驱使它们采取行动；焦虑却麻痹感官，使它们变得无用。[1]

戈德斯坦观察到，当脑损伤患者处于焦虑状态时，他们无法充分评估外界刺激。因此，他们既不能准确地描述客观环境，也不能现实地看待自己与这些环境的关系。"灾难性情境使有序的反应变得不可能，"他说道，"这一事实阻止了主体在外部世界中'拥有'一个客体（对象）。"[2]每个人都从自己的经历中观察到，焦虑不仅会干扰个人对自我的认

---

1 戈德斯坦：《有机体：生物学的整体取向》，第293页，第297页。
2 戈德斯坦：《有机体：生物学的整体取向》，第295页。

识，同时混淆他对客观环境的感知。这两种现象同时出现并不难理解，用戈德斯坦的话来说，因为"对自我的意识伴随着对客体的意识而来"[1]。对自我和世界之间关系的意识，正是在焦虑中崩溃的东西。[2]因此，焦虑作为一种无特定对象的现象，是完全合乎逻辑的。[3]

根据上述讨论，戈德斯坦认为，严重的焦虑会被一个人体验为自我的瓦解，或"人格存在的消解"[4]。因此，严格地说，我们"有"焦虑是不准确的；应该说我们就"是"焦虑，或者是焦虑的"化身"。

戈德斯坦：焦虑和恐惧的来源

从发展的角度来讲，焦虑和恐惧之间是什么关系呢？在戈德斯坦看来，焦虑是原初和原始的反应，而恐惧是之后发展而来的。婴儿对威胁的初始反应是涣散的、未分化的，也就是焦虑的反应。随着个体学会区分主体和客体，以及专门处理那些可能把他抛进灾难状况的环境因素，恐惧才开始分化出来。在婴儿身上，即使是刚出生10天的婴儿，

---

1 戈德斯坦：《有机体：生物学的整体取向》，第295页。
2 读者若想要了解这些观点的临床例证，请参考第八章布朗的案例，特别是第二节的讨论。
3 当然，戈德斯坦在讨论焦虑的"无对象性"时，并不打算将有机体与其客观环境分离开来。个体总是面对着某种客观环境，只有当我们看清环境中的有机体——看清有机体对它无法解决的任务做出反应时，我们才能够理解焦虑的发生。
4 戈德斯坦：《有机体：生物学的整体取向》，第295页。

我们也可以观察到明显的焦虑，那是他的安全受到威胁后出现的涣散且未分化的反应。只有当婴儿逐渐长大，在神经和心理上足够成熟，且可以区分主客体时，也就是能够识别周遭环境中可能导致灾难状况的事物时，特定的恐惧才会出现。

戈德斯坦对恐惧和焦虑的关系进行了更具体的阐述，他的陈述可能令许多读者感到困惑。他先问道："是什么导致了恐惧？"然后断言："无非是对焦虑可能发作的体验。"[1]因此，他认为，恐惧实际上是一个人对自己可能被抛入灾难性情境的担忧。这一点可以用前面提到的哈罗德·布朗的案例研究（第八章将具体论述）来说明。这个年轻人如果想要继续学业，就必须在不同的时间通过各种考试。有一次，他在考试的时候，感觉自己会不及格，因此感到恐慌，担心自己会被大学退学，然后再次成为一名"失败者"。这些非常明显的紧张和冲突，以及他由来已久的焦虑症状，都是他处于"灾难性情境"的主观反应。

然而，在另一次类似的考试场景中，虽然他感到担心，但他按部就班地答题，最终完成了考试，而没有陷入恐慌。我们可以把后一种情况下的担心定义为恐惧。他在恐惧什么呢？他恐惧的是，他会再次经历第一种情况下的灾难性情

---

1 戈德斯坦：《有机体：生物学的整体取向》，第296页。

境。因此，戈德斯坦认为，恐惧代表了一种警告：如果危险的经历没有得到充分应对，就可能会使整个有机体陷入危险的境地。恐惧可以归结为对特定经历的担忧，这些经历可能会引起更糟糕的局面，也就是焦虑。根据戈德斯坦的说法，恐惧就是对焦虑发作的担心。

戈德斯坦的说法之所以令人困惑，部分原因在于早期的心理学思想倾向于将恐惧视为通用术语，将焦虑视为恐惧的衍生品。[1]戈德斯坦的观点正好相反：恐惧是从焦虑中分化而来的，是有机体成熟过程中的后续发展。他断言，将焦虑理解为恐惧的一种形式，或者"恐惧的最高形式"，这种惯常做法是不正确的。"由此可见，焦虑无法从恐惧现象中得到理解，只有反过来理解才合乎逻辑。"[2]可以肯定的是，恐惧可能会转变为焦虑（当个人发现自己无法应对某种情境时），焦虑也可能变为恐惧（当个人开始觉得自己能够适当应对时）。但是，当恐惧不断增加最终变成焦虑状态时，戈德斯坦认为，这预示发生了某种质的变化。也就是说，个人对来自某一特定对象威胁的感知，转变为对整个人格将被吞噬的担忧，以致他感觉自己的存在受到威胁。

我们需要指出，因为焦虑是一种更令人不安的状态，

1　西蒙兹（P. M. Symonds）：《人类调适的动力学》（*The Dynamics of Human Adjustment*，New York，1946），第155页。
2　戈德斯坦：《有机体：生物学的整体取向》，第297页。

所以人们总倾向于用恐惧来"合理化"焦虑。在恐惧症和迷信的现象中，正是这种不现实和非建设性的做法在作祟。但这种做法也可以更具建设性，正如在治疗过程中所显示的那样，一个人学会了现实地看待危险，同时建立了信心，相信自己能够充分地应对这些危险。

关于恐惧和焦虑的起源，戈德斯坦显然不同意某些理论的观点，即焦虑以及对特定对象的恐惧是遗传而来的。斯坦利·霍尔（Stanley Hall）甚至认为，儿童的恐惧遗传自人类的动物祖先。斯特恩（Stern）反驳了这一点，但是他和格罗斯（Groos）觉得，儿童对"未知事物"有一种本能的恐惧。戈德斯坦则认为这是不可能的，因为儿童通过探索未知环境来学习。斯特恩认为，物体的某些特性会导致儿童产生恐惧，如突然出现、迅速靠近、过于强烈，等等。在戈德斯坦看来，所有这些因素都有一个共同点：它们使刺激变得难以评估，甚至是无法评估。[1]"要解释童年期的焦虑，"戈德斯坦总结道，"我们只需要假设，有机体在不适宜的情况下会产生焦虑的反应，不管是人类祖先，还是现代人，都是如

---

1 格雷（J. Gray）在回顾恐惧的起源时，将产生恐惧的先天刺激分成四类："紧张，新奇性，特定的进化危险（例如，害怕捕食者的世代经验），社会互动产生的刺激。"前两个刺激的影响会随着年龄的增长而消退；后两个刺激则受成熟度的影响，随着时间的推移而日益增强。格雷：《恐惧与压力的心理学》（*The Psychology of Fear and Stress*, London, 1971）。

此。"[1]我们还可以补充一点,这一解释使我们避免陷入"遗传与学习"的争论,这种争论至今一直困扰着关于恐惧和焦虑的许多讨论。戈德斯坦的观点非常清晰,我们没必要再把个人看作某些恐惧的载体,而应该将其视为一个需要与环境相互适应的有机体。如上所述,如果个体做不到这一点,就会产生焦虑;恐惧也不是遗传的,而是这种焦虑能力的对象化。人类遗传而来的生物学能力是担忧,而非对特定事物的恐惧。

忍受焦虑的能力

戈德斯坦指出了焦虑的建设性作用。他说,忍受焦虑的能力对个人的自我实现和征服环境都非常重要。每个人的存在都历经着持续的冲击和威胁;事实上,只有在不顾这些冲击勇往直前的情况下,自我实现才可能发生。这表明了焦虑的建设性作用。在这里,戈德斯坦的观点与克尔凯郭尔的观点相似。正如前一章所指出的,克尔凯郭尔强调,从积极的角度来看,焦虑表明了自我发展的一种新可能性。戈德斯坦认为,健康个体的自由在于他能够在诸多选项中做出抉择,能够在克服困难的过程中利用新的可能性。通过克服而不是逃离焦虑,个体不仅实现了自我的发展,还扩展了他的世界版图。

---

1 戈德斯坦:《有机体:生物学的整体取向》,第300页。

不要害怕可能引发焦虑的危险——这本身就是一种成功应对焦虑的方法。[1]

说到底,勇气不过是对存在冲击的一种肯定性回答,而存在冲击是一个人实现自我所必须承受的。[2]

正常儿童比成年人处理自己世界的能力更弱,但儿童仍然有强烈的行动倾向——这是孩子的天性,戈德斯坦说道。因此,孩子勇往直前,在冲击和危险中学习和成长。这是正常儿童和脑损伤患者之间的本质区别,尽管他们应对焦虑情境的能力都受到限制。就忍受焦虑的能力而言,脑损伤患者最差,儿童次之,而富有创造力的成年人最强。一个有创造力的人,会冒险进入许多使他受到冲击的环境,更经常受到焦虑的威胁,但是,如果他真的有创造力,他就能更具建设性地克服这些威胁。戈德斯坦十分赞同克尔凯郭尔的说法:"一个人的创造性越高,他的焦虑就越深。"[3]

文化是人类征服焦虑的产物,因为文化代表了人类与环境之间的相互适应。戈德斯坦不同意弗洛伊德对文化的消

---

1 戈德斯坦:《有机体:生物学的整体取向》,第303页。
2 戈德斯坦:《有机体:生物学的整体取向》,第306页。
3 戈德斯坦:《精神病理学视野中的人性》,第113页。

极看法，即文化是被压抑的冲动升华的结果，是人们避免焦虑的产物。戈德斯坦认为，从积极的角度来看，创造力和文化都与克服困难和冲击带来的快乐有关。如果创造性活动是个体焦虑的直接产物，或是个体因焦虑而被迫进入的替代现象，个体行为的某些方面显然就有了压力，有了强迫性，并缺乏自由。因此，"……只要这些活动不是自发的，不是自由人格的发挥，而仅仅是焦虑的后遗症，那它们对人格就只有虚伪的价值"。他继续说道：

> 这一点可以通过以下区分得到说明。以虔诚的宗教人士和迷信者为例，前者的真诚信仰是基于对上帝的自愿奉献，迷信则不是。或者，以思想开明的学者和教条的科学家为例，前者会把自己的信念建立在事实的基础上，并在面对新的事实时，随时准备转变自己的观念，而后者则不同……[1]

戈德斯坦还对独裁主义统治下人民被奴役的古老模式做了评论，不论是古代还是现代国家都是如此：

> 一方面由于对现状的不安和对自己生存的焦虑而

---

1 戈德斯坦：《精神病理学视野中的人性》，第115页。

动摇，另一方面则被政治煽动家所描绘的美好未来所愚弄，因此一个民族很可能会放弃自由而接受实质上的奴役。他们希望借此摆脱焦虑。[1]

焦虑的神经学和生理学方面

如前所述，大多数关于焦虑的神经生理学方面的讨论，一般都是先描述自主神经系统的功能，以及通过自主神经系统而产生的身体变化，然后或明或暗地假定这个问题已得到充分解决。虽然我认为，理解自主神经系统的功能是研究焦虑的神经生理学的一个重要步骤，但我要指出这个步骤本身是不够的。为什么？因为焦虑反应在有机体身上如此普遍和根本，不能简单地将其归结于某个特定的神经生理学基础。在随后的心身医学讨论中，我们将看到，焦虑几乎总是涉及一系列复杂的神经生理层面的互动和"平衡"。因此，在本节中，我们将从问题比较简单的层面开始，例如当有机体受到威胁时自主神经系统发挥什么功能，然后再到更复杂的层面——有机体作为一个整体对环境有什么反

---

1 戈德斯坦：《精神病理学视野中的人性》，第117页。

应。[1]

当有机体受到威胁时，身体便会发生变化，以便做好对抗或逃离危险的准备。这些变化受到自主神经系统的影响。之所以称其"自主"，是因为它不受意识的直接控制[2]，它是身体发生情绪变化的媒介，是"心灵和身体之间的桥梁"。正如我们将充分讨论的，自主神经系统由副交感神经和交感神经两个部分组成，它们相互对立又相互平衡。副交感神经

---

1 戈德斯坦对这一领域的许多讨论提出了具有挑战性的修正。他在某次与我谈话时说道："焦虑或恐惧并没有'特定的'神经生理学基础。只要有机体有反应，整个有机体都在反应。"当然，这并不意味着研究交感神经活动毫无用处——例如，它可以作为研究焦虑和恐惧的神经生理学的一个重要方面——但这确实意味着，这样的研究必须以更全面的观点来看待，即把有机体作为一个反应的整体。戈德斯坦的观点也没有暗指有机体的某些反应不会比其他反应更具体。例如，与焦虑相比，恐惧是一种更具体的反应，不管在神经生理学和心理学上都是如此，因此，仅用交感神经活动来描述恐惧的神经生理学，会比描述焦虑的谬误更少些。我们稍后将说明，恐惧与焦虑的差别之一，就在于焦虑触及有机体更根本的也因此更吸引人的"层面"。此外，读者应该意识到，虽然我们对有机体在威胁下的神经生理反应有很多了解（我们将在本章的剩余部分努力回顾这方面的知识），但是关于焦虑的神经生理学知识，我们还有很多不知道的。

2 这是有机体的自主神经系统和中枢（大脑—脊椎）神经系统之间的不同点，后者更直接地受到意识控制。最近有研究表明，对自主神经系统的有意识控制比我们所想的更有可能做到。洛克菲勒大学的米勒（Neil Miller）和布朗（Barbara Brown）所做的生物反馈实验都证明了这一点。然而，我并不认为上述任何实验会否定我们在此所做的基本描述。

系统负责有机体的消化、生长以及其他"建构"功能；与这些活动相关的情感是舒适、愉悦、放松等。交感神经系统则是加速心跳、升高血压、释放肾上腺素至血液中的媒介，也是调动有机体能量以对抗或逃离危险等其他方面的媒介。与交感神经刺激的"普遍兴奋"相关的情感，通常是某种形式的愤怒、焦虑或恐惧。

通过自主神经系统活动而引起的身体变化，每个人在焦虑或恐惧的经历中都有所了解。当一辆飞驰的出租车擦肩而过，行人虽然有惊无险，但会感到心跳加速。在一次重要的考试前，考生会时不时地感到尿急。一个演讲者会在晚宴上没有一点胃口，因为他一会儿要发表特别重要的讲话。

在最原始的时代，这些反应有明确的目的，即保护人们免受野生动物和其他具体危险的伤害。在现代社会，人类很少面对直接的威胁；人们的焦虑主要涉及诸如社会适应、疏离感、相互竞争等心理状态。但是，人类应对威胁的机制仍然没有改变。

这些现象以及其他许多焦虑或恐惧的身体表现，都可以用坎农的"逃跑或战斗"（flight-fight）机制来解释。[1]心跳加速是为了向肌肉输送更多的血液，这是为即将到来的战斗

---

1 坎农：《疼痛、饥饿、恐惧和愤怒时的身体变化》第二版（*Bodily Changes in Pain, Hunger, Fear and Rage*, 2nd ed., New York, 1927），《身体的智慧》（*The Wisdom of the Body*, New York, 1932）。

做准备。靠近身体表面的外周血管收缩，血压随之升高，从而维持动脉压力，以满足有机体的紧急需要。这种外周血管收缩就是人们常说的"吓得脸色发白"的生理反应。"冒冷汗"则是为了真实的肌肉活动要流的热汗做准备。身体可能会颤抖，体毛会竖起来，让有机体保存热量并抵制因外周血管收缩而带来的寒冷。呼吸变得更深或更快，以确保充足的氧气供应，这就是强烈兴奋下的"气喘吁吁"。瞳孔变大，可以更好地看到危险，因此会有"吓得瞪大眼睛"这一说法。肝脏会释放糖分，为战斗提供能量。某种物质被释放到血液中，使血液更快地凝结，从而保护有机体的伤口不致失血过多。

为了保证有机体处于应急状态，消化活动暂停了，因为所有可用的血液都要供应给骨骼肌。口腔会感到干燥，因为唾液的流动减少了，胃液的流动也暂停下来。内生殖器的平滑肌开始收缩，用通俗的话说就是"产生强烈的尿意"，这一招具有明显的实用功能，使有机体可以进行剧烈活动。

对危险的觉察

进入自主神经系统的冲动会经过较低级的大脑中枢——丘脑和间脑，它们最近被命名为"协调装置"（coordinating apparatus），负责处理与焦虑和恐惧有关的交感神经刺激。然后，这些较低级的大脑中枢又与大脑皮层联系，后者是高级的大脑中枢，具有对情境进行"感知"和"解释"的功能。

例如，当我们感到害怕时，原始的感官刺激会引起自主神经的反应，这个反应通过下丘脑传递到大脑的网状激活系统。这会调动我们的警觉性，促使我们做好战斗或逃跑的准备。丘脑还会将冲动传递到大脑皮层，由大脑皮层进行解释。

大脑皮层的这种功能，或者心理学上所说的意识觉察，对焦虑的临床治疗来说非常重要，因为焦虑主要取决于个人如何解释潜在的危险。从神经学的角度来说，动物和人类的主要区别在于，人类的大脑皮层比动物要大得多。这就是焦虑问题与神经学的关联，即人类有机体的焦虑问题涉及人们对自身危险处境做出的复杂解释。[1]例如，每当霍华德·布朗与人争论或打桥牌时，他就会感到极度焦虑，因为任何竞争的迹象都会令他联想起早年与姐妹们的竞争，而这极大地威胁了他对母亲的亲密依赖（当然，我们并不是说像布朗这样的人，能够有意识地觉察哪些因素决定了他的解释。关于无意识因素的影响，更严格地说是心理问题，我们将在下一章讨论）。因此，客观地说，一个相对无害的情境可能会引起极大的焦虑，是因为这个情境涉及了过去的经历，个体对这个情境做出了复杂的解释。

被个体解释为危险的刺激可能来自外部，也可能来自心

---

1 坎农：《身体的智慧》。

灵内部。举个例子，某些充满敌意或性色彩的内在刺激，可能与过去的经历有关，在过去的经历中，满足这些刺激会带来罪疚感，以及对惩罚的恐惧或实际的惩罚。因此，每当心灵再次感受到类似的刺激，罪疚感以及对惩罚的预期就会出现，个体就会体验到强烈的且未分化的焦虑。

正常情况下，大脑皮层会对较低级的大脑中枢进行抑制，帮助有机体降低和控制焦虑、恐惧或愤怒反应的强度。这种控制与大脑皮层发育的成熟度成正比。例如，婴儿对各种刺激的反应都是无区别的愤怒或焦虑。有机体越接近婴儿状态，就越会呈现出反射性或未分化的反应。在这个意义上，"成熟"意味着大脑皮层的进一步分化和控制。当我们通过手术切除动物的大脑皮层后，便可观察到动物自动和过度的"假怒"[1]反应（坎农）。极度的疲劳或疾病也会削弱大脑皮层对有机体的控制。因此，我们发现，疲惫或生病的人在面对威胁时，会表现出更强烈的未分化的焦虑反应。用精神分析的术语来说，可以称之为退行（regression）。

大脑皮层的功能定位和控制，对学习理论和成熟有着重要的影响，我们在这里只简要提及。我们注意到，婴儿（以及被切除大脑皮层的动物）对具有威胁的刺激，会以未分化

---

1 假怒（sham rage），指哺乳动物在实验性条件下，下丘脑脱离大脑皮层的控制而引起的一系列交感神经系统兴奋亢进的现象。——译者注

或反射的方式做出反应。"随着大脑皮层在生长和成熟的过程中得到更好的发展，"格林克与施皮格尔说道，

> 它对那些未分化反应的抑制也越来越强。起初，大脑皮层仅仅觉察到有机体对刺激的反射性反应，随后，它试图不断重复这类刺激来调整反应，从而把真正危险的刺激与可以应对的刺激区分开来，并通过反复试错来学习如何处理真正的危险。

当个体面对超出其控制程度的情况时（如突发性或创伤性的刺激），他可能会被抛入分化程度较低的反应状态。格林克与施皮格尔认为，这相当于"退行"至婴儿阶段，从神经学角度上讲，此时大脑皮层无法控制情绪反应。[1]

自主神经系统的平衡

我们有必要补充前面提到的观点，即交感神经和副交感神经的分工是相互对立的。正如坎农所说，自主神经系统的这两个分支是"平衡的"，有点像肌肉组织中的伸肌和屈肌。交感神经相对来说更强大，因为它能够支配副交感神经。换句话说，轻微的恐惧或愤怒就能抑制肠胃消化，但反过来，我们需要相当程度的副交感神经刺激（如吃东西），

---

1 格林克与施皮格尔：《压力之下的人》，第144页。

才能够克服微弱的愤怒或恐惧。

然而，来自对立神经系统的适度刺激，也可能会"增强"有机体所从事的活动。例如，轻微的焦虑或恐惧，相当于我们所说的"冒险感"，可能有助于提升我们的食欲和性欲。俗话说："禁果尝起来分外甜。"冒险的元素会为性活动增添热情，这是许多人的共同经验。当然，这种情况如果走极端的话，就很容易变成神经症，但它也有正常的一面。打个比方，如果同时有适度的屈肌张力，手臂的伸肌动作会表现得更好。这一论述将会引出我们稍后的讨论：适度的焦虑和恐惧具有建设性的作用。

这两套神经系统相互平衡制约，这一事实对理解心身现象中的焦虑至关重要。例如，对某些人来说，焦虑似乎暗示他们要开始吃东西。临床文献中经常有因焦虑而暴饮暴食，并导致肥胖的案例。当然，这一现象和"吃东西"有很大关系的原因可能在于，吃东西是焦虑引起的婴儿期依赖的一种表现，但它也有明确的神经学方面的解释，即大量的副交感神经刺激可以平息交感神经的活动。

我们在性领域也可以看到类似的现象。性唤起的早期阶段涉及骶神经或副交感神经；刺激勃起的神经也是这个分支的一部分。人们在性活动的早期阶段体验到温暖和舒适的感觉，与神经系统有很大的关联。众所周知，有些人会用自慰或其他性活动来平复焦虑。有意思的是，据说当蛮族在罗马城外扎营时，自慰现象在罗马人当中相当普遍。据《斐多篇》（*Phaedo*）的最后几页记载，苏格拉底在喝下毒酒的那天曾说，死刑犯在最后一天纵情于"食色"是一种惯例。毫无疑问，这么做不仅是为了最后一次品尝人生乐趣，更是因为这些活动能够平息死亡焦虑。

当我们把性活动作为减轻焦虑的一种方式时，我们需要了解，射精和性高潮是由交感神经（而非副交感神经）控制的，这个神经系统还支配着精囊。人们在性高潮时经常有攻击或发怒的体验，神经学方面的原因就在于此，哈夫洛克·霭理士（Havelock Ellis）称之为"爱的咬痕"（love-bite）。单就神经学观点来看，性活动缓解焦虑的功能，仅止于达到高潮之前。虽然性高潮确实会释放紧张，而且在正常情况下不会引起焦虑，但它会让那些为了减轻焦虑而自慰或进行其他性活动的人变得更焦虑。我不希望把这些心理神经层面的关系看作必然的事实。神经系统的功能通常受到复杂心理因素的影响，甚至常常受到这些因素的阻碍，因此我们有必要反复强调：只有观察在整个情境下进行反应的有机体，才能理解某种特定情况下的行为。

交感神经的刺激会促使整个有机体处于普遍兴奋的状态。从神经学角度来说，这是由于交感神经系统有大量起连接作用的神经纤维，导致"神经冲动以分散且广泛的形式经过交感神经通路，与脑神经和骶神经只对特定器官传导有限的神经冲动形成对照"[1]。流入血液的去甲肾上腺素和肾上腺素对有机体也有这种普遍的影响。坎农认为，肾上腺素和直接的交感神经刺激是"伙伴关系"。"由于肾上腺素普遍分布于血液中，即使交感神经因为其神经纤维的分布方式而没有扩散，它也会在肾上腺素的作用下产生同样的效应。"[2]我们每个人都能从自己身上观察到这些神经生理学的相关经验——愤怒、恐惧和焦虑被体验为普遍的、"遍及全身"的情绪。

由于交感神经刺激仅仅促使有机体处于普遍兴奋的状态，我们无法单凭神经生理学数据来预测这种情绪表现为恐惧、焦虑、愤怒或敌意，还是其他诸如挑战或冒险的形式。除了像惊吓模式这样的反射性反应，情绪的形式将由有机体对威胁情境的解释来决定。一般来说，如果有机体认为危险可以通过攻击来控制，那么此时的情绪就会是愤怒。然后，有机体就会发起"战斗"而不是选择"逃跑"，身体也会相应地发生某些变化。例如，人们愤怒时往往会眯起眼睛，将

---

1 坎农：《身体的智慧》，第254页。
2 坎农：《身体的智慧》，第253页。后来有人对坎农的研究提出了批评，说情绪过程是自主神经系统的功能，交感神经与副交感神经相互作用，同时产生了所谓的情绪。此外，坎农的研究也缺乏对荷尔蒙作用的理解，这在他那个时代是不可能做到的。除了这些之外，坎农的研究仍是这个领域的经典之作。保罗·托马斯·杨（Paul Thomas Young）：《情绪》（*Emotion*），收录于《社会学国际百科全书》（*International Encyclopedia of Social Sciences*，New York，1968）第5册，第35—41页。

视线集中到试图攻击的对象身上。如果有机体认为这个情境无法由攻击来克服，但可以通过逃跑来回避，那么此时的情绪就会是恐惧。或者，如果有机体认为这一危险让他面临两难的无助境地，此时的情绪便是焦虑。

作为这些解释的结果，个体同时会发生某些身体变化。例如，人们在恐惧和焦虑时，通常会睁大双眼，只有这样，才有机会看清所有可能的逃跑路线。因此，有机体在心理上如何将自己与威胁联系起来，对定义情绪来说是至关重要的。

既然情绪由有机体与环境之间的特定关系构成，而交感神经的生理过程是普遍而非具体的，那么从所谓特定的神经生理过程推导出具体的心理体验（比如恐惧或焦虑），或者反过来推导，都是站不住脚的。这种错综复杂的神经生理系统，能够根据有机体当时的需要和模式，进行无限的组合。同样，将某个神经生理过程与某种情绪等同起来，也是错误的。关于这个错误的例证，可见于下面这位心理学家所说的话："强烈的兴奋神经与强烈的抑制神经之间的拮抗，使有机体进入一种普遍活动的状态，就像一个普遍的神经放射或溢出过程……"他还说："普遍兴奋的状态应该等同于焦虑。"[1]不过，我不认为焦虑可以等同于任何普遍的神经生

---

1 威洛比：《魔法和同源现象：一个假设》，收录于默奇森主编的《社会心理学手册》，第466页。

理兴奋。焦虑不像蒸汽，是一个生物化学的实体。相反，焦虑指的是个人与充满威胁的环境之间的某种关系（例如，无助、冲突等），神经生理过程是伴随这种关系而产生的。上述错误的根源在于，将心理运作的生理机制与根本病因混为一谈。

这个观点基于弗洛伊德的第一个焦虑理论，即焦虑是被压抑的性欲的转化形式。现在必须承认的是，这个理论使我们把焦虑看作一个生物化学的实体。然而，关于将生理过程等同于情绪，弗洛伊德的作品揭示了一种矛盾心理。一方面，弗洛伊德毫不讳言地声称，对某个现象的神经生理过程的描述，不应与对这一现象的心理学理解相混淆。他在《精神分析引论》关于焦虑的章节中写道：

> （学院派医学）的兴趣集中在焦虑状态产生的解剖学过程上。我们知道，如果患者的延髓受到刺激，他就会被告知患有迷走神经上的神经症。延髓确实是一个奇妙而美丽的东西。我清楚地记得，曾经的我花了多少时间和精力来研究它。但是今天，我必须说，如果想从心理学上理解焦虑，那些关于刺激传播的神经路径的知识，我们根本无须掌握（第341—342页）。

他告诫精神分析师，"要抵制内分泌学和自主神经系统的诱惑，重要的是从心理学上把握心理学事实"。另一方面，他的力比多理论——一个生物化学的概念，不管它指的是实际的化学过程还是一个类比——已经为"焦虑等同于神经生理过程"这一谬误奠定了基础。在此，我想强调一下弗洛伊德自己的观点：重要的是从心理学上把握心理学事实。

巫毒死亡

创伤性恐惧和焦虑的情境，对有机体来说破坏性非常之大，甚至会导致真实的死亡。"吓死了"并不是对某些情况的夸张说法。若干年前，坎农就从这个角度讨论过"巫毒"死亡的现象。[1]他列举了几个经过充分观察的死亡案例，这些原住民因为强有力的象征行为而丧命。例如，被巫医实施了魔法"骨指术"[2]，或者吃了部落认为会致命的禁忌食物。人类学家陶吉亚（E. Tregear）观察了新西兰的毛利人，他说："我曾见过一个身强力壮的年轻人，在触犯禁忌的当天便诡

1　坎农：《"巫毒"死亡》（"Voodoo" Death），载于《美国人类学家》（American Anthropologist，1942，44：2），第169—181页。

2　骨指术（bone-pointing），某些部落中存在的一种巫术。巫医用一根特制的骨头指向触犯禁忌者，不需与其身体接触，即可置人于死地。受害人之所以死亡，主要是因为恐惧而产生了一系列不良的反应。——译者注

异死亡，受害者的力量像水一样流逝，然后便死去。"[1]这些原住民相信——就像他所在的部落相信的那样——触犯禁忌必然导致死亡。坎农说"不祥而持续的恐惧状态可能会置人于死地"，这话恐怕是真的。[2]

我们还有来自非洲的证据。伦纳德（Leonard，1906）曾记述过关于下尼日尔（Lower Niger）部落的故事：

> 我见过不止一位强悍的豪萨族（Haussa）老兵，因为相信自己被施了魔法而一点点地死去。无论给他吃什么营养品或药物，都不能阻止这场灾难或改善他的病情，也没有什么能使他摆脱自认为不可避免的命运。我还见过一些有着类似遭遇的克鲁人（Krumen），尽管已经尽了一切努力拯救他们，等待他们的仍旧是死亡。并不是他们决心赴死（我们当时也这么认为），而是因为他们认定恶毒的魔鬼已经紧紧抓住了自己，所以必死无疑。[3]

---

1 出现于《人类学期刊》（*Journal of Anthropology Institute*，1890）第19期，第100页，被坎农引用于《"巫毒"死亡》，第170页。

2 坎农：《"巫毒"死亡》，第176页。

3 伦纳德：《下尼日尔及其部落》（*The Lower Niger and its Tribes*，London，1906），第257页及以后。

"巫毒"死亡在生理层面并不难理解。据报道，原住民因巫医"骨指术"或吃了禁忌食物而死的症状，与有机体经历了深刻而持久的交感肾上腺素刺激的症状是一样的。如果这种刺激持续下去，而没有相应的行动出口，就可能会导致死亡。就像"巫毒"的受害者，由于相信自己必死而被焦虑麻痹，因此缺乏任何有效的行动。坎农在对剥除大脑皮层的猫进行实验时发现，这些猫因为缺少大脑皮层对情绪兴奋的调节，在经历几个小时的"假怒"后便死去了。"在动物'假怒'中，就像创伤性休克一样，死亡是由于主要器官没有得到足够的血液供应，或者更具体地说，没有足够的氧气来维持器官的功能。"[1]

　　在我们这个时代，也有类似的情况发生。乔治·恩格尔曾提道："年轻健康的士兵在战斗中无伤而亡，陷于灾难的人们死于放弃希望……在民间传说或现实中，经常有人'忧伤而死'。"[2]我们还可以补充：从"巫毒"现象来看，除了生理原因，其他因素也可以造成死亡。

　　但是，关于"巫毒"死亡的心理问题却不那么容易回答。比如，原住民对于导致他经历严重威胁的环境究竟是如

1　坎农：《"巫毒"死亡》，第178页。
2　乔治·恩格尔（George Engel）：《健康与疾病的心理发展》（*Psychological Development in Health and Disease*, Philadelphia, 1962），第290页，第392—393页。

何解释的。这主要因为我们缺乏当事人的主观经验资料。坎农从威廉·詹姆斯（William James）的观点中提炼出一种心理学解释：当一个人被群体中的其他人"视而不见"时，就意味着他会被"砍死"（cut dead）。原始禁忌的受害者当然是被"砍死"的，因为他体验到强烈的心理暗示：他的整个部落不仅相信他会死去，而且事实上对待他的方式，就像他已经死掉了一样。过度焦虑导致死亡的情况，在其他情境中也能观察到，如在战争中受惊吓而亡，"无论是身体创伤，还是任何已知引发休克的因素，都无法解释这种灾难性状况"[1]。

坎农还提到了马拉（Mira）的研究成果。马拉是一名精神病学家，在1936年至1939年西班牙内战期间，她报告了若干"恶性焦虑"患者死亡的案例。马拉在这些患者身上观察到痛苦和困惑的迹象，伴随着长期的脉搏过快、呼吸急促，以及肾上腺素过度分泌引发的其他症状。马拉认为，疾病的诱发条件可能是"交感神经系统先前的某种倾向"，以及"由饥饿、疲劳、失眠等因素引发的身体疲惫，进而导致严重的精神休克"。[2]无论这种经验的心理决定因素是什么，很显然，它对一个人存在的威胁可以如此强大，以至于个体根

---

1 坎农：《"巫毒"死亡》，第179页。
2 坎农：《"巫毒"死亡》，第180页。

本无法应付，只有放弃自身的存在——走向死亡。

焦虑的心身层面

更有实际意义的是各种各样的心身疾病。在这些疾病中，饱受焦虑折磨的有机体为了生存，不得不改变身体的功能。[1]纵观历史，民间传说和人性观察者都认识到，焦虑和恐惧等情绪与有机体的健康和疾病有着深刻又普遍的相互关系。近年来，心身关系的研究开始了这一领域的科学探索，并对恐惧和焦虑的动力机制和意义有了新的认识。心身症状可被看作"情绪生活的一种表达方式，尤其是无意识的情绪生活的表达方式，它是无意识生活的象征语言之一，就像梦、口误和神经症行为一样"[2]。

也有人认为，心身疾病是沟通受到抑制，因为"有机体的情绪输入，必须伴随适当的输出。当情绪状态的语言或动作表达部分或全部受到抑制时，有机体就倾向于沿着其他输

---

1 恩格尔：《健康与疾病的心理发展》，第383页；贝克：《认知、焦虑与心理生理障碍》，第343—354页。

2 利昂·索尔（Leon J. Saul）：《情绪紧张的生理效应》（*Physiological Effects of Emotional Tension*），收录于亨特（J. McV. Hunt）主编的《人格与行为失调》（*Personality and the Behavior Disorders*，New York，1944）第1册，第269—305页。

出通道，以替代的行为方式表现出来"[1]。

在焦虑和恐惧的状态下，人体经常产生过多的糖分，从而引起糖尿病。[2]许多心脏疾病与焦虑相伴而生，这一点也不奇怪，因为人的心脏对情绪压力极为敏感。奥斯瓦德·布姆克（Oswald Bumke）认为，大多数"所谓的'功能性心脏不适'只不过是焦虑的躯体表现"[3]。

此外，还有许多食欲过盛（暴食症）导致的肥胖案例，其中伴随着个体的慢性焦虑。索尔曾描述过这样一个人：他用吃的欲望取代了"强烈受挫的爱欲……"许多这样的患者都曾是被母亲过度保护的孩子，而这种童年环境往往使孩子容易焦虑。另一种相反的症状——病态的食欲不振（神经性厌食症）——则出现在以下患者身上：他们对爱和关注的渴望遭遇强烈挫折，这导致他们对母亲产生敌意，后又因敌意而产生罪疚。[4]拉肚子与焦虑关系密切，这也是众所周知的。索尔列举了他的一个临床案例：患者是一位从小受到父母过

---

1 格伦与巴斯迪安（J. J. Groen & J. Bastiaans）：《心理社会压力、人际沟通、心身疾病》（*Psychosocial Stress, Interhuman Communication, and Psychosomatic Diseases*），收录于施皮尔贝格尔与萨拉森主编的《压力与焦虑》第1册，第47页。

2 恩格尔：《健康与疾病的心理发展》，第391页。

3 邓巴（Dunbar）：《情绪与身体变化》（*Emotions and Bodily Changes*），第63页。

4 索尔：《情绪紧张的生理效应》，第274页。我提及这个模式，是为了强调焦虑状态与对母亲的依赖之间的相互关系。

度保护的年轻医生，当他从医学院毕业准备行医时，他的第一反应就是焦虑和拉肚子。索尔认为，拉肚子是他对被迫独立和负责的敌意表现。这种敌意是他对焦虑的反应。[1]

虽然在心身医学文献中，原发性高血压（无其他疾病情况下的血压升高）通常与被压抑的愤怒和敌意有关，但在这些攻击性情绪的背后，通常会发现某种焦虑的模式。索尔引用了高血压的例子来说明，愤怒和敌意是人们对冲突情境的反应，这些患者由于过分依赖父母而焦虑，同时又对父母极其顺从。[2]索尔还在大量研究的基础上指出，哮喘病患者"突出的个性特征似乎是，过度焦虑、缺乏自信以及对父母严重依赖，这些通常是对父母过度关心的反应"。哮喘发作"与焦虑和哭泣（哭泣逐渐变成喘息）有关"。

我们还发现，尿频现象也伴随着与竞争有关的焦虑。[3]癫痫在某种程度上也是心身疾病，它通常被认为是被压抑的敌意的大规模释放，但有证据表明，在某些癫痫病例中，焦虑发作与引起焦虑的情感（有时与母亲特别相关）是这种敌意的根源。[4]

---

1 另一个例子请参见第八章布朗的案例，特别是第八章第二节最后几段。
2 索尔：《情绪紧张的生理效应》，第281—284页。
3 索尔：《情绪紧张的生理效应》，第294页。
4 索尔：《情绪紧张的生理效应》，第292页。

案例：胃功能

自古以来，人们就知道胃功能和其他胃肠活动与情绪状态密切相关。民间语言在这方面有丰富的表达，比如"无法忍受"（not being able to stomach）或"受够了"（fed up）。巴甫洛夫、坎农、恩格尔等人都曾指出这种相互关系的神经生理学方面。从心身层面讲，首要因素是胃肠功能与照料、支持和依恋之间密切相关——所有这些在源头上都与母亲喂养有关。冲突的情境，比如焦虑、敌意和怨恨，使这些被接纳的需求更加突出。但这些需求必然会受挫，一方面是因为它们过于强烈，另一方面是因为在西方文化中，它们必须被压抑在"男子汉"的外表下，"男子汉"的特征是充满野心和努力拼搏。我们将会看到，在汤姆和其他胃溃疡患者身上，这些被接纳的需求在身体上会表现为增加胃蠕动，并最终导致胃溃疡。

精神分析学家米特尔曼（Bela Mittelmann）、精神病学家H. G.沃尔夫（H. G. Wolff）与内科医生沙夫（M. P. Scharf）曾对13个胃溃疡患者进行访谈，并记录了患者在访谈过程中的生理变化。通过诱导患者讨论如婚姻、职业等容易引起焦虑的话题，实验者可以看到伴随的胃、十二指肠功能的变化。研究发现，当讨论到涉及焦虑或相关情绪的冲突时，患者的胃部活动通常会加速，如胃酸增加、蠕动增强、胃黏膜充血（供血增加）。这些都是引起胃溃疡的重要原因。但在访谈过程中，如果医生安慰患者并缓解其焦虑，患者的胃部活动便会恢复正常，症状也随之消失。这清楚地表明，导致或加剧胃溃疡的胃蠕动会因焦虑而增强，但在安全感取代了焦虑之后，患者的胃蠕动也会随之减弱。[1]

这种对焦虑的反应是否只发生在特定心身疾病的患者身上，或者它普遍存在于大众文化中，甚至是一种普遍的人类反应？这些问题仍然有待解答。这项研究中的13个对照样本——健康且无特定焦虑的人——对情绪压力也表现出相似的胃部反应，但相较于胃溃疡患者，反应程度更轻，持续时间更短。只要他们的生活模式发生重大变化，比如离婚、被分配到新的工作岗位，他们或多或少都会感到焦虑和压力。具有上述经历的人通常会有胃部的症状，而其他人则有不同的症状"语言"。

汤姆的案例

汤姆这个案例对本书的研究同样重要，因为他在情绪紧张时的胃部活动，可以通过胃瘘管进行观察。S. G.沃尔夫与

---

1 米特尔曼、H. G.沃尔夫与沙夫：《胃炎、十二指肠炎与胃溃疡病人的实验研究》（*Experimental Studies on Patients with Gastritis, Duodenitis and Peptic Ulcer*），载于《身心医学》（*Psychosomatic Medicine*，1942，4：1），第58页。作者和Paul B. Hoeber, Inc.，Medical Book Department of Harper & Brothers 授权转载，版权所有，1942年，Paul B. Hoeber, Inc.。

H. G.沃尔夫对汤姆进行了为期七个月的深入研究。[1]57岁的汤姆是爱尔兰后裔，因9岁时喝下滚烫的热汤，导致他的食道闭合。这次事故后，一位有胆识的医生在他的腹部开了一个孔，直达他的胃部。近50年来，他一直通过瘘管成功地进食。由于汤姆的情绪不太稳定，经历过恐惧、焦虑、悲伤、愤怒和怨恨，因此研究者有大量机会通过瘘口来观察这些情绪与胃功能之间的相互关系。

当汤姆恐惧的时候，他的胃部活动急剧减弱：

> 一天早上，在研究胃功能的过程中发生了一件可怕的事情。当时，一个愤怒的医生（这里的一位工作人员）突然闯进房间，匆忙地拉开抽屉，翻箱倒柜，骂个不停。这位医生在寻找一份非常重要的文件。但在前一天下午，我们的研究对象在整理实验室时，将这些文件放错了地方，他担心因这件事被发现而丢掉宝贵的工作。他一句话不说，一动不动，脸色变得苍白。他的胃黏膜也变得发白，指数从90骤降到20，持续了5分钟。直到那个医生找到了文件，离开了房间，

---

1 S. G.沃尔夫与H. G.沃尔夫：《人类的胃功能》（*Human Gastric Function*），牛津大学出版社授权转载，版权所有，1943年，1947年，牛津大学出版社。

他的胃黏膜才逐渐恢复原来的颜色。[1]

其他造成胃功能减退的相关情绪，还有悲伤、沮丧和自责等。汤姆和他的妻子初步安排好要搬进一套新公寓，他们对此非常期待。但由于他们的疏忽，房东把他们想租的公寓租给了别人。在发生这件事的隔天早上，汤姆情绪低落、沉默寡言，心里非常难过。他觉得自己被打败了，而且根本不想反击；他主要的情绪反应是自责。那天早上，他的胃部活动明显减弱了。

但在焦虑的时候，就像其他胃溃疡病人一样，汤姆的胃部活动明显增强：

> 最显著的胃功能变化与焦虑有关，焦虑的起因是，我们没有及时告知研究对象，他从实验室获得收入的状况可以维持多久。在受雇于我们之前，他一直接受政府的救济。自从找到了新工作，他的家庭生活水平也随之提高，这对他来说意义重大。前一天晚上，他和妻子讨论了他的工作还能维持多久。他决定第二天早上去打听一下。然而，他和妻子都对这一答案万分焦虑，以至于谁也没睡好觉。第二天一早，他

---

1 S.G.沃尔夫与H.G.沃尔夫：《人类的胃功能》，第112页。

胃部的血流量和胃酸值都达到了此次研究中的最高值……[1]

这说明了在汤姆身上经常出现的一种模式。"焦虑和与之相关的复杂矛盾的情感，经常伴随着胃部充血、胃酸分泌过多和胃肠蠕动亢进。"[2]

敌意和怨恨的经历，也让汤姆的胃功能持续亢进。有两个例子表明，当他感到医院工作人员对他的能力和责任心有所怀疑时，他的胃液就会大量分泌。有一段时间，汤姆通过与人谈话转移了他的敌意，这时他增强的胃功能逐渐恢复正常，但后来，当他又沉湎于自己的创伤时，他的胃功能又再次亢进。

虽然汤姆没有胃溃疡，但他的人格模式在很多方面与先前研究中的患者类似。当汤姆还是个孩子时，他非常依赖母亲，但很显然，他没有从母亲那儿得到多少温暖。S. G.沃尔夫与H. G.沃尔夫写道："他对母亲既爱又怕，就像他对上帝的感觉一样。"[3]当母亲去世时，他陷入了极度的恐慌，之后便开始依赖他的姐姐。在与医生的关系中，他也表现出类似的矛盾：他对医生相当依赖，但当这种依赖受挫时，他就会

---

1 S.G.沃尔夫与H.G.沃尔夫：《人类的胃功能》，第120页。
2 S.G.沃尔夫与H.G.沃尔夫：《人类的胃功能》，第118—119页。
3 S.G.沃尔夫与H.G.沃尔夫：《人类的胃功能》，第92页。

表现得充满敌意。他非常想成为一个"强壮的男人"，一个成功的养家者。他说："如果我不能养活我的家人，我宁愿从码头上跳下去。"这句话生动地揭示了在汤姆看似坚强、有责任心的外表下，他的心理价值是多么岌岌可危。他不能用哭泣来发泄情绪，因为他需要维持坚强的外表。这种人格模式的特征是，内在的情感依赖被故作坚强的外表所掩盖，这或许对以下事实有决定性的影响：汤姆以胃功能的亢进对焦虑或敌意做出反应。

作为对冲突情境的反应，我们可以从两个方面来看胃部活动亢进的现象。首先，它可能是有机体想要被照顾的心理需求受压抑后的一种躯体表达。个体试图通过"吃"来缓解焦虑和敌意，并获得安全感。[1] 其次，对于那些拒绝给予满足和安慰的人，它可能代表了一种攻击和敌意。将"吃"作为攻击行为是动物生活中的常见现象，如"吃掉"猎物。[2]

这些研究表明，把焦虑完全归结为自主神经活动，是一种过于简单化和不准确的做法。除非考虑到有机体面临威胁时的需要和目的，否则我们无法理解焦虑现象中的神经功

---

1 米特尔曼、H. G.沃尔夫与沙夫：《胃炎、十二指肠炎与胃溃疡病人的实验研究》，第16页。
2 恩格尔讲述了一个有趣的案例：莫妮卡是个婴儿，她像汤姆一样有胃瘘管。当"莫妮卡与人互动时，无论是充满热情还是有攻击性，她的胃液分泌都很旺盛"。换句话说，莫妮卡与汤姆有相似之处，不过没有汤姆的神经症倾向。

能。S. G.沃尔夫与H. G.沃尔夫说："根据现有的证据，我们还无法将观察到的身体变化模式完全归因于迷走神经或交感神经活动。将伴随情绪困扰的胃功能变化视为整个身体反应模式的一部分，这样的考量似乎更有益。"[1]米特尔曼、H. G.沃尔夫与沙夫以不同的方式阐述道："神经系统的哪个部分在压力下起主导作用，是次要的问题；最重要的是，哪一种相互作用或组合，将最好地满足动物在特定生活情境中的需要。"[2]

疾病的意义与文化因素

生病是有机体解决冲突情境的方法之一。疾病会缩小一个人的世界，减轻他的责任和顾虑，让他能够更轻松地应对情境。相反，健康会帮助有机体发挥他的能力。

恩格尔简洁地阐述了这一点："健康和疾病可以被视为生命的不同方面。"[3]他还说："把疾病看作一个独立于自身的实体，对人类心灵有莫大的诱惑力。"换句话说，我觉得

1　S. G.沃尔夫与H. G.沃尔夫：《人类的胃功能》，第176页。

2　米特尔曼、H. G.沃尔夫与沙夫：《胃炎、十二指肠炎与胃溃疡病人的实验研究》，第54页。

3　恩格尔：《健康与疾病的心理发展》，第240页。

现代人对待疾病的方式，与老一辈人对待恶魔是一样的——把自己讨厌的经历投射到恶魔身上，以此来逃避或推卸要承担的责任。但是，除了让人暂时摆脱罪疚感之外，这些妄想其实毫无帮助。健康和疾病是我们生命过程中不可或缺的一部分，使我们与这个世界不断相互适应。

当一个人面对持续的冲突情境，并且无法在意识层面解决时，通常就会出现各种类型的躯体症状。这是一种"身体语言"。其中一种是癔症的转换症状，比如在恐怖情境下的癔症性失明（当事人无法忍受看到可怕的事物），或者某些肌肉组织的癔症性瘫痪。癔症具有相当直接的心理原因，其症状可能涉及神经肌肉组织的任何部分。第二种是心身症状，从狭义上讲，它是自主神经系统紊乱引发的功能障碍。但从更广泛的角度来看，焦虑不一定化为具体的癔症或心身症状，它可能出现在任何疾病中。第三种类型的症状与传染病有关。有机体受到焦虑和其他情绪的影响，很容易感染上这类疾病。像肺结核这种疾病，可能与长期冲突情境下压抑的沮丧情绪有关，个体在意识层面或具体的心身层面都无法解决这个冲突。[1]

---

1 杰罗姆·哈茨（Jerome Hartz）：《肺结核与人格冲突》（*Tuberculosis and Personality Conflicts*），载于《身心医学》（1944，6：1），第17—22页。我认为这个过程大致如下：当有机体处于灾难性情境时，解决冲突的努力首先发生在意识层面，然后是具体的心身层面；如果这些层面都无法奏效，冲突就可能会牵扯到疾病，如肺结核，它代表了有机体更全面的参与。

哪些因素决定了一个人能够在意识层面解决他的冲突，抑或不得不表现出癔症、心身症状或者其他形式的疾病？对于这个复杂的问题，只有对相关人员进行深入研究，才能得到答案。当然，答案可能包括体质因素、婴儿期经历、其他过去的经历、直接威胁的性质和强度，以及文化情境。然而，无论在哪种情形下，有机体都应被视为在努力应付一种冲突情境，这种冲突在主观上是焦虑，在客观上便是疾病。症状的出现，就是有机体努力解决冲突的一种表现。

文化因素与心身疾病中的焦虑密切相关。这一点几乎可以从任何心身疾病中得到证明。我还是以胃溃疡为例。在现代西方文化中，胃溃疡的高发病率，往往与过度竞争的生活方式有关。可以说，它是"西方文明的奋斗和野心之下的疾病"。最有可能的解释是：在20世纪40年代，男性必须将自己的依赖需求压抑在独立坚强的外表之下，而女性则可以用哭泣发泄自己的无助感。在某些圈子里，女性表达依赖甚至被认为是一种美德。根据可靠的数据，在19世纪早期，胃溃疡在20多岁的年轻女性中发病率很高。米特尔曼与H. G.沃尔夫认为，这是因为在当时的文化中，女性需要经历激烈的竞争去找结婚对象，如果一直未婚，需要依靠亲戚谋生，就会产生明显的焦虑。与此相反，在那个时期，男人不仅在职业上处于"强势"地位，同时能够表达他们对家庭的依赖。在

20世纪40年代，男性患胃溃疡的概率是女性的十多倍，但现在，女性的发病率几乎和男性持平，这引出了一个有趣的文化问题。随着女性在社会中扮演更加独立的角色，女性胃溃疡的发病率也增加了。

大家应该还记得，米特尔曼、H. G.沃尔夫与沙夫研究中的对照组（无胃溃疡的病人），这些被试在情绪冲突期间表现出同样的胃活动亢进，尽管程度低于胃溃疡患者。汤姆不是胃溃疡患者，却有着相同的胃部反应。这些例子正好说明，这种心身反应模式不仅是个体类型的问题，而且普遍存在于西方文化中。那么，其中是否存在特定的美国文化因素呢？这也是一个有趣的问题。在讨论被压抑的依赖需求和肠胃症状之间的关系时，格林克与施皮格尔发现，处于冲突情境下的士兵对喝牛奶有着强烈的欲望。这种"对特定食物的强烈渴望，与母亲给予爱和关怀的最初印象有关"。他们补充道："喝牛奶是大多数美国人的文化特征。"[1]据此推定，西方文化对个人竞争的强调，确实在美国文化中扎下了根并产生了特殊影响。

由于个体生活、活动存在于特定的文化中，他的反应模式是在该文化中形成的，他所面临的冲突情境也诞生于该文化，因此我们不难理解，文化因素与心身疾病和其他行为障

---

1 格林克与施皮格尔：《压力之下的人》，第140页。

碍密切相关。在某种文化中最受压抑的情感、生理需求和行为方式，似乎也最有可能引发病症。在维多利亚时期，弗洛伊德发现性压抑是症状形成的关键。到了20世纪40年代的美国文化中，正如霍妮所说，对敌意的压抑要比性压抑更为普遍，因此它可能是心身症状的首要因素。不可否认的是，我们的竞争文化产生了相当大的敌意。

随着文化重心的转变，各种疾病的发病率也发生着相应变化。例如，在第一次世界大战到第二次世界大战期间，心血管疾病发病率不断上升，癔症发病率则有所下降。另一个观点是，在美国文化中，器质性疾病比情绪或精神上的疾病更易被接受，这就导致了焦虑和其他情绪压力在美国经常以躯体形式出现。简而言之，文化制约了一个人试图解决焦虑的方式，特别是他可能利用的症状形式。

在如今的心理治疗中，我们很少见到癔症患者，除非在偏远地区的诊所里，那里的人们与这个时代的自我意识有所隔离。今天，我们遇到的大多数患者都是强迫或抑郁的问题。这与我们这个时代过度的自我意识有关。在教育高度普及的城市里（我们的病人主要来自那里），几乎每个人都对心理治疗有足够的了解，因此不会再有弗洛伊德那个时代的惊讶了。此外，我们要指出文化对疾病的另一个影响。我们发现，在第一次世界大战中，大体上能够与人交流或分享自身经历的军官，比那些受教育程度低、语言能力差的士兵，更少出现歇斯底里式的崩溃。这一点很符合格伦和巴斯迪安的看法，即心身疾病与沟通障碍直接相关。

心身问题研究揭示了各种情绪之间的区别，以及它们的相对重要性。首先是对焦虑和恐惧做了区分。在一些焦虑和恐惧的治疗中，人们一直不愿区分这两种情绪，认为它们具有相同的神经生理学基础。[1]但是，当我们把个人视为生活环境中的一个功能单元时，焦虑和恐惧之间就会出现非常重要的区别。以汤姆为例，我们还记得，他在恐惧时的神经心理行为和焦虑时是完全不同的。当汤姆的情绪处于恐惧、悲伤或自责等退缩性状态时，他的胃部活动会减弱。但是，在汤姆陷入冲突和斗争的情境中，当他的情绪是焦虑、敌意或厌恶时，胃部活动就会大大增强。这与传统的神经生理过程分析的预期（焦虑就是交感神经的活动）恰恰相反。因此，我认为，如果我们把有机体视为一个努力适应特定生活情境的行为单元，就必须对恐惧和焦虑进行区分。至于如何区分，我将在第七章进行概括。然而，在这一点上，我还有一个附加的观察结果：如果有机体能够成功逃离，恐惧往往不会引发疾病；如果有机体无法逃离，被迫留在无法解决的冲突情境中，恐惧就可能变成焦虑，心身症状也会随焦虑而来。

---

1 我们在前面已指出这一假设的可疑性。

焦虑和攻击性情绪，比如愤怒和敌意，也是有区别的。虽然压抑的愤怒和敌意是某些心身疾病的特定病因，但值得注意的是，在对患者进行更深入的分析后，我们往往发现愤怒和敌意是对潜在焦虑的反应（参见前文关于高血压和癫痫的讨论）。这一情况背后的原理可做如下说明：愤怒并不会导致疾病，除非它不能以战斗或其他直接的形式表现出来。当愤怒必须被压抑时——因为如果攻击被付诸行动，有机体就会面临危险——像高血压这样的心身症状便会出现。但是，如果不存在潜在的焦虑，那么根本就不需要压抑敌意。这一点与我们强调的基本情况一致，即有机体处于冲突情境，这种冲突在心理上表现为焦虑。所以，多伊奇（Felix Deutsch）说"每种疾病都是焦虑的疾病"是有根据的，也就是说，焦虑是每种疾病的心理组成部分。

　　关于焦虑与身体变化的关系，其中最复杂的问题是躯体症状的意义。我们可以通过两个问题来了解躯体症状，它们对理解焦虑为什么会以躯体形式出现是必要的。第一，躯体症状在有机体应对威胁的过程中是如何发挥作用的？或者形象地说，有机体想要通过症状来做什么？第二，焦虑和症状之间发生互动的内在机制是什么？

　　若干相关的临床观察为解答这些问题提供了线索。个人忍受焦虑的能力与心身症状的出现往往成反比。虽然有意识的焦虑和恐惧会使情势恶化，但有证据表明，被排除在意识之外的焦虑、恐惧和冲突，才是最重要的因素。换句话说，它们最有可能成为疾病的原因。焦虑越明显，它在神经症行为中表现得越明显，躯体疾病就越不严重。当一个人努力在意识层面控制冲突时，他可能会体验到大量的焦虑，但他仍然通过直接的意识来面对威胁。"一般而言，可以这样说，焦虑的存在意味着个人尚未完全瓦解……它类似于发烧的征兆意义。"[1]但是，当有意识的斗争无法再被忍受时——要么因为情势日益恶化，要么因为难以成功，有机体就会出现躯体症状。这些症状缓解了冲突的紧张，并在冲突无法被真正解决时，使"准调适或伪调适"成为可能。因此，可以这样说，症状往往是抑制焦虑的方法，它们是一种结构化的焦虑。弗洛伊德对心理症状评价得很恰当："症状是被束缚住的焦虑。"或者换句话说，焦虑已经化形为胃溃疡、心悸或其他症状。

在布朗的案例中（第八章第二节），我们观察到焦虑状态的发展大致如下：首先，他报告了一些躯体症状，比如短暂的头晕，除了症状本身带来的不适，他并没有意识到焦

---

1 亚斯金（J. C. Yaskins）：《焦虑的心理生物学——临床研究》（*The Psychobiology of Anxiety—A Clinical Study*），《精神分析评论》（*Psycoanal. Rev.*），1936年，第23页、第3和第4页；1937年，第24页、第81—93页。

虑。几天后，焦虑的梦开始出现。后来，他出现了有意识的焦虑，并对治疗师产生大量的依赖和要求。随着焦虑进入意识层面，他感到越来越不安，但躯体症状却消失了。

值得注意的是，上述胃溃疡患者并没有觉察到有意识的焦虑。从这个意义上说，症状是对焦虑情境的一种防护。这就是为什么，从实践角度来说，在焦虑本身得到澄清之前，消除焦虑患者的症状往往是危险的。症状的存在大致表明，患者无法处理他的焦虑，它可能是一种防止状态恶化的保护措施。

相当有趣的是，当人们出现身体疾病时，焦虑往往就会消失。在做这项研究的过程中，我患上了肺结核，而当时还没有治疗肺结核的特效药。住院期间，我在周围的病友身上观察到一个奇怪的现象：当病人意识到自己病重时，与其病前行为模式有关的大量焦虑似乎消失了，但当病人身体快要康复时，也就是可以回去工作、履行职责时，有意识的焦虑往往会再次出现。我们可以简单地说，疾病减轻了他的责任，为他提供了保护，等等。但这一现象的意义似乎更为深刻。假设我们一开始患上某种疾病，部分是因为长期未解决的冲突，那么疾病本身可能是解决冲突的一种方式，它将冲突缩小到可以应付的范围之内。这或许有助于解释临床上观察到的现象，即：当疾病出现时，人们不觉得有多焦虑；而当疾病被治愈时，焦虑就会卷土重来。[1]

　　疾病和焦虑相互转换的问题，可以用弗洛伊德的第一个焦虑理论来解释。例如，多伊奇就认为，身体器官的症状源于被压抑的力比多。如果力比多不能被正常释放，它就会表现为焦虑，而这种焦虑会以躯体症状的形式自行释放。因此，"从心理学角度来说，若要保持身体健康，个体要么善用力比多，要么消除他的焦虑"[2]。我在这里的观点是，焦虑的发生并不是因为个人是"力比多的载体"，而是因为他面临着无法处理的威胁情境，所以他被抛入了无助和内心冲突的状态。有可能是力比多（如性驱力）的存在，把人推入冲突之中，但重要的是，我们要记住，问题在于冲突，而不是性。因此，我们的结论是：症状的目的不是帮助有机体释放力比多，而是避免产生焦虑的情境。

　　我建议使用以下粗略的框架来概括本章的要点。第一，有机体通过象征和意义来解释他所面对的现实情境。第二，这些象征和意义催生了他对现实情境的态度。第三，这些态

1　不用说，我们在这里谈的是与病人行为模式有关的焦虑，而不是与他生病这一事实有关的特定焦虑（这种焦虑可能会明显存在于患病期间）。许多观察者都谈到了疾病对焦虑的"替代作用"。德雷珀（Draper，见索尔《情绪紧张的生理效应》）还提到神经症可以作为躯体症状的替代品。

2　邓巴：《情绪与身体变化》，第80页。

度反过来包含了各种情绪（以及其中的神经生理和荷尔蒙成分），作为面对现实情境的行动准备。我强调了象征和意义的重要性，正是借由它们，人们才能解读引发焦虑的情境。我们在本章开头，就提到了阿道夫·迈耶所强调的"整合功能"和"对象征的使用"。神经学和生理学正从属于这些内容。

　　我们还提到，这些解释主要发生在大脑皮层，它是人类神经系统的一部分，决定了人与动物的根本区别。坎农关于交感神经活动的研究是许多讨论的基础，在这些讨论中，焦虑的神经生理学方面基本上被等同于交感神经活动，而且这些研究主要是在动物身上进行的。因此，如果没有明确的限定条件，我们就不能从这些动物实验中推导出人类行为。也就是说，只有当人类的某些方面孤立于整个环境之外时，我们才能以动物反应类推人类反应。[1]

　　这样，我们才有可能避免三个常见的心理学错误。第一个错误是，把情绪等同于神经生理过程；第二个错误是，"神经学上的同义反复"（例如，将交感神经活动等同于焦虑的神经生理学）；第三个错误是，认为神经生理过程和心理过程是简单的二分法关系。

1　当然，这一观察只是针对坎农研究结果的过度简化应用，而不是针对坎农的经典研究本身。

读者可能会意识到，这三个错误与历史上哲学和科学中试图解决心身问题的三个观点类似：①生理学观点（认为心理现象仅仅是生理过程的附带品）；②心身平行论；③身心二元论。

　　无论在哲学还是心理学中，我们都需要走向一种整合的心身理论，或许只有回归到心身问题起源的层面才能达成这一目标。在本书中，我们尝试通过象征、态度、神经学和生理学的层级来做到这一点。在我看来，迈耶的有机体论也是尝试这样做的方式之一。

第四章　焦虑的心理学解读

焦虑是神经症的基本现象和核心问题。

——弗洛伊德《焦虑的问题》

动物会焦虑吗

研究动物的"类焦虑反应"(anxiety-like reactions),对人类的焦虑问题有重要启示。我们使用"类焦虑反应"这个术语,是因为人们对于动物是否会焦虑有很大分歧。戈德斯坦相信动物确实有焦虑,但他认为这是一种原始的、未分化的恐惧反应,类似于两周大婴儿的"正常"焦虑。沙利文则认为动物没有焦虑。莫勒在他早期对老鼠"焦虑"的研究中(本章稍后将会讨论),曾交替使用"恐惧"和"焦虑"这两个词。但后来,他得出结论:动物所经历的忧虑实际上是恐惧,除非它们被置于与人类(如实验者)的特殊心理关系中,否则动物是不会焦虑的。然而,与戈德斯坦不同,莫勒所说的"焦虑"指的是神经质焦虑,根据定义,这种焦虑以人类所独有的自我意识、压抑等能力为前提。

在我看来,霍华德·利德尔(Howard Liddell)解开了这场争论的症结。在一篇与本书研究高度相关的论文中,基于对绵羊和山羊的实验性神经症(experimental neurosis)的广泛研究,利德尔提出了一个观点:动物并没有人类那样的焦虑,但与之相对应,它们确实有一种原始、简单的反应——

警戒（vigilance）。[1]当动物处于可能存在威胁的情境下，它们就会表现出警觉和对危险的预期。比如，实验室里预期会遭到电击的羊；或者睡在自然栖息地的海豹，它们每隔十秒钟就要醒来观察周围的情况，以免被因纽特猎人偷袭。这时的动物好像在问："发生了什么？"这类警戒状态的特点是普遍性的怀疑（表明动物不知道危险从何而来），带着行动的倾向，但没有明确的行动方向。我们很容易发现，动物的这种行为类似于人类在焦虑状态下模糊而普遍的不安。

利德尔认为，戈德斯坦在他的"灾难性反应"概念中描述了这种警戒状态，但他补充说，戈德斯坦将这些反应定性为高强度的，这阻止了其他研究者识别灾难性反应。利德尔说得没错。在条件反射实验中，警戒状态可能是高强度的——例如在实验性神经症中，动物清楚地呈现了戈德斯坦所谓的灾难性情境。但是，灾难性反应也可以通过其他层次表现出来，比如低强度的"眼睛微动或心跳轻微加速"。

利德尔认为，正是这种警戒状态为条件反射提供了动力。虽然巴甫洛夫对条件反射的神经生理机制的描述非常准

---

1 霍华德·利德尔：《警戒在动物神经症发展中的角色》（*The Role of Vigilance in the Development of Animal Neurosis*），宣读于美国精神病患者协会（American Psychopath Association）的"焦虑"专题研讨会（New York，1949年6月），收录于霍克与祖宾（Hoch & Zubin）主编的《焦虑》（*Anxiety*，New York，1950），第183—197页。

确，但利德尔认为，巴甫洛夫声称条件反射的动力来自本能（例如，狗想要食物或者避免疼痛和不适的本能欲望）的说法并不准确。利德尔写道："条件反射的动力，并不像巴甫洛夫所认为的那样，来自一条新形成的神经通道上的能量释放，这条通道从一个高度兴奋的无条件反射中枢通往一个由条件刺激建立的低兴奋的感觉中枢。"相反，它来自动物的警戒能力，或者换句话说，来自动物对环境的警觉和怀疑能力。利德尔在这里所做的区分是，把问题放在了心理生物学层面而不是神经生理学层面，这正是我们在前一章中反复强调的——行为发生的神经生理媒介，不能与行为的起因混为一谈。如果动物要形成条件反射，也就是学会以某种方式行事，必须让它对"发生了什么"这一问题找到可靠的答案。因此，在条件反射实验中，连贯性是极其重要的。

在动物的能力范围内（例如羊"追溯过去和预测未来"的范围大约只有十分钟，而狗能达到半小时），它们还必须能够回答第二个问题："接下来会发生什么？"就像在实验情境下使动物产生实验性神经症一样，当动物不知道接下来会发生什么时，就会处于持续紧张的状态，仿佛不断在问："怎么回事？发生了什么？这到底怎么了？"换句话说，当动物处于连续紧绷的警戒状态时，它很快就会变得疯狂、混乱和"神经质"。这种发生在动物身上的情况，类似于人类在持续且严重的焦虑负担下的崩溃。虽然利德尔警告说，我们不能把动物的不安行为等同于人类的焦虑，但可以断言，动物的条件反射行为和实验性神经症的关系，非常类似于人类的智力活动和焦虑的关系。

读者将会意识到，在这里，我们和利德尔一起，从生理学领域（即本能）进入了有机体的领域。通过本能释放"能量"来思考和讨论问题，再容易不过了，就好像在处理电流一类的东西，它可以被我们测量和操控。但利德尔说得很清楚，实际情况完全不同：我们看到的是整个有机体的防御反应，就像在利德尔研究的狗和羊身上所呈现的，包括它们的视觉、听觉、嗅觉、触觉等感官，以及传递信号的神经和生理媒介等。这些能力组合在一起，构成了动物的警戒状态，也就是人类焦虑的前身。

这使利德尔对人类智力和焦虑之间的关系产生了一些极具启发性的思考。巴甫洛夫相信，动物产生"发生了什么"的反应，是人类好奇和求知欲的基本形式，而它的极致表现，是人类对自己的世界进行科学研究和现实探索。通过区分神经系统的侦察功能（发生了什么）和规划功能（接下来会发生什么），利德尔延伸了这一思路并使其更加精确。后一种功能在人类行为中所起的作用，要比在动物身上的作用大得多。人是一种能规划未来前景、能享受过去成就的哺乳动物。人类的文化也由此构建。这种规划未来的能力，最终使人类能够依靠思想和价值观而生活。

利德尔指出，体验焦虑的能力和规划未来的能力，就像是一枚硬币的正反面。他认为，"焦虑与智力活动如影随形，我们越了解焦虑的性质，也就越了解智力"。因此，利德尔所阐述的是焦虑问题的一个方面，克尔凯郭尔和戈德斯坦都曾在这方面提出洞见，而我们也将在本书中反复探讨这个方面，即"创造性潜能"与"体验焦虑的潜能"之间的关系。人类那富于幻想的检测现实的能力、处理象征和意义的能力，以及在此基础上改变行为的能力，都与我们体验焦虑的能力紧密相连。[1]

我们还需指出，像我和本书中提到的许多研究者一样，利德尔也把人类的社会性视为我们独特的创造性智力和体验焦虑的能力的源泉（"社会性"在这里特指人际世界和个人内在世界）。利德尔断言："智力及其阴影——焦虑，都是人类社会性活动的产物。"[2]我还必须强调，如果没有与个性相联系的内在潜能，这种社会性活动也是不可能发生的。

1　我们将在后文关于焦虑和人格贫瘠的讨论中看到，一个人要是隔绝了焦虑，也就完全隔绝了创造力，人格也会因此变得贫瘠。反过来说却未必成立，一个人不是越焦虑，就越有创造力（请参见第十一章）。

2　让利德尔得出这一结论的推理，非常类似于沙利文的说法，与弗洛伊德和莫勒关于焦虑的社会起源观点也有很多相似之处。

儿童恐惧的研究

如果我们把孩子的恐惧看作对特定威胁的反应，是基于孩子会害怕那些在过去经历中实际伤害过他们的事物，那么结果一定让我们感到意外。大多数孩子都害怕大猩猩、北极熊、老虎等，但除了偶尔去动物园外，孩子们很少会遇到这些动物。孩子们还害怕幽灵、女巫和魔法等神秘事物，而这些也是他们从未遇见过的。为什么恐惧的事物大多数来自想象呢？这些问题以及关于恐惧和焦虑关系的问题，促使我们更深入地探究儿童恐惧与焦虑的根源。

几十年前，恐惧心理学的主要课题，是找出引起恐惧的原始的、未习得的刺激，并以本能来解释这些恐惧。孩子被认为本能地害怕黑暗、动物、大面积的水域、黏糊糊的东西，等等——斯坦利·霍尔认为，其中许多恐惧都是从人类的动物祖先那里遗传来的。此后，许多心理学家的任务便是反驳这些"遗传的恐惧"；到了约翰·华生（John B. Watson）的行为主义出现，这个问题只剩下两个说法。就婴儿而言，华生认为，"只有两件事会引起他们的恐惧反应，即巨大的声响和失去支持"[1]。这一假说认为，所有随之而来的恐惧都是"植入的"，也就是说，是由条件反射建立起来的。

但后来研究儿童恐惧的学者指出，华生的观点过于简单化了。许多研究者都无法确定婴儿身上的这两种"原始恐惧"。正如杰西尔德（A. T. Jersild）所写："恐惧的刺激绝不是一个孤立的刺激……可能会引起婴儿所谓'非习得性'恐惧的情境，不仅仅是巨大的声响和失去支持，只要有机体尚未准备好，任何强烈的、突发的、意想不到或新异的刺激，都有可能引起恐惧。"[2]也就是说，任何有机体不能充分应对的情境都会构成威胁，并引起焦虑或恐惧的反应。

我认为，本能主义者和行为主义者关于"原始恐惧"的辩论，是一场堂吉诃德式的战斗。试图确定婴儿与生俱来的恐惧是什么，会导致我们迷失在令人困惑的问题迷宫中。相反，更有意义的问题应该是：有机体拥有什么样的能力（神经上和心理上的）来应对威胁的情境？就遗传来说，我们只需要假设，有机体会以焦虑或恐惧来回应他们无法应对的情境，不论在远古时代还是今天，都是如此。而对于焦虑和恐

---

1 约翰·华生：《行为主义》（*Behaviorism*, New York, 1924）。
2 本段与下段引文出自《儿童心理学》（修订版）［*Child Psychology* (*rev. ed.*), New York, 1940］，杰西尔德著，第254页。1933年，1940年，Prentice-Hall, Inc. 版权所有。

惧的后天习得说，可以归结到成熟与学习这两个问题上。此外，我还怀疑华生所描述的那些婴儿反应是否应该被称为"恐惧"。更确切地说，它们难道不是未分化的防御反应，不应该被称作"焦虑"吗？这个假设可以解释婴儿反应的非特异性，也就是说，即使是同一个婴儿，对特定刺激的"恐惧"反应也不尽相同。

焦虑和恐惧的成熟因素

华生对儿童恐惧的研究的另一个缺陷是忽视了成熟因素。正如杰西尔德所观察到的："如果一个孩子在某个发展阶段，表现出早期未曾出现的行为，并不意味着这种行为的改变主要是由于学习。"[1]

在前面关于惊吓模式的讨论中，我们曾提到，在生命诞生的最初几周，婴儿所表现出的惊吓反应，几乎不能被称为恐惧情绪。但随着婴儿的成长发育，越来越多的次级行为（焦虑和恐惧）出现了。杰西尔德在研究中发现，五六个月大的婴儿，在陌生人靠近时偶尔会表现出恐惧的迹象，而在此之前，婴儿没有这种反应。

格塞尔（A. L. Gesell）记录了不同年龄的婴儿被困在围栏里的反应，这对我们的研究很有启发。10周大的婴儿表现

---

1 杰西尔德与霍姆斯（F. B. Holmes）：《儿童的恐惧》（*Children's Fears*），载于《儿童发展论文集》（*Child Development Monograph*，1935，第20期，哥伦比亚大学教师学院版权所有），第5页。

得很乖巧；而20周大的婴儿会表现出轻微的不安，其中一个迹象是不断回头（我认为，这种"不断回头"是警戒状态和轻微焦虑的一种表现；婴儿感到不安，但他无法在空间上定位令他担忧的对象）；30周大的婴儿可能会"嗷嗷大哭，以至于我们将他的反应描述为害怕或恐惧"[1]。正如杰西尔德所言："对实际或潜在危险事件的反应倾向，与孩子的发展水平有关。"[2]

很明显，成熟度是婴儿或儿童决定如何回应危险情境的因素之一。数据表明，最早期的反应是反射性的（如惊吓），是一种弥散性且未分化的不安（焦虑）。尽管这种弥散性的不安可能是几周大的婴儿对某些刺激（如摔倒）做出反应时产生的，但随着婴儿感知危险情境的能力逐渐提高，这种不安会变得更加普遍。至于特定的恐惧，难道不是出现在婴儿的成熟晚期吗？正如戈德斯坦所说，要以特定的恐惧作为回应，前提是有客体化的能力，也就是说，能够区分环境中的特定客体，这比弥散性且未分化的不安反应需要更高的神经和心理的成熟度。

---

1 杰西尔德：《儿童心理学》（修订版），第255页。引文来自格塞尔的《婴儿期的个体》（*The Individual in Infancy*），收录于默奇森主编的《实验心理学基础》（*The Foundations of Experimental Psychology*，Worcester，Mass.，1929）。

2 杰西尔德：《儿童心理学》（修订版），第255页。

勒内·斯皮茨（René Spitz）创造了"八月焦虑"这个词，用来形容婴儿在8至12个月大时，面对陌生人所表现出的不安。婴儿可能会表现出困惑的表情，可能会哭，或者转身向妈妈爬去。斯皮茨解释说，这是因为孩子在逐渐成熟的过程中，学会了把观察到的东西组合起来，这样他就能认出妈妈和熟悉的东西。但是这种感知还不够稳定，当另一个人出现在母亲应该在的地方时，便容易受到干扰。因此，当婴儿的知觉被陌生人干扰时，焦虑就产生了。[1]

杰西尔德指出，在婴儿期之后，随着孩子的成长，引起恐惧的刺激类型也会发生重大的变化。"随着孩子想象力的发展，他的恐惧越来越多地来自想象中的危险；随着孩子逐渐理解竞争的含义，并意识到自己相对于别人而言的地位，他便常常会担心失去威望、被人嘲笑和失败。"[2]

很显然，在这些与竞争有关的焦虑中，孩子对周围环境的解释或多或少是复杂的。这种解释过程虽然以一定的成熟

---

[1] 恩格尔：《健康与疾病的心理发展》，第50页。引述自勒内·斯皮茨：《焦虑：生命第一年的现象学》（Anxiety: Its Phenomenology in the First Year of Life）。

[2] 杰西尔德：《儿童心理学》（修订版），第256页。这些被杰西尔德描述为"恐惧"的反应，如与竞争有关的恐惧，究竟是恐惧还是焦虑，只有依据实际情况才能回答。临床研究指出，心理冲突可能会投射到环境上，并因此引发焦虑。常见的例子即潜藏在恐惧之下的焦虑。这同样要以某种成熟度为前提，同时涉及复杂的条件作用和经验过程。

度为前提，但明显也包括了文化对孩子所产生的影响。研究发现，随着孩子长大，与竞争有关的恐惧会增加，而且，有趣的是，成年人所报告的记忆中的童年恐惧，很多都与竞争有关，其比例超过了任何一组儿童所报告的。这可以被解释为，成年人习惯于在童年中"回溯"焦虑和恐惧的根源，而这些焦虑和恐惧在其生活中影响越来越大。

我们不必全盘回顾杰西尔德对儿童恐惧的研究结果。但是，当我们思考这些结果时，会发现两个问题。下面我们将列出这两个问题，因为它们阐明了恐惧与潜在焦虑的关系。

第一，杰西尔德的研究结果显示了儿童恐惧的"非理性"特征。孩子所说的恐惧，与他们后来在访谈中所描述的生活中"最糟糕的事"之间存在巨大的差异。[1]他们口中最糟糕的事，包括生病、受伤、不幸和其他实际发生过的倒霉经历，而他们的恐惧"主要被含糊地描述成可能发生的大灾难"。在所有"最糟糕的事"中，真正与动物接触的恐怖经历只占不到2%，而儿童对动物的恐惧却占14%。他们害怕的动物，基本上是日常生活中很难看到的，比如狮子、大猩猩和狼。独自一人在黑暗中迷路的实际经验只占2%，但对这种

---

1 本结论基于对398名5岁至12岁儿童的访谈。参见杰西尔德等的《儿童的恐惧、梦想、愿望、白日梦、愉快和不愉快的回忆》（*Children's Fears, Dreams, Wishes, Daydreams, Pleasant and Unpleasant Memories*），载于《儿童发展论文集》（1933，第12期）。

处境的恐惧约占15%。此外，对幽灵、女巫和神秘事物的恐惧，占总数的19%以上（比重最高）。正如杰西尔德所总结的："孩子们所描述的大部分恐惧，与他们实际遭遇的不幸几乎没有直接联系。"[1]

上述数据有点令人费解。我们一般认为，孩子会恐惧真正他带来麻烦的事物。杰西尔德注意到，孩子的"想象恐惧"随着年龄的增长而增加，因此他提出了一个解释，那就是孩子的"想象能力"在逐渐发展。这种成熟的能力可以说明为什么孩子会沉溺于想象的素材。但在我看来，这并不能充分说明这类想象的事物为什么如此令人恐惧。

杰西尔德的研究结果引出的第二个问题，是恐惧的不可预测性。杰西尔德指出，研究数据表示我们很难预测孩子何时会害怕：

> 孩子可能在某一特定时间，面对某个特定情况时，没有表现出恐惧，但之后在没有明显外力干涉的情况下，同样的情境却让他感到恐惧……某种噪声会引起恐惧，而另一种则不会。孩子被带到某个陌生的地方，并没有感到恐惧，但在另一个陌生的情境中，

---

1 杰西尔德与霍姆斯：《儿童的恐惧》，第328页。

他却表现出害怕。[1]

需要注意的是，"对陌生人的恐惧"是最常被提及的恐惧，它在某些特定情境下会出现，但在其他类似情境下却不会出现。由于孩子的恐惧是不可预测的，某些正在发生的过程要比一般的条件作用概念复杂得多。但这个过程是什么，答案仍然未知。

恐惧遮蔽了焦虑

我认为，如果许多所谓的"恐惧"并不是特定的害怕反应（也就是恐惧本身），而是潜在焦虑的客观表现，那么这两个问题——儿童恐惧的非理性和不可预测性——就变得可以理解了。恐惧通常被定义为一种特定的反应，但很明显，在这些"恐惧"中发生了一些事情，它们不能被解释为与特定刺激有着内在关系的特定反应。如果我们假设这些恐惧是焦虑的表现，那么高比例的"想象恐惧"便可以理解了。众所周知，儿童（及成人）的焦虑往往被移置于鬼魂、女巫和其他对象上，这些事物与儿童的客观世界并没有特定的联系，但它们确实发挥了满足儿童主观需求的重要功能，特别是与父母有关的需求。换句话说，恐惧可能会遮蔽焦虑。

---

1 杰西尔德与霍姆斯：《儿童的恐惧》，第308页。

例如，在某些情况下，这个过程可以理解为孩子对他与父母的关系感到焦虑，但他不敢直接面对这个问题，比如"我担心妈妈不爱我了"，因为意识到这一点会明显增加他的焦虑。父母的安慰可能帮助他掩盖了表面的焦虑，但这些安慰通常与焦虑的真正核心没什么关系。焦虑随后会被移置于"想象的"事物上。我频繁地把"想象的"一词加上引号，因为在对神秘的恐惧进行更深刻的分析时，我们无疑会发现，想象出来的事物代表了孩子经验中非常真实的东西。当然，成年人也有类似的焦虑移置模式，但他们更擅长将焦虑合理化，使想象的对象看起来更"合乎逻辑"或"合理"。

我们的假设是，这些恐惧是潜在焦虑的表现，这也可以解释为什么儿童恐惧的并不是实际接触过的动物，而是像大猩猩和狮子等不常见到的动物。孩子对动物的恐惧，往往是焦虑的投射，让他们真正焦虑的是他们与周围的事物或人（如父母）的关系。弗洛伊德的小汉斯案例就是一个经典的例子。[1] 我认为，儿童对动物的恐惧，也可能是他对家庭成员怀有敌意的投射，这种情绪会引起焦虑，因为如果将这种敌意付诸行动，孩子就可能遭到反对或惩罚。

我们的假设同样揭示了儿童的恐惧为何不可预测和变

---

1 参见本书第五章。

幻无常。如果这些恐惧是潜在焦虑的客观表现，那么焦虑自然一会儿集中在这个东西上，一会儿又集中在那个东西上。表面上看起来不一致的东西，在更深的层次上却是相当一致的。杰西尔德本人便注意到，当恐惧是潜在焦虑的一种表现时，恐惧的性质便会不断变化：

> 只要有潜在的困难从多方面压迫孩子，即使某种特定的恐惧被消除了，也很快会引发其他不同的恐惧。[1]

---

1 杰西尔德继续说道："例如，孩子对被遗弃的明显恐惧，可以从他对妈妈短暂离家的反应中看出，这可能与新生儿诞生时最初出现的其他痛苦症状有关。当父母努力帮助孩子克服恐惧后，这种特殊的恐惧可能会缓解，但如果潜在的不确定性仍然存在，随后又会有其他的恐惧取而代之，如害怕一个人睡在黑暗的房间里。"《儿童心理学》（修订版），第274页。

下面是一个真实的案例：一个3岁男孩在他妈妈要分娩时，暂时被送到祖父母的农场上。当妈妈产后带着双胞胎新生儿出现时，小男孩突然对农场的拖拉机表现出强烈的"恐惧"。父母注意到，小男孩看上去非常害怕拖拉机，并跑向他们寻求庇护。基于这一假设，即小男孩"恐惧"的潜在原因是与父母短暂分离以及双胞胎的出现所带来的孤立和被排斥感，父母便略过拖拉机这类对象，努力帮助小男孩克服孤立感。小男孩对拖拉机的恐惧很快就消失了。假设小男孩的恐惧与拖拉机的威胁有关，我不否认孩子可能会因为害怕拖拉机而形成条件反射。但如果像小男孩父母所假设的那样，恐惧实际上是根源完全不同的焦虑的具体化，那么"恐惧"会很容易找到一个新的对象。

在本书第一版出版几年后，杰西尔德在私人谈话中对我说，他同意我的结论，即这些恐惧确实是焦虑的表现。他很惊讶自己之前从未看出这一点。我认为，他之所以没有看到这一点，是因为我们很难摆脱传统思维方式的桎梏。

许多孩子表现出来的恐惧其实是焦虑的另一个证据：一些研究表明，口头安抚在帮助孩子克服（"不是掩盖"）恐惧方面经常无效。正如戈德斯坦所说，如果这种情绪是一种特定的恐惧，通常可以通过口头安抚来缓解。如果孩子害怕房子着火，只要被充分保证这种情况不会发生，那么孩子的恐惧就会消失。但是，如果这种恐惧实际上是焦虑的客观化，那么恐惧要么不会减轻，要么会转移至新的客体。

从孩子的"恐惧"和父母的"恐惧"之间的密切关系可以看出，孩子的恐惧之下往往潜藏着焦虑，这种假设有间接的证据支持。哈格曼（Hagman）的研究指出，孩子的恐惧与母亲的恐惧之间的相关性为0.667。[1]杰西尔德发现，"同一个家庭孩子的恐惧频率大体一致，其相关系数在0.65到0.74之间"[2]。正如杰西尔德所言，父母的恐惧似乎不会"直接影

---

1 杰西尔德：《儿童心理学》（修订版），第270页。
2 杰西尔德与霍姆斯：《儿童的恐惧》，第305页。多项研究表明，学龄儿童的普遍恐惧（如果不是主要恐惧的话）是对学业失败的恐惧。研究还表明，对学业失败的恐惧与学生的实际经历或合理的失败率，是完全不成比例的。

响"孩子的恐惧，也就是说，孩子会害怕某些特定事物，并不仅仅因为父母也害怕这些东西。此外，人们经常说，儿童焦虑的发展主要源于他们与父母的关系，这已经是老生常谈了。[1]

我认为，孩子的恐惧与父母的恐惧之间的关系，以及同一个家庭孩子们的恐惧之间的关系，可以更清楚地理解为在焦虑水平上的一种延续。换句话说，在父母极度焦虑的家庭中，亲子关系也会被这种焦虑破坏，而孩子的焦虑也会增加（即更容易产生"恐惧"）。

我们讨论儿童恐惧的目的，除了阐明恐惧本身的问题之外，还表明了研究恐惧必然要研究焦虑。我在这里提出的特别假设是，许多儿童的恐惧都是潜在焦虑的客观化。[2]

关于压力与焦虑

有趣的是，汉斯·塞里的第一本书《压力》（*Stress*），

---

1 请参见下一章弗洛伊德、沙利文等人的论述。
2 以极端形式表现出来的恐惧症证明了上述假设。恐惧症看似是特定的，但深入分析后我们发现，它其实是环境中某一点焦虑的集中，以避免来自其他地方的焦虑。参见弗洛伊德对5岁小男孩汉斯的分析。弗洛伊德指出，汉斯表现出对马的恐惧，是他对自己与父母关系的焦虑的移置。

与本书第一版都是在1950年出版的。他的这本书标志着心理学界和医学界开始广泛关注压力。在1956年出版的另一本书中，塞里将生物学上的压力定义为"入侵者与身体提供的抵抗力之间相互抗衡所发展出来的一种调适"。换句话说，压力是有机体对"身体损耗"的反应。[1]

塞里提出了所谓的"一般适应综合征"（General Adaptation Syndrome）。一般适应综合征通过机体的各种内部器官和系统（内分泌腺和神经系统），帮助我们适应身体内部和周围环境中不断发生的变化。"健康和幸福的秘诀在于成功地适应地球上不断变化的环境。在伟大的适应过程中，失败的惩罚就是疾病和忧愁。"[2]他认为，每个人生来都有一定的适应能量。[3]

从生理学上讲，这可能是正确的；但从心理学上讲，我对此表示怀疑。所谓能量，在某种程度上，不就是个人对手

1　塞里：《生活的压力》（*The Stress of Life*，New York，1956），第55—56页。同时参见本书第311页。

2　塞里：《生活的压力》，第vii页。

3　塞里：《生活的压力》，第66页。格雷戈里·贝特森（Gregory Bateson）对"能量"一词在生物学和心理学中的使用提出了质疑。他写道："如果把缺乏能量看作对行为的预防，可能会更有意义，因为饥饿的人最终会停止行动。但就算是这样也行不通：没东西吃的阿米巴虫，有时反而会更加活跃。它的能量消耗与能量输入，呈现反函数的关系。"贝特森：《走向精神生态学》（*Steps to an Ecology of Mind*，New York，1972），第xxii页。

头任务的热情和承诺吗？在对老年学的研究中，我们不就发现有些人衰老并非完全是年龄的缘故，也因为他们在心理上没有感兴趣的事物吗？如果大脑要保持精力充沛，难道不是主要依赖于对激起热情的工作的投入吗？

在此我需要说明一下，心理学家倾向于将"压力"这个词作为焦虑的同义词。据称，不管是关于焦虑的书籍，还是讨论焦虑的学术会议，都经常使用"压力"这个词来代替焦虑。在这里，我反对将压力等同于焦虑，也不认为"压力"能够充分描述焦虑引起的不安。这并不是反对塞里的经典著作，他的研究领域是实验医学和外科，在他的领域，"压力"一词确实适用。但在心理学领域，我不相信"压力"能够涵盖焦虑的丰富含义。

"压力"这个词是从工程学和物理学领域借来的。它在心理学领域似乎很受欢迎，因为它容易被定义，容易被把握，通常可以令人满意地被测量，而这些都是"焦虑"这个词难以做到的。确定一个人在压力下崩溃的临界点，似乎相对容易得多。西方文化显然使其公民承受着巨大且与日俱增的压力，这些压力来自技术领域的急剧变化、价值观的丧失，等等。有些疾病明显与普遍存在的压力有关，比如心脏病、动脉硬化等。如今在任何一个鸡尾酒会上，人们都会谈论压力及其造成的不良影响。"心理压力"已经成为一个被普遍接受的术语，尽管在英语词典里，它在"压力"一词的释义中只排在第八位。

　　但是，把"压力"作为焦虑同义词的问题在于，它强调的是在一个人身上发生了什么。这更多是一个客观的角度，而不是真正的主观角度。我知道，很多使用"压力"这个词的人，也用它来指代内在的体验。恩格尔认为压力可以来自内心的问题，并提到悲伤就是一个例子。但是，正常的悲伤，比如亲人去世带来的悲伤，显然是外在因素。压力主要强调的，仍然是发生在某个人身上的事情。为自己终有一天会死去而悲伤，这是焦虑而不是压力。神经质焦虑会是这样一种状态：一个人对他孩子过去遭遇的事故非常悲伤，以至于从不让孩子出门玩耍。

　　尽管使用"压力"一词的学者声称，他们打算把心理学含义包括在内，但"压力"仍然主要是指在某个人身上发生了什么。这在"压力"最初使用的领域是说得通的，因为在工程学领域，人们所关注的，是一辆重型汽车会对桥梁造成多大的压力，或是一座建筑物能否承受地震给它带来的压力。在工程学领域，意识是无关紧要的。然而，焦虑与意识以及主观性有着独特的联系。甚至弗洛伊德也认为，焦虑与人的内心感受有关，而恐惧则与客观事物有关。

　　从心理学上讲，一个人如何解读威胁才是至关重要的。贝克指出，在产生焦虑方面，有压力的生活情境本身并不重要，重要的是个体如何感知这些情境。[1]正如伯恩、罗斯和梅森在一篇关于越战士兵（直升机驾驶员）焦虑的论文中所说，如果不考虑个体对威胁的感知方式，飞行乃至死亡都不能被解释为压力。[2]"感知"和"解释"是主观过程，涉及的是焦虑而不是压力。

此外，如果把压力当作焦虑的同义词，我们就无法区分不同的情绪。长期的愤怒或自责造成的压力，与长期的恐惧造成的压力是差不多的，如果我们用压力作为笼统的术语，就模糊了其中的区别。我们也将无法区分恐惧和焦虑的差异。正如第三章中汤姆的案例，当汤姆表现出恐惧反应时（例如，他把医生实验室的重要文件放错了地方），他的胃黏膜相关指数非常低。可以说，他的胃部不工作了。但当他感到焦虑时，比如当他整夜躺在床上，担心自己还能工作多久时，他的胃酸指数达到了研究以来的最高值。这时，他的胃在超负荷工作。如果我们把这两者都归为"压力"，我们将无法理解其中重要的区别。

无论塞里在他的新作中多么强烈地否认，他先前的声明"任何压力都会造成伤害"，在美国似乎被广泛理解为"应该避免所有的压力"，或者"至少应尽可能去避免"。塞里

---

1 施皮尔贝格尔主编：《焦虑：理论与研究的当前趋势》第2册，第345页。
2 伯恩、罗斯与梅森：《尿17-羟皮质类固醇水平》，载于《普通精神病学文献》，第109页。

将他的新著作献给那些"不畏惧充分生活所带来的压力，也不天真地认为无须努力就能轻松生活的人"[1]，说明他发现了这个问题。让我们用哈德逊·霍格兰（Hudson Hoagland）的话来提醒自己："早晨起床就是一大压力源。"但我们并不会因此赖床不起。

此外，让我们回忆一下，额外的压力也可以极大地减轻焦虑。战时的英国，在狂轰滥炸、财政吃紧和其他巨大压力下，患有神经症的人数明显减少。[2]这种情况在许多国家都有出现。在压力大的时候，神经症的问题反而得到缓解，因为人们有了明确的东西来锚定他们内心的混乱，使他们可以专注于具体的压力。事实上，在这种情况下，压力和焦虑是针锋相对的。大量的压力可能使人免于焦虑。

最后，我们可以从一些人的话语中，看出焦虑为什么不能等同于"压力"。利德尔曾说："焦虑与智力活动如影随形，我们越了解焦虑的本质，也就越了解智力。"如果我们将其换成"压力与智力活动如影随形"，那就说不通了。同样，如果我们将劳伦斯·库比所说的"焦虑先于思维的发展"换成"压力先于思维的发展"，那就不是库比想要传达的真正含义了。他所要表达的是，刺激与反应、自我与客体

1　塞里：《压力与烦恼》（*Stress and Distress*，Toronto，1974）。
2　奥普勒（M. K. Opler）：《文化、心理治疗与人类价值》（*Culture, Psychiatry and Human Values*，Thomas，1956），第67页。

之间的间隙致使焦虑出现，进而使人产生了思想。总之，就像塞里所使用的那样，"压力"主要是一个生理学术语。

焦虑是一个人如何看待压力，接受它、理解它。压力是通往焦虑的中转站。焦虑是我们应对压力的方式。

格雷戈里·贝特森曾感叹，心理学家经常将部分与整体混为一谈："上帝保佑这些心理学家吧，让他们不要总是盲人摸象了！"在我看来，压力只是威胁情境的一部分，当我们想要提及整体时，"焦虑"一词是必不可少的。

用其他词来代替"焦虑"，这么做并不值得。"焦虑"这个词有丰富的内涵，尽管它给心理学家带来了麻烦，但在文学、艺术和哲学中，焦虑和"恐惧"的体验却一直占据着核心地位。当克尔凯郭尔说"焦虑是自由的眩晕"时，每个艺术家和文学家都能明白其中的含义，尽管这些术语在心理学上很难解释。

焦虑的最新研究[1]

在过去的20年里，数以千计的科研论文，加上泛滥成灾的学位论文，出现在关于焦虑和压力的文献中。施皮尔贝格

---

1 在此，我特别感谢我的研究助理乔安妮·库珀博士。

尔不辞劳苦地将这一领域的主要贡献者集聚一堂，召开研讨会并将研究结果汇集成册，至少出版了七册研究文集。[1]尽管这些研究有助于我们理解焦虑的各个方面，但它们也催生了一个更大的需求，即对焦虑的意义提出一个综合的理论。我不敢说我充分涵盖了所有的研究，但我相信，读者会允许我列出一些对我个人而言最有意义的研究。我带着适当的焦虑来完成这件事，作为在无法面面俱到的情况下继续前行的一项练习。

目前有四个研究领域脱颖而出，导致了对人类焦虑成因新的理解。首先是认知心理学家，如拉扎勒斯（Richard Lazarus）、埃夫里尔（James Averill）[2]和爱泼斯坦（Seymour Epstein）[3]，他们关注个体对现实的感知，相信个体对威胁的评估是理解焦虑的关键。这些研究的意义在于，认知心理学家将作为感知者的人（man-as-perceiver）视为焦虑理论的核

1　施皮尔贝格尔主编：《焦虑：理论与研究的当前趋势》第1、2册。施皮尔贝格尔与萨拉森主编：《压力与焦虑》第1—4册。施皮尔贝格尔主编：《焦虑与行为》（*Anxiety and Behavior*，New York，1966）。

2　拉扎勒斯与埃夫里尔：《情绪与认知：特别提及焦虑》（*Emotion and Cognition: With Special Reference to Anxiety*），收录于施皮尔贝格尔主编的《焦虑：理论与研究的当前趋势》第2册，第241—283页。

3　爱泼斯坦：《焦虑的本质及其与预期的关系》（*The Nature of Anxiety with Emphasis Upon its Relationship to Expectancy*），收录于施皮尔贝格尔主编的《焦虑：理论与研究的当前趋势》第2册，第8章。

心。虽然拉扎勒斯和埃夫里尔将焦虑描述为一种情绪——基于情境和个人反应之间的认知中介而产生，但他们强调焦虑并非源于病理因素，而是人性使然。不过，他们的大多数研究似乎是关于压力的影响，而不是焦虑。[1]

爱泼斯坦将焦虑定义为"感知到威胁后，所唤醒的极度不愉快状态的扩散"，并认为"预期"是确定唤醒水平的基本参数。焦虑被视为未解决的恐惧，会导致威胁的扩散。爱泼斯坦和芬茨[2]研究了跳伞运动员，他们发现老练的跳伞员有高度集中的唤醒水平，这有助于他们在跳伞前提高警觉意识；而初学者容易将刺激体验为厌恶，从而产生防御反应，导致他们不敢跳伞。在我看来，爱泼斯坦最有趣的发现，似乎是焦虑与低自尊之间的联系。[3]与戈德斯坦提出的"灾难性情境"相似，爱泼斯坦也认为，"人们有一套整合的自我理论，但存在崩溃的可能"[4]。急性精神病反应可以促使个体发展出更新的、更有效的自我理论。爱泼斯坦还认为，"急

---

1 请参见我在本章开头对压力和焦虑的区分。
2 芬茨（Walter D. Fenz）：《压力应对策略》（*Strategies for Coping with Stress*），收录于施皮尔贝格尔等主编的《压力与焦虑》第2册，第305—335页。
3 爱泼斯坦：《焦虑唤醒与自我概念》（*Anxiety Arousal and the Self-concept*），收录于施皮尔贝格尔等主编的《压力与焦虑》第3册，第185—225页。
4 施皮尔贝格尔等主编：《压力与焦虑》第3册，第185—225页。

性焦虑是由于自我系统的整合能力受到威胁而产生的"。一个低自尊的人比高自尊的人更容易崩溃。爱波斯坦解释道："自尊的提高会增加幸福感、整合感，让人感觉有活力、有用、自由和开阔。而自尊的降低会增加不快、混乱、焦虑和压抑的感觉。"[1]

当前第二个重要的研究领域，是施皮尔贝格尔对状态焦虑（state anxiety）与特质焦虑（trait anxiety）的区分。这项研究已经激发了其他数百项研究。施皮尔贝格尔认为，状态焦虑是一种与自主神经系统活动有关的短暂情绪状态；而特质焦虑是一种焦虑的倾向，或者在一段时期内焦虑频繁出现。[2]这个模型已经被许多研究者用来区分唤醒的焦虑和潜在的焦虑。施皮尔贝格尔还认为，对特质焦虑的水平影响最大的经历可能要追溯到童年期，涉及使孩子在其中受惩罚的亲子关系。这与我在第九章的研究方向基本一致，即焦虑倾向的根源在于母亲的排斥。诺尔曼·恩德勒（Norman Endler）认为特质焦虑和状态焦虑都是多维度的，并提出了焦虑的人与情境互动模型。他认为，焦虑是人际威胁或自我威胁（情境因

---

1 施皮尔贝格尔等主编：《压力与焦虑》第3册，第223页。
2 施皮尔贝格尔：《焦虑理论和研究的当前趋势》（*Current Trends in Research and Theory on Anxiety*），收录于施皮尔贝格尔主编的《焦虑：理论与研究的当前趋势》第1册，第10页。

素）与人际层面的A型特质（人格因素）互动的结果。[1]

当前第三个研究领域，即焦虑和恐惧之间的关系，在理论家中引起了许多争论。将焦虑等同于恐惧的行为主义者，发展出了各种基于学习理论的行为治疗体系。值得注意的是，他们最大的成就是对恐惧症的治疗。但顾名思义，恐惧症是对某些外部事件的焦虑的客观化，并且通常认为，它是一种掩盖焦虑的神经质恐惧（参见第五章汉斯的案例）。改变恐惧的焦点并不难，但对潜在焦虑的处理，似乎被严格的行为主义技术所避免。基梅尔批评了将焦虑等同于恐惧的行为主义者，我的看法与他相近。基梅尔（H. D. Kimmel）认为，巴甫洛夫所谓的"实验性神经症"应该被称为焦虑。[2]他坚称，条件性恐惧不能作为习得焦虑的模型，因为它建立在确定性原则之上，而焦虑的核心是不确定性和缺乏可控性。

第四个促进我们理解焦虑的重大贡献，来自对现实情境中个体的研究。泰希曼（Yona Teichman）研究了1973年中东战争中失踪士兵家属的反应，发现父母、妻子和孩子对亲人的丧失有不同的应对方式。父母通常保持一种高度个人化的

---

1 诺尔曼·恩德勒：《焦虑的人与情境互动模型》（*A Person-situation-interaction Model for Anxiety*），收录于施皮尔贝格尔等主编的《压力与焦虑》第1册，第145—162页。

2 基梅尔：《条件性恐惧与焦虑》（*Conditioned Fear and Anxiety*），收录于施皮尔贝格尔等主编的《压力与焦虑》第1册，第189—210页。

悲伤体验，起初拒绝与他人分享。大多数反应与需要勇气和忍受痛苦有关。尽管他们会经历一周左右的极端退缩期，但据报告来看，这种退缩不会长期存在，也不会发展成病态。妻子虽然和父母一样，也想变得坚强起来，但她们的痛苦更加温和。典型的表现是，她们会更专注于现实问题，会依赖他人的支持。孩子则是对家庭中普遍的压力做出反应，而不是针对特定的丧失。由于孩子不会持续地表达悲伤，他们会因为"无情"的态度而受到母亲的指责。[1]根据利夫顿的"普罗透斯人"[2]的概念，对这些角色进行比较是很有趣的。

　　福特对"普韦布洛号事件"当事人焦虑的描述表明，那些对长官、宗教或国家有所依赖的人，更能有效地应对被监禁的焦虑。超过一半的人报告，由于无法预测自己会被怎样对待，因而表现出严重的焦虑。福特的结论是，作为一种急性的防御机制，当事人产生了大规模的压抑。然而，更重要的是，研究发现，极度焦虑所引发的长期心理反应，可能比这种急性反应严重得多。[3]林恩在关于焦虑的国家差异的跨文化研究中，将酒精摄入量的增加、自杀率的上升和意外事故

---

1 约纳·泰希曼：《应对重要家庭成员所带来的未知压力》（*The Stress of Coping with the Unknown Regarding a Significant Family Member*），收录于施皮尔贝格尔等主编的《压力与焦虑》第2册，第243—254页。

2 请参见第一章中利夫顿关于"普罗透斯人"的讨论。

3 福特：《普韦布洛号事件》，收录于施皮尔贝格尔等主编的《压力与焦虑》第2册，第229—240页。

的发生率，均作为衡量焦虑的指标。[1]

我们对生活事件的变化和心理健康方面焦虑的观察表明，一旦个体熟悉的生活模式发生变化，无论好坏，都需要个体不断去适应，也往往会因此引发焦虑。[2]

我希望，这些对生活在危机中的人们的认知研究和多维度研究，能够帮助我们认识到焦虑是如何复杂多变的。

焦虑与学习理论

我们之所以把莫勒的研究作为这一节的重点，是因为他多变的研究方向跨越了各个心理学流派。莫勒最初是一位坚定的行为主义者，在刺激—反应心理学领域，他对焦虑做出了那个时代最有价值的描述［现在仍被艾森克（Eysenck）引述，显然艾森克不知道莫勒后来的转变］。后来，莫勒转向学习理论，许多心理学家发现他在这一领域做出了最重要的

1　理查德·林恩（Richard Lynn）：《焦虑的国家差异》（*National Differences in Anxiety*），收录于施皮尔贝格尔等主编的《压力与焦虑》第2册，第257—272页。

2　科茨等（D. B. Coates，S. Moyer，L. Kendall & M. G. Howart）：《生活事件变化与心理健康》（*Life Event Changes and Mental Health*），收录于施皮尔贝格尔等主编的《压力与焦虑》第3册，第225—250页。

贡献。通过研究老鼠如何以及为何会学习不良行为，莫勒又逐渐从学习理论转向临床心理学。这反过来又使他对时间、象征和伦理问题产生了关注。在莫勒后期的著作中，罪疚感、责任感以及它们对治疗的影响，成为他关注的重点。我们确定很难领会他这样彻底的转变，但这也是莫勒的研究特别具有启示意义的原因之一。

简单来说，莫勒的第一个阶段关注的是行为主义，第二个阶段关注的是焦虑和学习理论，第三个阶段关注的是罪疚感及其对心理的影响。他在研究问题上的转变，反映了焦虑研究在美国不断扩展的重要进程。这里回顾的内容主要是莫勒在第二阶段的研究。

我们所感兴趣的莫勒对焦虑的分析，主要基于他对学习理论的研究。鉴于人们经常认为，精神分析学与实验心理学及理论心理学之间的最终桥梁，很有可能是学习理论，因此可以推测，莫勒研究工作的学习理论基础，使他对焦虑的构想更具说服力。

当莫勒还是一个行为主义者时，他在早期的刺激—反应心理学中，明确地把焦虑描述为"心理问题，被称为'症状'的习惯为其提供了解决方案"[1]。在他的第一篇论文中，焦虑被定

---

1 莫勒：《焦虑及其作为强化因素的刺激反应分析》（*A Stimulus-response Analysis of Anxiety and its Role as a Reinforcing Agent*），载于《心理学评论》（*Psychology Review*, 1939, 46：6），第553—565页。

义为"疼痛反应的条件反射"[1]。也就是说，有机体感知到危险信号（刺激），随后产生的预期危险的条件反射——一种以紧张、身体不适和疼痛为特征的反应——就是焦虑。此时，任何能减少这种焦虑的行为都是有回报的，因此根据效果律，这种行为会被"刻印"下来，也就是被"习得"。这一分析有两层重要的含义。首先，焦虑被视为人类行为的核心动机之一；其次，我们可以推论出，神经症症状的形成过程完全以学习理论为基础，即症状是习得的，因为它们能减轻焦虑。

莫勒接下来的焦虑研究以老鼠和豚鼠为实验对象，验证了上述假设，即焦虑的减轻是一种奖励，且与学习行为呈正相关。[2]这一假设现在已被学习心理学领域广泛接受。[3]它的实际价值不仅在于强调了焦虑作为一种学习动机有多么普遍和重要，还揭示了在课堂上管理焦虑的更健康和更具建设性的方法。[4]

1 莫勒：《焦虑及其作为强化因素的刺激反应分析》，载于《心理学评论》，第555页。
2 《焦虑减轻与学习》（*Anxiety-reduction and Learning*），载于《实验心理学刊》（*Journal of Experimental Psychology*，1940，27：5），第497—516页。
3 米勒与多拉德（N. E. Miller & John Dollard）：《社会学习与模仿》（*Social learning and Imitation*，New Haven，Conn.，1941）。
4 莫勒：《预备状态（预期）：一些测量方法》［*Preparatory Set (expectancy)—Some Methods of Measurement*］，载于《心理学论文集》（*Psychology Monograph*，1940）第233期，第39—40页。

莫勒对焦虑问题的这些早期研究，在界定上有两个共同要素。第一，恐惧和焦虑之间没有明确的区别。在他的第一篇论文中，两者是同义词；而在第二篇论文中，焦虑因素被定义为动物对电击的预期，而这种状态也可以被称为恐惧，如果不是比焦虑更准确的话。[1]第二，诱发动物焦虑的威胁，被定义为身体上的疼痛和不适。显然，在撰写这些论文期间，莫勒一直试图从生理学的角度来定义焦虑。[2]

但是，随着莫勒对学习理论的深入研究，他对焦虑的认识发生了根本性变化。这些变化尤其出现在他对以下问题的探究之后：人们为什么会习得非整合性（"神经质""破坏性"）行为？他通过动物实验证明，老鼠之所以会表现出"神经质"与"破坏性"，是因为它们无法预测未来以及延时的奖励和惩罚，无法以奖惩来平衡自身行为的直接后果。[3]

莫勒对他的研究结果进行了深入思考，最后得出结论：整合性行为的本质在于，能够将未来带入心理现实。人类具有这种整合学习的能力——其形式与动物截然不同，因为人类能够将"时间这项决定因素"带入学习中，从而以未来抗

---

1 我将莫勒实验动物的反应称为恐惧，莫勒自己后来也同意这点。

2 莫勒：《弗洛伊德的焦虑理论》（*Freud's Theories of Anxiety: a Reconciliation*）。1939年在耶鲁大学人际关系学院的演讲，未发表。

3 莫勒等：《时间是整合学习中的决定性因素》（*Time as a Determinant in Integrative Learning*），载于《心理学评论》（1945，52：2），第61—90页。

衡眼前的结果。这种能力使人类行为更具灵活性和自由度，也因此衍生出人类的责任。莫勒引用了戈德斯坦的观察结果：大脑皮层受损患者最典型的特征，是无法"超越具体（直接）经验"、抽象化和处理"可能性"。因此，这些病人的行为陷入僵化、缺乏灵活性。由于大脑皮层代表了人与动物之间独一无二的神经学差异，所以大脑皮层受损患者所失去的能力，可以说是人类特有的能力。

人类根据未来结果超越现实的能力——用莫勒的话说——取决于人类与动物"截然不同"的若干特质。一个是推理的能力，也就是运用象征的能力。我们通过象征来交流，通过在头脑中建立"充满感情的"象征来思考，并对它们做出反应。另一个特质是人类特有的社会历史发展。衡量个人行为的长期后果是一种社会行为，因为其中涉及了社群和个人（如果这两者确实可以分开的话）的价值问题。

莫勒的发现暗示了一个新的关注点，即关注人的历史性。换言之，人类是"受时间约束"的存在。[1]正如他所说：

---

1 我在本书其他章节（第三章和第六章）讨论了人类的这两种特质：①人是一种依赖象征生存的哺乳动物；②人是一种历史哺乳动物，因为我们能够意识到自己的历史。因此，我们不仅是历史的产物（像所有动物那样），而且可以在不同程度上，根据我们的意识来选择性地对待历史，让自己适应其中的一部分，并修正其他部分。我们可以在一定限度内塑造历史，并以其他方式在自我选择的方向上利用历史。卡西尔也认为，这两种特质是人类所独有的。参见《人论》。

于是，作为有机体整个行为（行为和反应）因果关系的一部分，将过去带入现在的能力，就是"心灵"和"人格"的本质。[1]

可以肯定的是，个体自身遗传史的重要性，如个体会把童年经历带到现在，早已被临床心理学普遍接受。但是，强调人是"受时间约束"的存在，在临床工作中还有另一种较新的含义：既然人类在衡量自己的行为时，所使用的符号在其文化历史中经过许多个世纪的发展，那么也只有在特定的历史背景下，人类才能够被理解。这些发现使莫勒对历史产生了新的兴趣，特别是对伦理与宗教领域，因为它们正是人类凭借长远的普遍价值，努力超越当前结果的历史产物。

在整合性学习的讨论中，莫勒对"整合的"（integrative）和"调适的"（adjustive）这两个词做了非常有用的区分。所有习得的行为，在某种意义上来说都是调适的：神经症是调适的，防御机制是对困难情境的调适。莫勒研究的"神经质"老鼠放弃进食，而"破坏性"老鼠不怕受罚继续进食，都是对困难情境的某种"调适"。但是神经症和防御机制，正如这些老鼠的行为一样，就为进一步学习做准备而言，并

---

1 莫勒：《弗洛伊德的焦虑理论》。

不是整合性的。神经症和防御机制并不允许个人未来的建设性发展。[1]

上述讨论对焦虑理论有着深远影响。神经质焦虑的问题必须被置于其所处的文化历史网络中，并与人类特有的社会责任和伦理等问题相关联。这与莫勒先前把焦虑定义为有机体对疼痛或不适的反应，形成了鲜明对比。在莫勒看来，现在的"社会困境（如孩子与父母的矛盾关系）是焦虑的先决条件"[2]莫勒认为，如果动物有神经质焦虑，那也只发生在人造环境（如"实验性神经症"）中，在此环境中，它们在某种程度上被驯化或变得"社会化"了。也就是说，就它们与实验者的关系而言，这些动物已经不仅仅是"单纯的"动物了。这并不意味着，在莫勒的著作或我的态度中，对动物实验室或人类实验室研究的价值有任何贬低的意思，但这确实是对这种研究方法的正确看法。在对神经质焦虑的研究

1　按照这个区分，我们对焦虑作为驱力的概念提出质疑。就像学习心理学家（米勒、多拉德等人）所强调的那样，焦虑确实是一种驱力，一种"次级"驱力，这一点无可争辩。焦虑的减轻，就像其他驱力的减轻一样，有积极作用，并且能强化学习。但严格地说，为了减轻焦虑驱力而产生的行为，是调适的而非整合的。在我看来，它和神经症状的学习属于同一类别。这也是戈德斯坦的观点，他认为由个体焦虑产生的一切活动（当动机是减轻焦虑时），都会有行动紧张、强迫性与缺乏自由的特征。"只要这些活动不是自发的，不是自由人格的宣泄，而仅仅是焦虑的后遗症，它们对人格就只有一种伪价值。"（参见本书第三章）

2　莫勒：《弗洛伊德的焦虑理论》。

中，我们发现人类问题的本质，正是人类有别于动物的那些特质。如果我们把研究局限于类人生物的行为领域或是在实验室中可以被分离的元素，或者把研究重点完全放在人类纯粹的生理冲动或需要上，那么我们将无法理解人类焦虑的本质意义。

现在，我们来看看莫勒后期对焦虑概念的表述。他指出，"社会困境"始于孩子与父母的早期关系。孩子无法通过简单的逃离（像自然界的动物一样）来躲避家庭环境带来的焦虑，因为焦虑的孩子对父母既恐惧又依赖。莫勒同意弗洛伊德的观点，即孩子会压抑是因为真正的恐惧——通常是害怕受到惩罚或剥夺（失去爱）。莫勒完全赞同弗洛伊德对焦虑发生机制的描述：真实的恐惧→对恐惧的压抑→神经质焦虑→形成症状以解决焦虑。但是，机制和意义是两码事。莫勒认为，弗洛伊德"从未成功地理解焦虑的本质"[1]，因为弗洛伊德试图用本能来解释焦虑，而未能理解人格所处的社会背景。随着人类个体的成熟，社会责任通常成为（或应该成为）一个建设性目标。莫勒认为，大体上，最可能引起焦虑的冲突是具有伦理性质的，克尔凯郭尔也看到了这一点，但弗洛伊德没有。莫勒写道："数不清的祖祖辈辈所取得的道德成就，深深根植于现代男女的良知之中，那不是愚蠢、

---

1 莫勒：《弗洛伊德的焦虑理论》。

恶毒、古老的梦魇，而是对个人追求自我实现与和谐整合的挑战和指引。"[1]冲突的根源是社会性的恐惧和罪疚。个人害怕的是社会性的惩罚，害怕失去他心目中重要之人的爱和认可。正是这些恐惧以及与之相关的罪疚感被个体压抑下来了。久而久之，它们就变成了神经质焦虑。

莫勒指出，焦虑作为一种产物，"不是因为太少的自我放纵和满足……而是因为不负责任、罪疚和不成熟"。焦虑产生于"被否定的道德呼唤"[2]，或者用精神分析的术语来说，焦虑是由"超我受到压抑"（repression of the super-ego）引起的。这和弗洛伊德认为的恰恰相反。当然，这一观点对于处理治疗中的焦虑有着重要的意义。莫勒指出，许多精神分析学家试图稀释或"用分析的方式清除"超我（同时清除掉个人的责任感和罪疚感），但这种努力往往只会导致一种"'深度的自恋式堕落'（deep narcissistic degression），而不是个人在成熟度、社会适应和幸福感方面的成长，而这些都是来访者有权期望从真正有效的治疗中得到的"[3]。

莫勒的观点有一项重要的意涵是，焦虑在人类发展中被视为发挥着建设性作用。他写道：

---

1 莫勒：《弗洛伊德的焦虑理论》。

2 莫勒：《弗洛伊德的焦虑理论》。

3 莫勒：《弗洛伊德的焦虑理论》。

在我们这个时代，无论是专业心理学家还是外行，都有一个共同的倾向，那就是把焦虑看作一种消极的、破坏性的、"异常的"体验，一种必须与之对抗的体验，如果可能的话，还必须消灭它……我们在此讨论的焦虑，并不是个人混乱的原因，而是这种状态的结果或表现。混乱的元素伴随分裂或压抑的行为而来，焦虑不仅代表被压抑的事物试图回归，也代表了整体人格在努力重建和谐统一与"健康"。[1]

此外，

根据我的临床经验以及个人经验，下列命题再真实不过了：心理治疗必须接受焦虑本质上的友好和帮助；在这样的治疗下，焦虑最终将再次成为普通的罪疚和道德恐惧，而对焦虑的现实调整和新的学习也可以发生。[2]

---

1 莫勒：《弗洛伊德的焦虑理论》。
2 莫勒：《弗洛伊德的焦虑理论》。

我的个人评论

我在写这一章的时候，脑海中闪过一些想法，我觉得这些想法很有价值，值得与大家分享。第一个想法涉及实验诱发焦虑的问题。

莫勒在1950年的一篇论文中指出："目前还没有关于焦虑的实验心理学，未来是否会有，也很值得怀疑。"[1] 人类的焦虑问题，不仅在严格的实验心理学专业中不存在，而且直到20世纪50年代，它在很大程度上仍被学术和理论心理学的其他分支忽略。在翻阅1950年以前的心理学书籍时——除了与精神分析有关的书籍——我发现甚至在索引中都找不到"焦虑"的字眼。克尔凯郭尔在一百多年前写下的话，在20世纪上半叶仍然是正确的："心理学几乎从未研究过焦虑的概念。"[2] 诚然，20世纪的实验和学术心理学对恐惧做了大量研究，因为恐惧可以被具体化和量化，但是从恐惧问题踏入焦虑问题的门槛时，研究便停滞了。

莫勒认为，这种状况的实际原因是，在实验室中诱发焦

---

1 莫勒：《学习理论与人格动力学》"焦虑"这一章。

2 克尔凯郭尔：《恐惧的概念》，第38页。

虑反应的破坏性太强了。但是，莫勒要么低估了心理学家的聪明才智（以及他们个人的防御机制），要么高估了他们当中某些人的敏感性。无论如何，自1950年以来涌现出的数以千计的焦虑研究中，许多都采用了实验诱发焦虑的形式，通常是以学生为研究对象。

当我和同事仔细查看这些实验时，我们发现，在心理学家设计的诱发焦虑的实验中，有的是用电击来威胁学生，有的是以失败来威胁学生。结果证明，以失败作为威胁，能更有效地从学生那里获得预期反应，因此，后来的研究大多以失败来诱发焦虑。典型的实验设计大致如下：学生怀着尊重和信任的态度来参与实验，把实验者视为富有声望的科学代表。他已听过无数次"科学将拯救人类"，而这一次，他决定贡献出自己的一份力量。学生将被要求回答几个问题，然而无论他的回答是什么，他都会被告知"你的表现不佳"或"你的回答不够好"。有时候，学生会以接受心理咨询为幌子接受罗夏墨迹测验，然后不管他如何回答，得到的答案都是"你的回答与60%的情绪失常者相似"或者"这个测试表明你在大学里无法取得成功"。整个实验的目的就是打击学生的自尊，然后记录他们的焦虑。

关于这类实验，有一件奇怪的事是，年轻的研究生助手是如何被指导实验的教授训练的，以至于可以在陈述指导语时巧妙地欺骗那些被试。很显然，在这个庞大的虚伪体系中，为了增加可信度，学会面不改色地撒谎很有必要。

如果将这些学生视为骗局的受害者，设想一下他们可能会有哪几种反应。第一种是学生完全相信这一切，因为文化教会了他要相信权威人士说的每句话。不出所料，他的自尊心会一落千丈（相信事后对学生解释骗局便能恢复他的自尊，那真是太天真了）。或者，有一种学生更加老练世故，他知道这有可能是个骗局。他的猜疑会在一定程度上保护自己；而他对世界愤世嫉俗的看法，以及他生活中弥漫的怀疑气氛，都会一一得到证实。他很好奇，那些教授和研究生为何真的认为受试者会相信这些谎言。

出于与后一种学生类似的犬儒心态，有人可能会问，如果他们根本就不相信这些谎言，那这些谎言又怎么能伤害到他们的自尊呢？先忽略这个可能会使整个实验无效的事实，我们可以回答：若要知道会发生什么，需要对人类的意识和觉察水平有所了解。在意识层面上，实验的主要影响是打击学生的自尊心，而这种影响与他对被告知内容的相信程度成正比。但在更深的意识层面，我认为，学生能意识到这位受人尊敬的科研人员在对他撒谎。这两个层面的过程可能同时发生。我们不需要从业多久就能发现，当治疗师出于某种原因撒谎时，患者会在意识层面选择相信，因为他们受所处的文化影响，认为应该坚信权威人士所说的话。但很明显，在无意识层面——比如在梦境或口误中——患者知道治疗师说的不是真的，只是他们不敢让自己知道"自己知道那是谎言"。

我和同事继续阅读后发现，竟然有其他论文批评这种由实验诱发的焦虑，这一开始让我们感到宽慰。啊哈，也许这些研究人员在关心伦理问题呢！但事实并非如此，这些论文的批评并不是针对实验中的欺骗，而是批评这样一种情况：某个学生因失败而引发的焦虑（并因此降低了自尊），并不一定可以等同于其他学生的焦虑。还有一种批评是，我们没有办法分辨这个学生的焦虑有多少是习惯性的，有多少是情境性的——也就是说，是被实验诱发的。这当然是一种公正的批评。

但是，这完全忽略了重要的伦理问题，那就是欺骗受试者，并以为只要事后"解释"，就能消除一切影响。我认为，这类实验应该与额叶切除术及电击疗法一样被加以限制，因为任何名副其实的专业领域，都应该对其研究成员有所约束。

无论人们对上述问题的伦理立场是什么，在任何关于人类焦虑的心理学研究中，有几项事实是显而易见的。第一个事实是，这一领域最富有成效的研究是临床程序和实验技术相结合的研究。例如，第三章中对胃溃疡患者的研究和汤姆的案例。[1]这些研究包括了从那些因为生活状况不佳而已经颇为焦虑的人群中选取受试者。欧文·贾尼斯（Irving Janis）对手术前病人的焦虑和压力进行研究，正是这种做法。其他表现出生活状况焦虑的群体，包括作战士兵、未婚妈妈、跳伞员、对考试感到焦虑的学生等。显然，我们可以使用实验技术来评估这种焦虑现象，而不需要在受试者身上诱发焦虑。

第二个值得注意的事实是，能够有针对性地处理焦虑问题的学院派实验心理学家，都是那些对临床工作有着浓厚的兴趣，并使用临床技术作为研究方法的人，比如莫勒、贾尼斯和梅森等。

第三个突出的事实是，大多数关于焦虑的重要资料都来自心理治疗师，比如弗洛伊德、兰克、阿德勒、沙利文等人，他们的临床方法允许对个人主观能动性进行深入研究，他们关注的焦点在个人身上，将个人作为面对生活危机的整体。

我的其他评论与我在心理治疗中遇到的某些奇怪的焦虑现象有关，这些现象无法用古典精神分析的焦虑理论来解释。我注意到，一些患者没有压抑他们的性冲动、攻击冲动

---

1 在上一章中，我们讨论了一些精巧的心身研究，这些研究采用了生理学、神经学、心理学和个案史的方法，并结合了临床和实验程序。对汤姆案例的研究也属于这个多层次研究的范畴。在此我还想补充的是，这些研究对于理解焦虑有极大的价值，因为研究者能够：①探究主观因素和客观因素；②把个体作为其生活情境中的一个单元来研究；③对个案进行长期的研究。

或"反社会"冲动（弗洛伊德的话语）。相反，他们压抑的需要和欲望，是自己想要与他人建立负责的、友好的和慈爱的关系。当出现攻击性、性欲或其他以自我为中心的行为时，这些患者没有表现出焦虑。但是，当相反的需要和欲望出现时，也就是想要建立负责任和建设性的社会关系时，他们会感到非常焦虑，并且感觉重要的心理策略受到了威胁。可以理解的是，这种对建设性社会冲动的抑制，尤其会出现在叛逆型和攻击型的患者身上〔用希腊语表示，这是对大爱之心（agape）的压抑，而不是对力比多的压抑〕。

毫无疑问，在西方文化中有许多这样叛逆型和攻击型的人，但他们并不经常光顾精神分析师的办公室，因为西方的竞争文化对这类人的支持和"保护"程度，远远超过了相反类型的人（在某种程度上，竞争文化认为，能够肆无忌惮地利用他人而不觉得内疚的人是"成功者"）。那些经常去看精神分析师的人，通常是文化意义上的"弱势"群体。因为从西方文化的角度来看，这群人患有"神经症"，而那些"成功者"则没有。正是这些非攻击型的人压抑了他们的"叛逆"，以及他们的性欲和敌意。也许这些思考可以帮助我们理解，为什么大多数精神分析理论强调对性欲和攻击性的压抑会导致焦虑。如果我们能够分析更多攻击型的人——那些从未走进治疗室的"成功者"——我们可能就会发现，焦虑是对责任冲动（responsible impulses）的压抑这一说法，从广义上来说是正确的。

正如弗洛伊德最初指出的那样，许多人感到焦虑和罪疚，是因为害怕表达他们的个人能力和欲望（性或其他方面）。但与此同时，也有许多人感到焦虑和罪疚，是因为他们虽然变得"自主"，却没能变得"负责"。[1]

这就是对阿德勒所说的"社会兴趣"（social interest）的压抑。阿德勒理论的优点在于，它强调了一个极其重要的观点：成为一个负责任的社会公民与表达个人主义和利己主义的诉求，都是人类的基本需要。有人可能会说，自我满足的需求，比社会兴趣与慷慨的需求更为原始，因为后者在孩子身上发展得较晚。但近年来，我们认识到，每个人从胎儿时便与母亲"相依为命"，而且在母亲的子宫中孕育了九个月。这一事实意味着，个人主义出现在社会关系之后。因此，无论我们何时意识到社会关系及其意义，从胎儿阶段开始（正如沙利文所指出的），我们就已被社会关系所束缚。

总的来说，这些讨论与莫勒的观点一致，即我们忽视了罪疚感和社会责任的作用，而它们也是西方文化中焦虑的来源之一。这一点在海伦的案例（第九章）中得到了很好的证明。海伦不承认自己对未婚先孕有任何罪疚感，因为只要承

---

1 "自主"和"负责"都加了引号以示强调，因为归根结底，我认为，没有相应的责任，就不可能有真正的自主。

认了，就与她成为"理性的"自由人的目标相冲突。因此，她强烈的焦虑也同样被压抑着，无法得到治疗。对罪疚感的压抑，以及随之而来的神经质焦虑，似乎是西方文化中某些群体的普遍特征，而且在某种意义上，它渗透到了整个西方文化中。

当然，很多患者都背负着非理性的焦虑和罪疚，这并不是他们不负责任的结果。根据我的经验，边缘型精神病患者最符合这一类别。这种非理性的罪疚感，当然需要在任何有效的心理治疗中得到澄清和缓解。但也有一些患者，虽然在精神分析师的努力下减少了罪疚感，但结果是患者对自我真正的（即便有些混乱的）洞察力被侵犯和遮蔽了，而且最有价值和客观准确的改变动机也丧失了。我知道有些案例的分析之所以不成功，正是因为分析师加入了患者的行列，稀释和淡化了他们的罪疚感。当然，焦虑暂时得到了缓解，但潜藏在焦虑之下的问题并没有得到解决，只是被更复杂的压抑系统所掩盖了。

在心理治疗中，是否有可能高估罪疚感的重要性？答案显然是肯定的。我相信，莫勒后来的一些想法就体现了这一点。例如，他对"超我"一词的推崇使用，以及他那令人困惑的"超我受到压抑"。这种对"超我"一词的积极运用，可能会让人觉得他在简单地建议人们接受文化习俗。仿佛摆脱焦虑和人格健康的最佳例证，就是那些遵循"规则"、从不违背文化传统的人。

我所提到的困难在艾达身上可以看到，她是本书第九章未婚妈妈研究中的两名黑人女性之一。我相信，不管从弗洛伊德还是莫勒的角度来看，她都有很强的超我。艾达有一种"想有所成就的强烈需求，但她没有想要成就的自选目标或感受"（参见本书第434页）。因此，她的自发性和内在本能几乎完全被压抑了。她对别人的回应，总是让她倍感焦虑，因为她的回应无法达到自己的高标准。当她感觉自己没有达到内心的期望时，就会陷入严重的迷失和混乱，随之而来的就是神经质焦虑。

艾达所陷入的"困境"是，她已经学会了服从权威，当使她怀孕的那个年轻人坚持己见时，她无法反抗对方的权威。她的罪疚感不是来自婚前性行为或未婚先孕，而是因为她服从的权威不是她的母亲。这就是一个完全依赖外在权威的人所遇到的困境，不管这种权威有多么智慧或善良。因为问题在于，一个人的终极参考竟然是外在权威，而不是自身的诚实正直。同样，那些依赖服从父母或"超我"（内在化的父母）来摆脱神经质焦虑的人，也面临着相似的困境。

第五章　治疗师对焦虑的解读

生的恐惧是对前进、成为个体的焦虑；死的恐惧是对后退、失去个性的焦虑。每个人终其一生，都在这两种恐惧之间摆荡。

——奥托·兰克

弗洛伊德焦虑理论的演变

弗洛伊德这位伟人，就像马克思、爱因斯坦一样，已经成为新时代的象征。不管是不是"弗洛伊德主义者"——像我就不是——我们无疑都是后弗洛伊德主义者。实际上，弗洛伊德为西方文化的巨大变革定下了基调：在文学上，如詹姆斯·乔伊斯和意识流；在艺术上，如保罗·克利（Paul Klee）和毕加索，他们的绘画表达了人们意识之外的东西；在诗歌上，如奥登的作品。还有20世纪百老汇的戏剧，如尤金·奥尼尔（Eugene O'Neill）的《悲悼》（*Mourning Becomes Electra*），除非把弗洛伊德的发现作为背景，否则我们就无法理解它。事实上，弗洛伊德的无意识理论极大地拓展了我们所有人的思想，它不仅是精神分析的基石，也为医学、心理学和伦理学开辟了新视野。可以说，没有一门社会科学不受他的影响。因此，无论我们是否认同弗洛伊德的观点，都有必要熟悉其思想的演变历程。

弗洛伊德是19世纪的人性探索者之一，与克尔凯郭尔、尼采、叔本华等人一样，重新发现了人格中非理性的、动力的（dynamic）、"无意识"的元素的重要性。[1]自文艺复兴以来，大多数西方思想都崇尚理性主义，忽视了人格中的这些元素，甚至在许多方面压制它们（详见第二章）。虽然克尔凯郭尔、尼采和弗洛伊德抨击19世纪理性主义的原因各不相同，但他们都认为，西方传统思维方式忽略了对理解人格至关重要的元素。人类行为的非理性根源，要么被排除在公认的科学研究领域之外，要么被归结为所谓的本能。弗洛伊德反对当时的学院派医学试图用"兴奋传递的神经通路"来解释焦虑，并认为学院派心理学的方法无益于他从动力学角度来理解人类行为。就此而论，弗洛伊德的态度是可以理解的。同时，弗洛伊德认为自己是科学的狂热拥护者，他公开宣称要用更广泛的科学方法来解释人类行为中的"非理性"元素。他把19世纪传统（物理）科学的一些假设带入他的研究中，这一点在他的力比多理论中清晰可见，下文将对此进行详细阐述。

虽然克尔凯郭尔等人很早就认识到，焦虑问题是理解人类行为的关键，但弗洛伊德是传统科学中第一个看到焦虑的根本意义的人。更确切地说，弗洛伊德把焦虑视为理解情绪和心理障碍的根本问题。他在后期讨论焦虑的文章中指出，

1　托马斯·曼：《弗洛伊德、歌德、瓦格纳》（*Freud, Goethe, Wagner*，New York，1937）。

焦虑是"神经症的基本现象和核心问题"[1]。

动力心理学的学者无疑都会同意，弗洛伊德是焦虑心理学的杰出探索者，他不仅为理解焦虑问题指明了道路，还提供了许多行之有效的技术。尽管现在人们普遍认为，弗洛伊德的许多结论需要被重新界定和解释，但他的研究无疑具有经典的价值。我们发现，弗洛伊德对焦虑的思考贯穿他的一生，他的焦虑理论有过许多次细微的修正，也经历过革命性的变化。既然焦虑是一个根本问题，也就没有简单的答案。弗洛伊德在他最后的作品中郑重地承认，他所提出的仍然是对焦虑问题的假说，而不是"最终解决方案"。[2]因此，在这一章，我们不仅呈现弗洛伊德对焦虑机制的核心见解和细致观察，还要描绘出其焦虑概念的演进方向。

首先，弗洛伊德按惯例对恐惧和焦虑做了区分，这一点我们在戈德斯坦等人的研究中也已看到。弗洛伊德认为，在恐惧中，注意力指向的是客体；而焦虑关涉的是个体的状

---

1 弗洛伊德：《焦虑的问题》（*The Problem of Anxiety*，New York，1936），邦克（H. A. Bunker）译，第111页。
2 弗洛伊德：《精神分析引论新编》（New York，1965），第81页。

态，"与客体无关"[1]。在他看来，更重要的是对客观性（我称之为"正常的"）焦虑和神经质焦虑做出区分。前者是"真实的"焦虑，是对死亡等外部危险的反应。他认为这是一种自然、理性且有用的功能。这种客观性焦虑是"自卫本能"的一种表现。"在什么情况下会感到焦虑，也就是说引起焦虑的对象和情境，很大程度上因一个人对外部世界的认知和掌控感而存在差异。"[2]这种"焦虑的准备状态"，也就是弗洛伊德所说的客观性焦虑，实际是一种应急功能，以保护个体不被突发的威胁（恐惧）吓到。客观性焦虑本身并不构成临床问题。

---

1 弗洛伊德：《精神分析引论》，第395页。除了这个简单的区分外，弗洛伊德并未对这类问题做过多阐述——无论是在《精神分析引论》论述焦虑的章节中，还是在后来的《焦虑的问题》一书中。他把霍尔所谓的先天恐惧——怕黑、怕水、怕雷等——视为恐惧症，根据定义，恐惧症是神经质焦虑的表现。希利等（W. Healy, A. F. Bronner & A. M. Bowers）所著的《精神分析的结构与意义》（*The Structure and Meaning of Psychoanalysis*, New York, 1930, 第366页）对弗洛伊德的观点进行了总结，把真实的恐惧与神经质恐惧加以区分，就像弗洛伊德对真实焦虑与神经质焦虑的区分一样。据该书所说，真实的恐惧是对客观危险的反应，而神经质恐惧则是"对冲动要求的恐惧"。弗洛伊德认为，"三种普遍存在的童年恐惧"——对孤独、黑暗、陌生人的恐惧——主要是源于"无意识的'自我'害怕失去保护自己的客体（即母亲）"（出处同上）。这与他对类似情境下焦虑来源的界定是一样的。显然，"恐惧"与"焦虑"在此可以互换，恐惧是以特定形式出现的焦虑。

2 弗洛伊德：《精神分析引论》，第394页。

但是，除了促使人们审视危险并为逃离做好准备外，任何进一步发展的焦虑都是不可取的。严重的焦虑会令行动瘫痪。"在我看来，因焦虑而做准备是一种明智之举，但焦虑的蔓延无疑是不明智的。"[1]当然，如果这种焦虑的蔓延与实际危险不成比例，甚至在没有明显外在危险的情况下，焦虑也会四处蔓延，这就构成了神经质焦虑的问题。

焦虑与压抑

弗洛伊德在他的早期著作中曾问道，神经质焦虑的现象与客观性焦虑之间有什么逻辑关系？为了回答这个问题，他引用了自己在临床工作中的观察。他注意到，那些表现出各种抑制行为或症状的患者，往往没有明显的焦虑，我们在第四章曾提过这个现象。例如，在恐惧症中，患者强烈的焦虑只针对环境中的某个事物（也就是他所恐惧的对象），对环境中的其他事物却不会感到焦虑。同样，在强迫症中，患者只要不受干扰地做他想做的事，他似乎就不会焦虑；一旦他的强迫行为被阻止，就会出现强烈的焦虑。因此，弗洛伊德合理地推断，其中一定发生了某种替代过程，也就是说，症状必定以某种方式替代了焦虑。

与此同时，他观察到，那些体验了持续性兴奋却没有满足的人，如性交中断，也会表现出大量的焦虑。因此，他

1　弗洛伊德：《精神分析引论》，第395页。

得出结论：这个替代过程一定是未表达的力比多转化成了焦虑，或者相当于焦虑的症状。他写道："力比多的兴奋消失了，取而代之的是焦虑——不论是预期的焦虑，还是攻击或相当于焦虑的症状。"[1]在回顾产生这个理论的观察过程时，弗洛伊德写道：

> 我发现，某些性活动，如性交中断、兴奋受挫、强迫禁欲，会引发焦虑和普遍的焦虑倾向。因此，只要性兴奋在释放的过程中被抑制、阻止或转移，就可能引发焦虑。既然性兴奋是力比多本能冲动的表达，那么，我们假设因为这种干扰的影响，力比多转化成了焦虑，似乎并不武断。[2]

因此，弗洛伊德的第一个焦虑理论指出：当力比多受到压抑时，它会转化为焦虑，然后以漂浮不定的焦虑或相当于焦虑的东西（症状）表现出来。"因此，焦虑就像一种通用货币，任何情感冲动都可以兑换成焦虑，只要依附于它的观念内容受到压抑。"[3]当一种情感受到压抑时，它的命运就是"转化为焦虑，不论它在正常的过程中表现出怎样的特

1 弗洛伊德：《精神分析引论》，第401—402页。
2 弗洛伊德：《焦虑的问题》，第51—52页。
3 弗洛伊德：《精神分析引论》，第403—404页。

性"[1]。孩子对失去母亲或者出现陌生人感到焦虑（后者与失去母亲同样危险，因为陌生人的存在意味着母亲的缺席），其根源就在他无法将力比多消耗在母亲身上，力比多便转化为"焦虑释放出来"[2]。

既然客观性焦虑是个体面对外部危险时的逃离反应，弗洛伊德问道，那么在神经质焦虑中个体害怕的是什么呢？他自己回答说，后者代表了个体对自身力比多需求的逃避。在神经质焦虑中，个体试图逃避自身力比多的需求，并将这种内在危险视为外在危险。

压抑便相当于自我企图逃避危险的力比多。恐惧症则像一座抵御外部危险的堡垒，而危险就是那可怕的力比多。[3]总之，弗洛伊德的第一个焦虑理论可以概述如下：个体将自身的力比多冲动解读为危险，于是力比多冲动被压抑，并自动转化为焦虑，然后以漂浮不定的焦虑或相当于焦虑的东西（症状）表现出来。

不可否认，弗洛伊德首次尝试建立焦虑理论，其基础是可观察的临床现象。我们都注意到，当强烈而持久的欲望被

1　弗洛伊德：《精神分析引论》，第409页。

2　弗洛伊德：《精神分析引论》，第407页。参见本书第四章（第139页）斯皮茨所言。

3　弗洛伊德：《精神分析引论》，第410页。

抑制或压抑时，个体往往会表现出长期的不安或各种形式的焦虑。但正如弗洛伊德后来所承认的，这是一种现象学的描述，与对焦虑的因果解释完全不同。此外，性压抑导致焦虑的现象，并不是整齐划一的：一个纵欲者可能感到非常焦虑，而许多清高的节欲者却不感到焦虑。

从积极的方面来看，弗洛伊德第一个焦虑理论的价值在于，它强调了神经质焦虑的内在轨迹。但他提出的力比多自动转换机制，虽然很有吸引力——可能是因为比较符合化学生理学的逻辑，却也令人高度质疑，正如弗洛伊德自己后来所发现的。在后来的临床观察和推理中，弗洛伊德清楚地看到了这些不足之处，因此他推翻了第一个焦虑理论。

在后来分析恐惧症和其他焦虑症状时，弗洛伊德发现了一种完全不同的焦虑过程。由于他越来越强调自我的作用，因此一种新的焦虑理论显得很有必要。而在第一个焦虑理论中，自我只是一个配角。弗洛伊德写道："将精神人格分为超我、自我与本我，这迫使我们在焦虑问题上采取一种新的立场。"[1]

他以5岁男孩汉斯为例，说明了自己新理论的由来。小汉斯因为害怕马（症状），而拒绝外出（压抑）。小汉斯对他的父亲怀着深深的矛盾心理，弗洛伊德用经典的俄狄浦斯情

---

1 弗洛伊德：《精神分析引论新编》，第85页。

结对此进行解释。换言之，小男孩渴望得到母亲的爱，因此嫉妒并憎恨他的父亲。但只要母亲没有卷入纷争，他也深爱着父亲。由于父亲过于强大，小汉斯内心的嫉妒、仇恨（或者敌意）便触发了他的焦虑。这种敌意可能会招致令人害怕的报复，这让男孩对挚爱的父亲产生了持续的矛盾心理，因此他需要压抑自己的敌意和相关的焦虑。然后，这些情感被移置到马的身上。我们不打算深入探讨恐惧症形成的机制，只希望阐明弗洛伊德的观点，即小汉斯对马的恐惧是他害怕父亲的一种症状表现。弗洛伊德用典型的阉割情结来解释这种恐惧：小汉斯害怕被马咬伤，实际上就是害怕自己的性器官被咬掉。弗洛伊德写道：

> 这种替代形式（也就是恐惧）有两个明显的好处：其一，它避免了矛盾心理带来的冲突，因为父亲也是他爱的对象；其二，它让自我阻止了焦虑的进一步发展。[1]

在这个分析中，关键点在于，自我感知到了危险。这种感知引起了焦虑（弗洛伊德说"自我"引发了焦虑），为了避免焦虑，自我会压抑这些使人陷入危险的冲动和欲望。

---

1 弗洛伊德：《焦虑的问题》，第80页。

弗洛伊德现在推翻了他的第一个焦虑理论，他评论道："不是压抑造成了焦虑，而是焦虑早就在那里，所以才需要压抑。"[1]同样的过程也适用于其他症状和压抑：自我感知到危险信号，然后在努力避免焦虑的过程中，那些症状和压抑就产生了。弗洛伊德写道，我们现在可以采取一种新的观点，即"自我是焦虑的真正根源，并驳斥先前的观点——被压抑的冲动能量会自动转化为焦虑"[2]。

弗洛伊德对自己的早期论述——在神经质焦虑中，个体所恐惧的危险仅仅是内在的本能冲动——也做出了限定。在谈到汉斯时，他写道：

> 但这究竟是一种什么样的焦虑呢？它只能是对外在威胁的恐惧，也就是客观性焦虑。诚然，这个男孩害怕自己的力比多——在这里是他对母亲的爱，因此，这确实是典型的神经质焦虑。但在小男孩看来，这种爱似乎是一种内在危险，他必须放弃爱的对象才能避免这种危险，只是因为其中涉及了外在的危险情境（报复、阉割）。

虽然弗洛伊德在后期研究的每个案例中都发现了外在因素和内

---

1 弗洛伊德：《精神分析引论新编》，第86页。
2 弗洛伊德：《焦虑的问题》，第22页。

在因素的相互关系，但他承认："当时我们未曾预料会发现，内在的本能危险会成为外在的现实危险情境的准备因素。"[1]

许多研究焦虑的学者认为，弗洛伊德的第二个焦虑理论强调自我的功能，与其他的心理学研究方法更为一致。[2]例如，霍妮认为，弗洛伊德的第一个焦虑理论本质上属于"生理化学范畴"，而第二个焦虑理论"更符合心理学范畴"。总之，第二个焦虑理论显示了弗洛伊德在理解焦虑上一些重要而清晰的趋势，下面我们将详细讨论。

弗洛伊德所认为的焦虑根源

弗洛伊德指出，焦虑的能力是有机体与生俱来的，是自我保护本能的一部分，是先天遗传。用他的话来说，"我们认为孩子具有强烈的现实焦虑倾向，如果这种倾向是遗传而来的，我们就应该把它看作一种相当有利的安排"[3]。然而，特定的焦虑是后天习得的。对于真正的"客观性焦

---

1 弗洛伊德：《精神分析引论新编》，第86页。如果汉斯只是害怕父亲的惩罚（外在危险），弗洛伊德便不会称其焦虑为神经质焦虑。在本书后面的几个案例中，路易丝、贝茜等人能看出父母行为的真正含义。用弗洛伊德的话说，这种情况将导致客观性焦虑，而不是神经质焦虑。神经性因素的出现，是因为自我感知到内在本能激起的危险（如汉斯对父亲的敌意）。众所周知，个人经验中的内在刺激，很容易代表外在的、客观的危险。如果孩子对父母的敌意遭到报复，以后只要他内心产生敌意，很快就会体验到焦虑。

2 西蒙兹（P. M. Symonds）：《人类调适的动力学》。

3 弗洛伊德：《精神分析引论》，第406页。

虑"——弗洛伊德指的是害怕爬窗台、怕火等——孩子似乎并没有遗传多少。"当现实的焦虑最终在他们心中被唤醒，那完全是教育的结果。"[1]因此，他将成熟度考虑在内：

> 婴儿有一定的焦虑倾向是毋庸置疑的。它不是在出生后达到峰值，随后逐渐减轻，而是随着心智的发展而出现，并在童年的某个时期内持续存在。

除了以上概述，弗洛伊德认为，焦虑的根源在于出生创伤和阉割恐惧。这两个概念在其著作中交织出现，并逐步得到重新解释。弗洛伊德在早期演讲中提出，伴随焦虑出现的情感，事关对过去一些非常重要的经验的重复和再现。他相信，这涉及的就是出生经验——"这种经验包含一连串的痛苦感受、释放与兴奋以及躯体感觉，已然成为生命受到威胁时所有反应的原型，而且从那以后，它作为对'焦虑'状态的恐惧在我们身上重现。"这也为他后来扩展出生概念做了铺垫，他补充道："人生第一次焦虑就是在与母亲分离时产生的，这一点非常耐人寻味。"[2]孩子见到陌生人感到焦虑，害怕黑暗和孤独（他称之为孩子的第一种恐惧症），其根源

---

1 弗洛伊德：《焦虑的问题》，第98页。
2 弗洛伊德：《精神分析引论》，第408页。

是害怕与母亲分离。

在回顾弗洛伊德的后期著作时，有一个重要的问题是：他在多大程度上认为出生经验是焦虑的直接来源，并被后来的危险情境所引发？他又在多大程度上认为出生经验是具有象征意义的原型，象征着与所爱对象的分离？既然弗洛伊德极力强调阉割是许多神经症背后焦虑的具体来源，还煞费苦心地解释阉割和出生经验如何相互关联，那么我们现在就来探究：在关于焦虑的主要章节中，他是如何逐页地重新诠释阉割和出生经验，并将其关联起来的？[1]

在谈到恐惧症、转换型癔症和强迫症发展的潜在危险时，弗洛伊德指出，"在这些症状中，我们认为阉割焦虑是自我挣扎背后的动力"[2]。甚至对死亡的恐惧也类似于阉割恐惧，因为没有人真正经历过死亡，但每个人在断奶时都有这种阉割的体验。他认为阉割焦虑"是对丧失和分离的反应"，其原型是出生经验。但他反对兰克的观点，认为后者过于具体地从出生创伤中推断出焦虑以及随之而来的神经症。与兰克相反，他认为出生的危险在于"失去所爱（渴望）的人"，而"最基本的焦虑，即出生时的'原初焦虑'，发生在我们脱离母体的那一刻"[3]。根据费伦齐

---

1 弗洛伊德：《焦虑的问题》。

2 弗洛伊德：《焦虑的问题》，第75页。

3 弗洛伊德：《焦虑的问题》，第99—100页。

（Ferenczi）的推论，他将阉割和失去母亲联系起来：失去生殖器意味着个体被剥夺了长大后与母亲（或母亲的替代者）结合的途径。对阉割的恐惧后来发展成对良知的恐惧，也就是社会焦虑，于是，自我害怕超我的愤怒、惩罚，害怕失去超我的爱。这种对超我的恐惧，最后会转化成对死亡的焦虑。[1]

因此，我们看到了这样一种层次结构：在出生时害怕失去母亲，在性器期害怕失去性器官，在潜伏期害怕失去超我的认可（社会和道德的认可），最终害怕失去生命。所有这一切，追溯其原型，都是与母亲的分离。所有后来出现的焦虑，"在某种意义上，都意味着与母亲的分离"[2]。这就意味着，阉割象征着失去最珍贵的物品，就像出生象征着失去母亲一样。弗洛伊德舍弃以字面意思来解释阉割，另一个依据是女性"更易患神经症"，正如他所说，她们不会因为没有男性性器官就不用忍受阉割焦虑。女性的阉割焦虑，源于害怕失去客体（母亲、丈夫）的爱，而不是字面意义上的男性性器官。

虽然无法确定弗洛伊德所说的出生经验和阉割究竟有多少属于字面意义，多少属于象征意义，但在上面引用的弗洛伊德的推论中，其趋势是倾向于象征性的解释。我认为这种

---

1 弗洛伊德：《焦虑的问题》，第105页。
2 弗洛伊德：《焦虑的问题》，第123页。

趋势是积极的。阉割是否真的是各种焦虑的来源，其实是一个值得深思的问题。在我看来，阉割是一种文化意义上的象征，神经质焦虑很可能围绕着它而产生。[1]

关于出生创伤，我认为弗洛伊德的象征性解释也是一种积极的趋势。在实验和临床心理学中，出生经验究竟在多大程度上导致后来的焦虑，仍然是悬而未决的问题。[2]但是，即使真实的出生经验不能直接被解释为焦虑源头，我们仍普遍认同，婴儿与母亲的早期关系——深刻地影响着婴儿的生理和心理发展——对个体后来的焦虑模式具有最大的意义。因此，我要强调的是弗洛伊德思想中的这一主张：焦虑有其

1　既然阉割与俄狄浦斯情结的其他方面在弗洛伊德关于焦虑的讨论中如此重要，那么便出现了另一个问题：难道不是只有在亲子关系存在问题时，才会出现与阉割或俄狄浦斯情结有关的神经质焦虑吗？以汉斯的案例来说，汉斯对父亲的嫉妒与恨意，难道不正是焦虑的产物吗？汉斯显然想要独占母亲，但母亲对父亲的爱会威胁到他的需求。这种需求本身（确实是过度的）不就是焦虑的结果吗？冲突和焦虑导致了特定的恐惧症，据弗洛伊德分析，这些冲突和焦虑与对父亲的矛盾和敌意有关。但我认为，除非汉斯与父母的关系已经出现问题，在这种情况下产生了焦虑和独占母亲的需要，否则这种敌意与矛盾心理是不会发展的。我们可以认为，每个孩子在发展个体性与自主性的过程中，都会经历与父母的冲突（参见克尔凯郭尔、戈德斯坦等人的观点），但对正常的孩子（亲子关系中不存在明显的焦虑）来说，这样的冲突不会产生神经质的防御和症状。我在此想说的是，俄狄浦斯情结和阉割恐惧并不是问题——不会成为神经质焦虑的焦点——除非焦虑早已存在于家庭关系中。

2　关于出生与焦虑之间关系的讨论，参见西蒙兹（P. M. Symonds）的《人类调适的动力学》。

根源，最初的源头在后来的神经质焦虑中被重新激活，个体所害怕的是过早失去母亲（母爱）或者与其分离，并因此失去相关的价值。事实上，在弗洛伊德理论的发展和临床应用中，这一解释被广泛接受，人们认为被母亲排斥是焦虑的最初来源。[1]

弗洛伊德焦虑理论的发展

既然我们关注的是弗洛伊德对焦虑理解的发展，那么接下来，我们便概括他在早期和后期著作中对焦虑的思考的转变。

我们的研究方法——描绘弗洛伊德思想的趋势——很符合弗洛伊德的思想处于生发状态这一点，他对焦虑问题的看法一直都在变化发展。这使得我们不能教条地看待弗洛伊德的观点，但是他的观点不断变化，也让他的著作内容更加模棱两可。例如，弗洛伊德有时好像完全否定自己的第一个焦

---

[1] 莱维（D. M. Levy）："对个人社会行为最有力的影响，来自与母亲间最初的社会经验。"《母亲的过度保护》（*Maternal Overprotection*），载于《精神病学期刊》（*Psychiatry*）第1期，第561页及以后。格林克与施皮格尔的观点代表了弗洛伊德学派的发展，他们在对战斗飞行员焦虑的研究中指出，除非在战斗中受到威胁的价值或物品是"备受珍爱和视为宝贝的东西"，否则个体不会感到恐惧或焦虑。这个东西可能是一个人（自己或所爱的人），或是一个抽象的观念。参见《压力之下的人》，第120页。与弗洛伊德的上述讨论一致，我认为个人所珍视的第一个人是母亲，而珍视他人和价值的能力，是由第一个原型发展而来的。

虑理论，但有时他又认为第一个焦虑理论与第二个焦虑理论可以兼容。

第一个趋势正如上所述：弗洛伊德在他对焦虑的理解中，将力比多理论从首要地位移到了次要地位。尽管他早期的焦虑理论几乎完全在描述力比多的变化（弗洛伊德称之为"完全经济学角度的解释"），但在后来的著作中，他说自己对力比多的命运已经不那么感兴趣了。然而，他的第二个焦虑理论仍然以力比多概念为前提：转变为焦虑的能量仍然是从被压抑的力比多中释放出来的。在第二个焦虑理论中，自我通过"去性化"（desexualized）的力比多来执行它的压抑功能，而它面对的危险（焦虑是对危险的反应）是"刺激的增加所带来的失衡，并要求得到进一步的处理"[1]。尽管弗洛伊德在所有的著作中都谈到了力比多，但他早期的观点假设力比多会自动转化为焦虑，后期则认为个体感知到危险并利用力比多（能量）来应对这种危险。这一趋势也部分说明了弗洛伊德的第二个焦虑理论对焦虑机制的描述更为恰当。但我怀疑，即使弗洛伊德在后期关于焦虑的著作中不再着重强调力比多，是否就不会混淆问题了，因为他仍强调个体是必须得到满足的本能或力比多需求的载体。[2]我在本书中

---

1 弗洛伊德：《焦虑的问题》，第100页。
2 我同意那些弗洛伊德力比多理论的批评者，他们认为该理论沿袭了19世纪生理化学的思维形式。

的观点（参见第七章）进一步发展了弗洛伊德思想中的上述趋势，即力比多或能量因素不应被视为必须得到表达的既定量，而应被视为个体与世界建立联系时所寻求的目标或价值的函数。

第二个趋势反映在弗洛伊德关于"焦虑症状是如何形成的"这一观点中。在早期研究中，弗洛伊德认为是压抑导致了焦虑，后来他认为是焦虑导致了压抑，这一逆转最明显地体现了这一趋势。这一转变意味着，焦虑及其症状不仅是简单的内心过程的结果，而且源于个体努力避免其人际关系中的危险情境。

第三个趋势体现于弗洛伊德努力克服焦虑情境中"内""外"因素的二分法。尽管早期弗洛伊德认为，神经质焦虑源于对自身力比多冲动的恐惧，但他后来发现，力比多冲动之所以危险，仅仅是因为它们的表达会招致外在危险。在第一个焦虑理论中，焦虑被看作力比多在心理上的自动转换，因此外在危险是次要的。但在他后期分析的案例中，外在危险成为更为紧迫的问题，因为他发现，内在危险——源于自身冲动的危险——实际上来自个体与"外在的现实危险情境"的斗争。

这种认为焦虑的个体在与其环境（过去或现在）作斗争的趋势，在弗洛伊德后期的著作中越来越凸显，我们可以看到，他越来越多地使用"危险情境"一词，而不仅仅是"危险"。在他早期的著作中，我们得知，症状是为了保护个人免受力比多需求的影响，但在第二个焦虑理论中，他写道：

> 有人可能会说，症状是为了避免焦虑的发展而产生的，但这种说法还不够深入。更确切地说，症状的出现，是为了避免焦虑对其提出警告的危险情境。[1]

在这篇文章中，他接着写道：

> 我们也开始相信，本能的需求常常会成为（内在的）危险，只是因为它们的满足会带来外在危险——所以，这种内在危险也代表了一种外在危险。[2]

因此，症状不只是对内在冲动的一种防护："在我们看来，焦虑和症状之间的关系，并不像我们想象的那么紧密，因为我们将危险情境这一因素放在了两者之间。"[3]

1　弗洛伊德：《焦虑的问题》，第86页。这也是我关于功能性症状的观点（参见第三章和第八章）。

2　弗洛伊德：《焦虑的问题》，第152页。

3　弗洛伊德：《焦虑的问题》，第112页。某些对弗洛伊德理论的解读，仍以其第一个焦虑理论为主。参见希利等（Healey, Bronner & Browers）："症状的形成……现在被认为是对焦虑的防御或逃避。"（《精神分析的结构与意义》，第411页）我在第三章提出这样的观点：症状不是对焦虑的防御，而是对产生焦虑的情境的防御。

乍一看，我们强调从"危险"到"危险情境"的转变，似乎是小题大做。但我相信，这绝不是无关紧要的问题，或者仅仅是术语的转变。第一个理论或多或少把焦虑视为完全的心灵内部过程，第二个理论则认为焦虑是个体努力与世界产生关联的结果，两者截然不同。后者也认为心灵内部过程很重要，因为它是个体对人际世界中的困难的反应和处理。弗洛伊德的这一趋势接近一种更有机的观点——"有机的"在此意味着个人生活在他的关系网中。但是众所周知，弗洛伊德并未深入发展这一趋势，并未将有机的和文化的观点一以贯之。我相信他之所以没能这么做，是因为他的力比多理论和人格结构理论。

弗洛伊德焦虑思想的第四个趋势，体现于他越来越强调人格结构理论——将人格划分为超我、自我与本我。这也使他更多地将注意力放在焦虑的功能上，即焦虑使得个体通过自我来感知和解释危险情境。弗洛伊德说，他在早期理论中使用"本我的焦虑"一词是不恰当的，因为无论是本我还是超我，都无法感知到焦虑。

虽然这一趋势——就像上述其他趋势一样——使弗洛伊德后期的焦虑观点在心理学层面更加完善、更容易理解，但我的问题是，如果严格地运用他的人格结构理论，难道就不会混淆焦虑问题吗？例如，弗洛伊德在他后期的著作中提到，自我在觉察到危险情境后，便会"制造"压抑。难道压抑就不牵涉无意识（人格结构理论中的"本我"）的功能吗？事实上，任何症状的有效形成，都必然包含了被排除在意识之外的因素，尽管弗洛伊德提出了人格结构理论，他也不得不承认这一点。

我认为压抑和症状，最好被视为有机体适应危险情境的一种方式。虽然在某些情况下，观察哪些因素在意识层面，哪些因素在意识之外，是必要且有益的，但如果严格地应用人格结构理论，不仅会导致理论上的不一致，还会使注意力偏离真正的问题，即有机体及其面对的危险情境。[1]

弗洛伊德人格结构理论的应用问题，从他对焦虑状态下无助感的讨论便可见一斑。他认为，在神经质焦虑状态下，自我由于与本我和超我的冲突而变得无助。在所有神经质焦虑中，个体都忙于心灵内部的冲突。但是，这种冲突与其说是自我、超我和本我之间缺乏一致，还不如说是个体在与其人际世界建立联系时，所追求的目标和价值观相互矛盾而引

---

1 弗洛伊德的人格结构理论令人困惑之处在于，他倾向于把自我和本我视为人格中实际的地理区域。在他的后期著作《精神分析纲要》（*Outline of Psychoanalysis*，New York，1969）中，弗洛伊德称自我"从本我的皮质层发展而来"（第55页），并使用"精神区域"（第2页）和"自我的最外围皮层"（第18页）等说法。这种在地理区域上定位"自我功能"的倾向，让我想起笛卡儿和其他17世纪学者在大脑底部的松果体上定位人类"灵魂"的尝试！我们只能再一次用弗洛伊德的话来驳斥他自己——重要的是从心理学上把握心理学事实。

起的冲突！可以肯定的是，有些极端的冲突会被意识到，有些则会被压抑，而且，在神经质焦虑中，个体以前所经历的冲突会被重新激活。但在我看来，无论是现在还是以前的冲突，都不应该被视为人格的不同"部分"之间的冲突，而是个体为了适应危险情境必须实现的目标之间的冲突，因为这些目标是相互排斥的。

弗洛伊德对理解焦虑的深远贡献无须赘述。就我们在此的目的而言，他的贡献主要包括：对症状形成的多方面阐释，对孩子与母亲分离时原初焦虑的许多洞见，对神经质焦虑的主观和内心方面的强调。

弗洛伊德终将作为现代心理学的伟大人物被载入史册，他正确地意识到了心理学——以心理治疗的形式——对于一个动荡和混乱的世界的重要性。我再次强调，我们是否认同他的理论是无关紧要的。他对焦虑这个"关键问题"的理论贡献，仍然是其他相关理论赖以发展的核心。

兰克：焦虑和个体化

兰克关于焦虑的观点，从逻辑上说，源于他坚信人类发展的核心问题是个体化。他把人的一生设想为一连串无休止的分离，每一次分离都使个体可能拥有更大的自主权。从母体中出生，是个人经历的第一次分离，也是最激烈的一次分离，但同样的心理体验，或多或少都会发生在断奶、上学、脱离单身，以及人格发展的各个阶段，而死亡是最终的分离。在兰克看来，焦虑是这些分离给个体带来的不安。当个体以往相对安全的情境被打破时，焦虑就会出现——这是个体活出自主性时所必须面对的焦虑。但是，如果个体拒绝与当前的舒适区分离，也会出现焦虑——这是个体唯恐失去自主性时产生的焦虑。[1]

兰克对焦虑的理解，离不开他对出生创伤的著名研究。[2]兰克认为，在人的一生所经历的心理事件中，出生之象征具有基础性意义，尽管他关于婴儿出生时会感到焦虑的看法仍饱受争议。兰克主张，"孩子出生时会第一次感受到恐惧"，这种恐惧被称为"面对生存的恐惧"。[3]这种原初焦虑之所以产生，是因为个体从先前母子合一的状态中分离，并被抛入了一种截然不同的存在状态。

---

1 "个体与整体分离"的概念，在人类思想上有着悠久的历史，可以追溯到古希腊前古典时期的阿那克西曼德（Anaximander）。毫无疑问，这是一个在心理学或哲学上都富有成果的概念，而兰克也有许多实证和经验的数据作为其心理学的根基。

2 兰克：《出生创伤》（*The Trauma of Birth*，New York，1929），此为英译本，德文版出版于1924年。

3 兰克：《意志治疗：从关系角度分析治疗过程》（*Will Therapy：An Analysis of the Therapeutic Process in Terms of Relationship*，New York，1936），授权翻译自德文，第168页。

我同意，成年人的大脑中，满是对出生的可怕想象，这些想象足以令人深感焦虑。但是，婴儿在出生时会体验到什么，或者是否会体验到任何被称为"感觉"的东西，则是另一个不同的问题。在我看来，这个问题还有待探究。我们把出生时的焦虑看作"潜在的"而非实际的，并将出生当作一种象征，似乎更为准确。事实上，兰克在后来的著作中（除了上述所引的话）确实象征性地使用出生经验。例如，兰克认为，在心理治疗的结束阶段，患者与分析师分离时会体验到"出生经验"。[1]

兰克坚持认为，在拥有任何特定的内容之前，焦虑便已经存在于婴儿身上。他评论道："一个人带着恐惧来到这个世上，这种内在的恐惧独立于外部威胁而存在，无论这个威胁是'性'还是其他东西。"在儿童发展的后期，"内在恐惧"会依附于外部威胁，这一过程有助于"普遍的内在恐惧的客观化和局部化"。这种将原初焦虑以恐惧形式依附于特定体验的情形，被兰克称为"治疗性的"，这意味着个体能更有效地应对特定的威胁。[2]因此，兰克区分了原始的、未分化的不安和后来具体的、客观化的不安。在本书中，前者被称为"焦虑"，后者被称为"恐惧"。

---

1 兰克：《意志治疗：从关系角度分析治疗过程》，第xii页。
2 兰克：《意志治疗：从关系角度分析治疗过程》，第172—173页。

兰克用"恐惧"一词同时指代恐惧和焦虑,这让人感到困惑。但是,从他的著作以及这些词本身来看,他所指的"生的恐惧""内在恐惧",以及新生婴儿的"原始恐惧",似乎与弗洛伊德、霍妮和戈德斯坦等人所称的焦虑是一回事。例如,他将原始恐惧描述为"未分化的不安全感",这无疑是对早期焦虑的合理定义。事实上,在我看来,"生的恐惧""死的恐惧"这样的笼统用语,除非意指焦虑,否则毫无意义。一个人可能害怕邻居会开枪打死他,但持续的"死亡恐惧"则是另一回事。在大多数情况下,如果读者将兰克所写的"恐惧"换成"焦虑",就会更容易理解他在这方面的观点。

兰克指出,婴儿的原初焦虑在人的一生中以两种形式出现:生的恐惧和死的恐惧。初看起来平淡无奇,但在兰克的思想中,这两个术语指的是个体化的两个方面,它们在每个人的生命过程中以各样的形式表现出来。所谓生的恐惧,是指伴随个体每一次自主性行动而来的焦虑,是"个体面对必须孤立生活而产生的恐惧"[1]。兰克认为,当个人感知到自己内在的创造力时,这种焦虑便会产生。这些创造力的实现,意味着要创建新的联结——不仅在艺术作品的创作中(对艺术家而言),而且在人际关系的拓展和对自我的整合中。因

---

1 兰克:《意志治疗:从关系角度分析治疗过程》,第175页。

此，这种创造性潜能会导致个体与先前建立的关系分离。当然，兰克提出"创造性活动中隐含着焦虑"这一观点，并不只是一种巧合，他或许是所有精神分析学家中对艺术家心理研究得最透彻的一位。这个观点我们在克尔凯郭尔的作品中见过，在古希腊关于普罗米修斯的神话中也出现过。[1]

在兰克的思想中，死的恐惧与上述观点正好相反。生的恐惧来自对"前进"、成为个体的焦虑，死的恐惧则来自对"后退"、失去个性的焦虑。那是一种害怕被整体吞噬的焦虑，或者用更心理学化的语言来说，是一种唯恐自己在依赖共生的关系中停滞不前的焦虑。兰克相信，每个人都会经历这两种极端的焦虑：

> 每个人终其一生，都在"生的恐惧"和"死的恐惧"这两个极端之间来回摆荡。这也解释了我们为什么无法将恐惧追溯至单一根源，或者通过治疗来克服它。[2]

---

1 参见本书第二章关于克尔凯郭尔的内容。
2 兰克：《意志治疗：从关系角度分析治疗过程》，第175页。显然，兰克的意思是不可能通过治疗来克服所有的焦虑。他清楚地指出，神经质焦虑或许是可以克服的。至于正常的焦虑，他认为，健康的个体可以在焦虑的情况下继续前行，从这个意义上说，焦虑是可以被克服的。通过创造力，一个人可以克服正常的焦虑和神经质焦虑。

神经症患者永远无法平衡这两种形式的焦虑。面对个体自主性时产生的焦虑，使他无法肯定自己的能力；面对依赖他人时产生的焦虑，使他无法沉浸于友谊和爱。因此，许多神经症患者都是表面上独立，实际上又过度依赖。因为过度的焦虑，他们会对自身的冲动和自发性活动进行普遍的抑制。兰克认为，正是这种抑制，使他们产生过度的罪疚感。另一方面，健康、有创造力的个体却能够充分克服自己的焦虑，肯定自己的能力，克服成长过程中所必需的心理分离，并逐渐以新的方式与他人合一。

尽管兰克的主要兴趣在于个体化，但他很清楚，个体只有在其与文化的互动中，或者用他的话来说，只有在参与创造"集体价值"时，才能够实现自我。事实上，西方社会中普遍存在的神经症特征——兰克称其为"过度的自我意识、自卑感和不足感、对责任和罪疚感的恐惧"——可以被理解为西方文化的产物，在这种文化中，"包括宗教在内的集体价值被彻底推翻，而个体被迫面对生活现实"[1]。在西方社会中，集体价值的丧失（或者像我说的，社会价值的混乱状

---

1 皮尔斯·贝利（Pearce Bailey）：《理论与治疗：兰克心理学介绍》（*Theory and Therapy: an Introduction to the Psychology of Dr. Otto Rank*, Paris, 1935）。不用说，兰克对"集体价值"一词的使用早于法西斯主义在欧洲的出现，法西斯主义是一种神经症形式的集体主义。

态），不仅是神经质焦虑的起因，而且给个人克服焦虑带来了特别的困难。

许多读者会发现，兰克的措辞和他的二元论思想并不相宜。但如果因为这点不去阅读他的作品，那未免太可惜了。就焦虑问题的两个基本方面——焦虑与个体化的关系，以及焦虑与分离的关系——而言，没有人比兰克的研究更深刻了。

阿德勒：焦虑和自卑感

阿德勒没有对焦虑提出系统的分析，部分是因为他的思想本身缺乏系统性，部分是因为他对焦虑问题的看法包含在他的自卑概念中，后者是他思想的核心且含义丰富。当阿德勒把"自卑感"作为神经症的基本动机时，他使用这个词的方式几乎等同于其他心理学家对"焦虑"的使用方式。因此，想要了解阿德勒对焦虑的理解，我们就必须审视他的自卑概念——一个极其重要却又难以捉摸的概念。

根据阿德勒的说法，每个人在出生时都有一种生理上的自卑感和不安全感。的确，在弱肉强食的动物世界，人类并不占任何优势。在阿德勒看来，人类的文明——工具、艺术、符号的发展——就是为了弥补自己先天的劣势。[1]每个婴儿出生后，都处于一种无助的状态，如果没有父母的帮助，他根本无法存活下来。在正常情况下，孩子通过不断肯定自己的社会关系来克服无助感并获得安全感，如阿德勒所说，也就是肯定"人与人之间的多重纽带"[2]。但是，孩子的正常发展会受到主客观因素的双重威胁。客观因素包括：可能因器官上的缺陷而身处劣势（在成年后他可能也没有意识到这一点）；或者因社会歧视而身处劣势（例如，生为弱势群体或者生活在男权至上文化中的女性——在女性解放运动浪潮到来之前，阿德勒就是一名女性解放主义者）；或者因在家庭中的不利地位而身处劣势（阿德勒认为独生子女就是一个例子）。然而，尽管客观的劣势为个体的发展设置了障碍，但它可以依据现实加以调整。

神经症性格发展的关键因素是个体对自身弱点的主观态度——这就引出了阿德勒对劣势和"自卑感"的重要区分。

1　阿德勒在这里暗指一种消极的文化观（即文明的发展是为了弥补缺憾），这与他平常对社会经验的积极评价并不相符。上述观点类似于弗洛伊德说的文明是人类焦虑的产物（或者更准确地说，焦虑导致个体将本能冲动升华为文明追求）。这个观点只对了一半，它暗示了所有的创造性活动都是对焦虑的一种防御。它缺乏对事实的全面理解：人的行为可能基于积极的、自发的力量与好奇心，或者，正如戈德斯坦所说，基于"实现自身能力的喜悦"。

2　阿德勒：《生活模式》（*The Pattern of Life*，New York，1930），沃尔夫（W. Beran Wolfe）的导读部分。

阿德勒认为，人类婴儿的一个特征就是，他在能做任何事情之前，就已经觉察到自己的劣势。婴儿的自我意识，是在与比他权力大得多的兄长和成年人的比较中发展而来的。这可能导致他将自我评价为劣势的（"我是弱者"与"我有弱点"是对自我的不同评价）。这种聚焦于上述客观劣势的自卑感，为日后追求优越来获得安全感的神经质补偿行为奠定了基础。

　　劣势和自卑感的区别这个问题，可以换一种说法：为什么有些人能够接受弱点而不会感到特别焦虑，而对另一些人来说，弱点总是成为他们神经质焦虑的中心？阿德勒并没有明确指出是什么决定了这两种截然不同的看待弱点的方式，不过有一点他说得很对，那就是它依赖于个体是否将自我评价为劣势的。他当然会说，这种自我评价的决定因素是孩子与父母的关系，尤其是父母对孩子的态度。而我想进一步指出，它取决于父母对孩子的"爱"在本质上是不是剥削性的（比如，父母将孩子视为对自己缺点的补偿或是对自己的延伸，等等）。如果是剥削性的，孩子的自我评价要么与权力挂钩，要么与弱点挂钩。如果父母的爱基于对孩子本身的欣赏，而不考虑孩子可能具有的优点或缺点，那么孩子的自我评价就会与权力或弱点无关。

　　神经质的自卑感（或者，用我们的话说，焦虑），是形成神经症性格背后的驱动力。阿德勒写道：

神经症性格是谨小慎微的心灵的产物，也是它的工具；为了摆脱自卑感，它会强化自己的指导原则（神经质的目标）。这种尝试因为涉及他人权利或文明壁垒的内在矛盾，而注定遭到破坏。[1]

他所说的"内在矛盾"，指的是人类本质上是一种社会生物，在生理和心理上都依赖于他人，因此只有通过不断肯定和加强社会联系，才能建设性地克服自卑；而克服自卑的神经质努力，本质上是一种追求优越感和支配感的冲动，一种为了提升自我而贬低他人声望和权力的驱力。因此，神经质的努力实际上破坏了个体唯一持久的安全基础。霍妮和其他人也指出，对权力的追求增加了社会内部的敌意，从长远来看，会使个人的社会地位更加孤立。

具体说到焦虑，阿德勒问：它的目的是什么？对于焦虑的个体本身，焦虑的目的是阻止进一步的活动，它是个体退回到先前安全状态的信号。因此，焦虑的动机是逃避决策和责任。但阿德勒更经常强调的是，焦虑是一件攻击性武器，一种支配他人的手段。他主张："对我们而言重要的是，孩

---

1 阿德勒：《神经症的形成》（*The Neurotic Constitution*，New York，1926），第xvi页。

子会利用焦虑来达到追求优越的目标，或者是对母亲的控制。"[1]阿德勒的著作中有许多这样的案例，患者运用焦虑迫使家人接受他们的操控，焦虑的妻子通过恐慌发作来控制丈夫，等等。

现在，没有人会质疑这个观点，即焦虑常常被用来获取"次要收益"（secondary gains）。但是，如果我们把它当成焦虑的主要动机，那就把问题简单化了。很难想象，任何经历过或目睹过真正的焦虑发作并理解其折磨的人，会得出这样的结论：产生这种恐慌主要是为了影响别人，从别人那里获得好处。有人可能会认为，阿德勒在这些语境中谈论的是虚假焦虑，而不是真实的焦虑。确实，他经常将焦虑视为"性格特征"[2]而不是情绪，这一事实佐证了他给人的这种印象。这一切都再次表明，他将基本的、真实的焦虑形式包含在"自卑感"这一概念之下——他肯定不会同意"自卑感"的产生是为了控制他人。

与虚假焦虑相比，在真实的焦虑中，对他人的控制是次要而非主要因素。患者之所以焦虑，是因为他在孤立和无助中所经历的绝望。虚假焦虑和真实焦虑之间的区别非常重

---

1 阿德勒：《神经症问题》（*Problems of Neurosis*，New York，1930），
第73页。

2 阿德勒：《理解人性》（*Understanding Human Nature*，New York，
1927）。

要，但到目前为止还没有被阐释清楚。我们通常很难区分二者，因为它们可能混杂在同一个人的动机和行为中。许多焦虑型神经症患者，因为在家庭关系中体验到真实的焦虑和孤立无助而形成了神经症模式，他们迟早会认识到，软弱（表象）可能是获得权力的有效手段。因此，软弱成了获得权力的一种方式。本书第二部分中哈罗德·布朗和其他人的例子就说明了这一点。[1]

关于焦虑的成因，阿德勒除了对自卑感的起源做过一般性描述之外，并没有给出多少阐释。他认为，焦虑症的产生可能是因为个体从小被"娇生惯养"。这一观点的简化程度，虽然比不上弗洛伊德的早期看法——焦虑症是由性交中断造成的，但这一观点确实是阿德勒过度简化的另一个例子。的确，焦虑症患者往往从小就学会了过度依赖他人；但这种行为不会变得根深蒂固或持续下去，除非患者自身能力陷入基本冲突的状态。[2]

关于克服焦虑的方法，阿德勒陈述得非常清楚——尽管还是有些宏大和笼统。他说道：

一个人要想战胜自己的焦虑，就必须将个人的命

---

1 参见本书第八章对这个问题的讨论。
2 参见本书第八章哈罗德·布朗的案例讨论。

运与人类的命运联系起来；一个人要想无忧无虑地过完一生，就必须意识到自己是全人类的一分子。[1]

这种"联系"是通过爱和对社会的贡献来确认的。在这些陈述的背后，是阿德勒对人的社会本质的积极评价，这种强调与弗洛伊德的观点截然不同，因此克服焦虑的方法也大相径庭。尽管阿德勒的理论过于简化和笼统，但他的某些见解却经久不衰，特别在人际权力斗争及其社会影响方面。这些见解具有特别的价值，因为它们通常出现在弗洛伊德的"盲区"。

正如后面将要指出的，阿德勒的许多有价值的见解，在很大程度上以更系统和深刻的形式，成为后来的精神分析学家如霍妮、弗洛姆和沙利文等人的理论重点。阿德勒对后来的分析师的影响，无疑既有直接的也有间接的。例如，沙利文便是通过威廉·阿伦森·怀特（William Alanson White）而受到阿德勒的间接影响；怀特对阿德勒很感兴趣，还为他的一本著作写过序言。

---

1 阿德勒：《理解人性》，第238页。

荣格：焦虑与非理性的威胁

本书只在此处收录了荣格的理论，主要是因为荣格从未系统地阐述他对焦虑的看法。据我所知，在荣格的著作中，焦虑的问题从来没有得到直接和具体的探讨，如果要全面总结他的思想对焦虑理论的影响，就需要对他的所有著作进行详细的研究。

然而，这里将引述荣格的一个独特贡献，即荣格相信焦虑是集体无意识的非理性倾向和意象入侵意识心灵时，个体所做出的反应。焦虑是因为"害怕集体无意识的支配"，害怕我们动物祖先和人类祖先的残余功能，荣格认为这些功能仍存在于人格次级理性层面（subrational levels）。[1]非理性因素的持续涌现，可能会威胁到个体有序、稳定的存在。如果个体无力阻挡来自集体无意识的非理性倾向和意象，那么就有可能遭遇精神病以及随之而来的焦虑。但是，从另一个极端来说，如果非理性倾向被彻底隔绝，个体就会变得贫乏和缺乏创造力。因此，正如克尔凯郭尔所说，若不想内心空洞

---

1 荣格：《分析心理学论文集》（*Collected Papers on Analytical Psychology*, London，1920）。

贫瘠，就必须有勇气面对并穿越焦虑。

在荣格看来，无意识中非理性因素的威胁解释了"为什么人们会害怕意识到自己。因为屏幕背后可能真的藏着什么东西——谁也不知道——所以人们'更愿意考虑和仔细观察'无关意识的因素"。

> 在大多数人心里，都对未知的"心灵陷阱"怀有一种隐秘的恐惧。当然，没有人愿意承认这种荒谬的恐惧。但是，人们应该认识到，这种恐惧绝不是无缘无故的，相反，它有着充分的根据。[1]

荣格认为，原始人更容易意识到"无意识、出乎意料的危险倾向"，因此，他们设计了各种仪式和禁忌作为保护。同样，文明人也设计了各种防御来抵制这种非理性力量的入侵，这些防御措施渐渐变得系统化和习惯化，以至于"集体无意识的支配"只能在诸如集体恐慌这类现象中才能直接控制人类，或者是在个体精神病或神经症中实行间接控制。

荣格的中心观点之一是，现代西方人过分强调"理性"、智性的功能。但他认为，对大多数人而言，这种强调

1　荣格：《心理学与宗教》（*Psychology and Religion*，New Haven，Conn.，1938），第14—15页。

并没有导致理性的整合，而是表现出"为了利己的权力目的而滥用理性和智力"[1]。他举了一个疑病症患者的例子，后者担心自己患上了癌症。这个病人"把一切都强置于无情的理性法则之下，但本性（nature）恰恰在某个地方逃脱了，并以一种不容置疑的胡言乱语——罹患癌症的想法——复仇归来"[2]。

在我看来，荣格的上述强调对现代西方文化是有矫正价值的。它们还揭示了个体神经症的一个共同方面——误用理性功能来对抗焦虑，而不是用它来理解和澄清焦虑。但问题似乎在于，荣格的这些强调导致了"理性"和"非理性"（例如，他的"无意识心灵的自主性"概念[3]）的二元分裂。这也使得他的许多思想很难与其他焦虑理论相协调。

霍妮：焦虑和敌意

以弗洛伊德的研究为基础，精神分析呈现出新的重要发展趋势，即在社会心理学的背景下看待焦虑问题。从本质上讲，这些观点认为焦虑来自失调的人际关系，霍妮、弗洛姆和沙利文都强调了这一点，尽管他们的方式各有不同。这些

1 荣格：《心理学与宗教》，第18页。
2 荣格：《心理学与宗教》，第18页。
3 荣格：《心理学与宗教》，第一章。

治疗师通常被称为新弗洛伊德主义者，或是有点贬损意味的修正主义者。由于这些精神分析理论的发展在很大程度上与弗洛伊德一致，因此，我们主要关注它们与弗洛伊德的不同之处，以及它们对理解焦虑的特殊贡献。

这种取向涉及对文化的重新强调，既包括广义上的文化模式，即特定历史时期普遍存在的焦虑的决定因素，也包括狭义上的文化，即孩子与其环境中重要他人之间的关系。神经质焦虑的源头便潜藏在后者之中。当然，这种取向并不否认儿童或成人的生理需求，但它认为，重要的心理学问题是这些需求在人际关系中扮演的角色。例如，弗洛姆指出，"与理解人格及其困境有关的特殊需求，不是来自性格本能，而是来自我们所处的整体环境"[1]。

因此，焦虑并不是针对本能或力比多需求遇到挫折的具体反应。正常人可以承受极大的本能倾向的挫折（比如性），却不感到焦虑。只有当本能倾向的挫折（再比如性）威胁到个人的安全感，即威胁到对他而言至关重要的价值或人际关系时，焦虑才会产生。弗洛伊德认为，环境影响是塑造本能驱力的一个因素；与此相反，这里讨论的精神分析新发展，则以人际关系背景（从心理学角度看，即环境）为核心，而本能因素

---

1 弗洛姆的观点，霍妮转述，《精神分析的新方向》（*New Ways in Psychoanalysis*，New York，1939），第78页。

的重要性，取决于它在人际关系中所代表的重要价值。[1]

首先，我们来谈谈霍妮。她认为焦虑出现在本能驱力之前，这一观点很重要。她主张，弗洛伊德所说的本能驱力，远远不是最基本的，它们本身就是焦虑的产物。"驱力"这一概念暗指来自有机体内部的某种冲动，它们带着迫切和强求的特征（弗洛伊德认为，神经症患者的本能驱力是强迫性的，但他假设，这种"驱力"是由生物因素决定的。这种驱力之所以具有强迫性，是因为患者——或是由于体质，或是由于婴儿期过度的性欲满足——无法像"正常人"那样忍受本能挫折）。但是，霍妮认为，冲动和欲望不会成为"驱力"，除非它们是由焦虑引发的。

　　强迫性驱力是神经症所特有的，它们源于患者的

---

1 霍妮认为，弗洛伊德的本能理论以及衍生的力比多理论，都基于以下假设："心理力量在起源上是生理化学的。"（《精神分析的新方向》，第47页）她认为，弗洛伊德的心理学是一门研究个人如何使用或误用力比多的科学。霍妮并不否认，纯粹的生理需求（如对食物的需求）遭遇重大的挫折，会威胁生命并因此造成焦虑。但是，除了这种罕见的情况之外，还应该认识到，生理需求在不同文化中，会因不同的文化模式而呈现出不同的形式。在大多数情况下，生理需求受到威胁会在何时引发焦虑，很大程度上取决于该文化的心理模式。在一项关于性挫折引起焦虑的跨文化研究中，这一点被明确指出了。霍妮认为，弗洛伊德采用19世纪的生物学观点，阻碍了他看清这些问题的心理脉络（她所说的"生物"是指一种生理化学机制，而不是戈德斯坦所谓的"生物"，即有机体作为一个整体对环境做出反应）。

孤独、无助、恐惧或敌意等情绪，代表了患者在这些情绪笼罩之下应对外界的方式。它们的主要目标不是为了满足，而是为了安全感。它们的强迫性源自潜藏在表面之下的焦虑。[1]

霍妮把弗洛伊德的"本能驱力"等同于她的"神经症倾向"。但与弗洛伊德相比，她更强调焦虑是人格障碍的根本："尽管弗洛伊德承认焦虑是'神经症的核心问题'，但他仍然没有看到，焦虑是一种无处不在的动力，驱使人们实现某些特定的目标。"[2]

霍妮认同对恐惧与焦虑的惯常区分。恐惧是对特定危险的反应，个体可以对症下药，做出调整。但焦虑的特征在于弥漫性、不确定性，以及面对威胁时的无助感。焦虑是个体对人格"核心或本质"受到威胁的反应。在这一点上，霍妮与戈德斯坦的观点一致，即焦虑伴随"灾难性情境"而来，当个体认为对其存在至关重要的价值受到威胁时，焦虑便产生了。因此，理解焦虑的根本问题是：引发焦虑的威胁会危及什么？如果我们先概述一下霍妮对焦虑起源的看法，就很容易理解她对这个问题的回答了。

---

1 霍妮：《我们内心的冲突》（*Our Inner Conflicts*，New York，1945），第12—13页。
2 霍妮：《精神分析的新方向》，第76页。

霍妮讨论了人类正常的焦虑，它们隐含在人类面对死亡、自然力量等偶然情境的过程中。这种焦虑在德国思想中被称为原始焦虑（Urangst/Angst der Kreatur）[1]。但这种焦虑与神经质焦虑是有区别的，因为原始焦虑并不暗含对自然或意外事件的敌意，也不会引起内在冲突或神经质的防御措施。神经质焦虑和无助，不是源于现实层面的力量不足，而是源于依赖和敌意之间的内在冲突。个体所感受到的危险，主要是对他人敌意的预期。

霍妮使用"基本焦虑"一词来描述导致神经质防御的焦虑。这种焦虑本身就是神经症的表现，这里的"基本"有两层意思：第一，它是神经症的基础；第二，它源自个体生命早期不正常的人际关系，尤其是亲子关系。"对父母的依赖（因孩子被孤立和恐吓而增强）和对父母的敌意之间的冲突，是导致孩子焦虑的典型冲突。"

由于孩子对父母的依赖，其与父母冲突中的敌意必须受到压抑。因为被压抑的敌意剥夺了个体认识和对抗真正危险的能力，而且压抑行为本身会产生内在的无意识冲突，所以这种压抑难免会使孩子产生无力感和无助感。这种基本焦虑"与基本敌意不可分割地交织在一起"[2]。

---

1 参见戈德斯坦、克尔凯郭尔等人的观点。
2 霍妮：《我们时代的神经症人格》（*The Neurotic Personality of Our Time*，New York，1937），第89页。

焦虑和敌意之间相互作用，彼此影响。换句话说，焦虑与敌意形成了"恶性循环"。无助感存在于基本焦虑的本质中。霍妮很清楚，每个"正常的"成年人，都必须与文化中的对立力量作斗争，其中许多力量暗含敌意，但这本身并不会引发神经质焦虑。霍妮认为，其中的不同在于，正常成年人所遇到的大部分不幸，都发生在他能够整合这些经历的时期，然而在与敌对的父母形成的依赖关系中，孩子实际上是无助的，除了形成神经质的防御之外，他对冲突无能为力。

"基本焦虑"是面对暗含敌意的世界的焦虑。五花八门的人格障碍就是神经质的防御，尽管个体会感到软弱和无助，但他仍会努力应对这个暗含敌意的世界。因此，霍妮认为，神经症倾向本质上是因基本焦虑而采取的安全措施。

现在，我们可以回答这个问题了：引发焦虑的威胁会危及什么？答案是，危及个体发展所依赖的安全模式，焦虑就是这一安全模式受到威胁时的反应。患有人格障碍的成年人会感到神经症倾向受到威胁，而这一倾向是他应对早期基本焦虑的唯一方法。因此，他只能继续无力和无助下去。与弗洛伊德不同的是，霍妮认为，受到威胁的不是本能冲动的表达，而是作为安全措施的神经症倾向。

因此，不同的人会因不同的威胁而产生神经质焦虑，重要的是，在某个人身上让他感到安全的特定神经症倾向。就一个受虐依赖的人来说，他的基本焦虑只能通过不加选择地依附他人来缓解，一旦出现被伴侣抛弃的威胁，焦虑便会出现。就一个自恋的人来说，他儿时的基本焦虑只能通过父母的无条件赞赏来缓解，一旦他陷入不被认可和赞赏的境地，焦虑便会出现。如果一个人的安全感依赖于离群索居，那么当他被推到聚光灯下时，焦虑便会出现。

因此，在焦虑这个问题上，我们必须时常问这样一个问题：哪些重要的价值受到了威胁？特别是在神经质焦虑中，哪种对于抵抗童年无助至关重要的神经症倾向受到了威胁？霍妮写道："任何事情都可能引发焦虑，只要它可能危及个人特定的防御措施，也就是他特定的神经症倾向。"[1]当然，这种威胁可能不仅是外在的，比如被伴侣抛弃；也可能是一种内在的冲动或欲望，如果表达出来，就会威胁到个体的安全模式。所以，某些性倾向或敌意倾向会引起焦虑，不是因为个体预期会遭遇挫折，而是因为这些倾向的表达会威胁到某些人际关系模式，这些模式对个体的人格来说至关重要。

矛盾中的任何一方，无论是持续地还是多次地受到压抑，都只会把问题推向更深的层次。[2]

1　霍妮：《我们时代的神经症人格》，第199页。

2　这让人想起斯特克尔的核心观点：所有的焦虑都是心理冲突。参见《神经质焦虑的状况及其治疗》（*Conditions of Neurotic Anxiety and Their Treatment*）。尽管他警句式的陈述体现了某种洞察力，但他没有像霍妮那样系统地研究心理冲突的本质。

我们已经指出，霍妮极其重视敌意和焦虑的相互关系。这是她的理论优势。她认为，到目前为止，敌意是引起焦虑的最常见的心理因素。事实上，"各种敌意冲动形成了神经质焦虑的主要来源"[1]。焦虑产生敌意，而在焦虑的人身上，敌意冲动又会引发新的焦虑。一个人对那些威胁自己、使自己无助和焦虑的痛苦体验怀有敌意，完全是可以理解的。但是，既然神经质焦虑是由个体的软弱以及对强者的依赖引起的，那么对这些人的任何敌意冲动，都会威胁到这种依赖，而这种依赖又必须不惜一切代价去维系。同样，攻击这些人的内心冲动，也会引发个体对报复与反击的恐惧，从而增加焦虑。

通过研究敌意与焦虑的相互作用，霍妮得出结论：焦虑的"具体原因"就在于"被压抑的敌意冲动"。这样的说法能否适用于其他文化，而不局限于西方文化中，仍尚未可知。但人们可能会普遍同意，在西方文化中，敌意和焦虑的相互作用是已被证实的临床事实。

霍妮对焦虑理论的贡献在于，她阐明了人格中的相互冲

---

1 霍妮：《我们时代的神经症人格》，第62页。霍妮认为，在维多利亚文化的背景下，弗洛伊德认为上层中产阶级女性各种性倾向的表达会招致社会排斥等危险，这是完全可以理解的。但是她警告大家，不要将弗洛伊德受其文化制约的研究，当作概括人格的基础。除了一些特殊案例外，她的经验是，从表面上看因性冲动而引起的焦虑，其根源往往是对性伴侣的敌意或反敌意（counter-hostile）。考虑到"性"是依赖和共生倾向的一个现成焦点，而这种倾向在焦虑者身上通常又会以夸张的形式出现，因此霍妮的说法颇为合理。

突倾向是神经质焦虑的根源，并将焦虑问题直接置于心理层面及必要的社会层面之上，这与弗洛伊德的准生理化学的思维倾向形成了鲜明对比。[1]

沙利文：焦虑是对被否定的不安

焦虑产生于人际关系，是沙利文最有说服力的主张。事实上，他将精神病学定义为"人际关系的生物学研究"。尽管他的焦虑理论从未被完全阐明，但他提出的要点对全面理解焦虑相当重要。

沙利文焦虑理论的基础是其人格概念。他认为，人格在本质上是一种人际关系现象，由婴儿与环境中重要他人的关系发展而来。即使在生命的开端——子宫里的受精卵——细胞和环境也是统一的，不可分割地捆绑在一起。出生后，婴儿与母亲（或母亲的替代者）形成亲密关系，这既是婴儿与重要他人的关系原型，也是其人格形成的真正开端。

沙利文将人类的活动分为两类。第一类活动的目的是获

---

1 霍妮最常受到的批评是，她过于强调患者的冲突如何体现在他当前的人际关系中（她认为弗洛伊德过于强调童年因素，所以这一强调部分是针对弗洛伊德），这导致她及其学派成员忽视了心理冲突的源头在童年。我认为这些批评是有道理的。

得满足感，比如吃、喝、睡，这些满足与人的身体组织密切相关。第二类活动是为了追求安全感，这些活动"更加贴近人的文化环境，而不是身体组织"[1]。

　　当然，追求安全感的核心因素是有机体对权力与能力的感知。沙利文所谓的"权力动机"（power motive），即有机体拓展能力与成就的需要和倾向，在某种程度上是天生的。[2]它是人类有机体身体内的"固有之物"。第二类活动——追求安全感——"对人类来说，通常比因饥饿或口渴而产生的冲动重要得多"，或者如他接下来所说，比后来在成熟有机体身上出现的性冲动也重要得多。[3]从有限的意义上说，有机体的这些需求是生物性的，这意味着"有机体不仅努力维持自身与环境的稳定平衡，还在努力拓展、'延伸'到更大的环境圈，并与之互动"[4]。人格的特征和成长，在很大程度上

1　沙利文：《现代精神病学的概念》（*Conceptions of Modern Psychiatry*，New York，1953），怀特精神病学基金会（William Alanson White Psychiatric Foundation）版权所有。

2　"权力动机"与"权力驱力"完全不同，后者是一种神经症现象，可能由于正常的成就需求不断受挫而激发。沙利文提出的有机体的能力与成就的扩展，与戈德斯坦的自我实现概念是相同的。不过，戈德斯坦更关注生物层面，沙利文则强调这种扩展几乎完全发生在人际关系层面。

3　沙利文：《现代精神病学的概念》，第14页。

4　帕特里克·穆拉希（Patrick Mullahy）：《人际关系与人格演化的理论》（*A Theory of Interpersonal Relations and the Evolution of Personality*），收录于沙利文的《现代精神病学的概念》，第121页（沙利文理论的回顾）。

取决于这种权力动机以及对安全感的追求如何在人际关系中得到实现。

婴儿刚出生时处于相对无助的状态。哭喊是他早期人际沟通的工具，后来他学会了使用语言和符号，这两者都是人类在人际关系中追求安全感的强有力的文化手段。但是，早在具体的情绪表达、语言或理解对婴儿来说成为可能之前，文化浸润就已经通过共情，也就是通过婴儿与早期重要他人（主要是母亲）之间的"情绪传染和交融"在迅速进行。在这个人际关系矩阵中——它主要受有机体对安全和自我表达的需求所支配——焦虑诞生了。

在沙利文看来，焦虑产生于婴儿担心遭到人际关系中重要他人的否定。早在能够有意识地觉知之前，婴儿便以共情的方式感受到焦虑，即感受到来自母亲的否定。不言而喻，母亲的否定对婴儿来说是非常危险的。这里的否定，指的是对婴儿与人类世界之间的关系的威胁。这种关系对婴儿至关重要，因为他不仅依靠它来满足自己的生理需求，还依靠它来获得更广泛的安全感。[1]因此，焦虑被视为一种蔓延的、"无边的"体验。

---

1 "否定"一词的含义可能不足以表示其中的威胁程度，或者婴儿对这种威胁所引发的焦虑的不适程度。当然，"否定"并不是指责备。众所周知，如果母子关系在根本上是安全稳定的，婴儿可以消化大部分的责备。

母亲的认可会带来奖赏，母亲的否定会带来惩罚。但更重要的是，随之而来的一种特殊的不适（焦虑）。这种认可和奖赏相对否定和不适（焦虑）的体系，成为个体一生中接受文化浸润和教育的最有力的支点。沙利文对母亲在这个系统中的重要性总结如下："我说过，在婴儿期和幼儿期，孩子与重要他人（母亲）的功能性互动，是他获得满足的来源，也是文化浸润的媒介，更是社会习性发展（自我发展的基础）过程中焦虑和不安的来源。"[1]

焦虑会抑制婴儿，把他的发展限制在重要他人认可的活动上。沙利文提出了一个非常重要的观点，即自我的形成是出于成长中的婴儿应对焦虑情境的需要。自我的形成，是因为个体需要区分那些被认可的活动和不被认可的活动。"自我动力机制（self-dynamism）便建立在这种认可与否定、奖励与惩罚的经验之上。"[2]自我"作为保持安全感的动力而产生"[3]。这是一个令人惊讶的想法——自我的形成是为了让我们免于焦虑。自我是一个动力系统，有机体通过自我整合那些得到认可和奖赏的经验，并学会排除那些会带来否定和焦虑的活动。因此，由早期经验设定的限制，往往会年复一年地保持下去，"每当我们试图越界时，我们就会经历

---

1 沙利文：《现代精神病学的概念》，第34页。

2 沙利文：《现代精神病学的概念》，第40页。

3 沙利文：《现代精神病学的概念》，第46页。

焦虑"[1]。

我们现在需要明确上面所说的，也就是，焦虑体验所设定的限制，不仅是对行动的禁止，也是对意识的限制。任何会引起焦虑的倾向都被排除在意识之外，或用沙利文的术语来说，被分离了。沙利文总结道：

> 自我会控制意识，会限制个人对自身处境的觉知，这多半是焦虑的作用。结果是，那些未被包含或纳入被认可的自我结构中的人格倾向，便会从个人意识中被分离出来。[2]

这些概念为一些常见的焦虑现象提供了新的解释。古典精神分析理论认为焦虑导致压抑，沙利文提出焦虑状态会对意识有所限制——这种现象在我们的日常经验和临床工作中都可以观察到——便是他对古典精神分析理论的重新诠释。沙利文在阐述人际关系的动力机制，特别是母婴之间的互动以及有机体对维持安全感的核心需求时，为这种意识的限制为何以及如何发生提供了新的解释。关于焦虑和症状的形成，我们可以很容易看到，当有机体难以将强烈的焦虑体

---

1 沙利文：《现代精神病学的概念》，第22页。
2 沙利文：《现代精神病学的概念》，第46页。

验或冲动分离出去时——就像在神经症中一样——替代性和强迫性的症状就会随之出现。这是一种僵化的分离意识的方法。这样一来，只要个体觉得某种焦虑大到难以承受，与之相关的倾向和经验便会一直被分离。

沙利文的贡献还包括他对情绪健康与焦虑之间关系的深刻阐述。他的看法可以表述如下：焦虑限制了个体的成长和意识，缩小了有效生活的范围。情绪健康程度等同于个人意识程度。因此，澄清焦虑使自我和意识得到扩展，也就实现了情绪健康。

第六章　焦虑的文化解读

事实是，所有的历史都很重要，因为它们的影响在当下。特别是那些被隐藏的部分，它们的影响无处不在，而我们却浑然不知。

那些生活陷入危机的人必须正视他们的过去，就像神经症患者必须揭开生活的面纱一样。那些久被遗忘的历史创伤，可能会对毫无觉察的人造成灾难性影响。

——刘易斯·芒福德《人类的处境》

我们在前几章中看到，所有关于焦虑的讨论几乎都离不开文化因素。无论我们研究的是儿童的恐惧、心身障碍中的焦虑，还是各种神经症中的焦虑，文化环境总是焦虑体验不可或缺的一部分。在上一章中，我们也注意到了不同研究者提出文化因素重要性的理论依据。例如，沙利文描述了个体在成长中的每一阶段——从子宫内的细胞到长大成人并与其他社会成员在爱或工作中建立关系——都与周围世界有着不可分割的联系。文化因素对焦虑的重要性现已被广泛承认，在这里就不赘述了。

因此，我在本章的目的更加具体。我想要说明，个人的焦虑情境如何受制于他的文化标准和价值观。我所谓的"情境"是指引发焦虑的各种威胁——这些威胁在很大程度上由个人所处的社会文化决定。我还想说明，个人的焦虑程度如何依赖于文化的相对统一性和稳定性。

哈洛韦尔（A. I. Hallowell）指出，在原始社会中，威胁情境因文化而异，这一点众所周知。但哈洛韦尔进一步指出，焦虑受到文化中包含的信念和实际危险情境的共同影响。[1]西方文化对个人竞争野心的极大重视，便清楚地说明了这个观点的价值。胃溃疡被称为"西方文明下奋斗者与野心

---

[1] 哈洛韦尔：《焦虑在原始社会中的社会功能》（*The Social Function of Anxiety in a Primitive Society*），载于《美国社会学评论》（*American Sociology Review*，1941，6：6），第869—881页。

家的疾病"，在对胃溃疡患者的心身研究中，我们发现，西方社会中的男人需要强壮、独立、在竞争中取胜并压抑自己的依赖需求，他们的焦虑由此而起。我们还在儿童恐惧的研究中发现，随着儿童年龄的增长并吸收更多文化中蕴含的态度，与竞争有关的恐惧和焦虑也会相应增加。事实上，对学龄儿童的研究经常显示，他们最明显的焦虑表现在竞争成功方面，无论是学习本身还是其他事情。[1]很明显，随着个体进入成年期，竞争成功的目标越来越受重视。与儿童相比，成年人在报告他们的童年恐惧时，会出现更多与竞逐成败有关的恐惧，我们将其解释为成年人习惯于在童年中"回溯"恐惧和焦虑的根源，而这些恐惧和焦虑在他们的生活中影响越来越大。本书稍后会谈到我对未婚妈妈焦虑的研究。虽然人们有理由猜测，未婚妈妈的焦虑主要在于得不到社会认可或罪疚感，但实际上并非如此——报告显示，她们的焦虑主要在于竞争性野心，比如，她们是否能达到"成功"的文化标准。西方文化如此强调在竞争中胜出，而无法实现这一目标引起的焦虑又如此普遍，因此我们有理由假设，"个人竞争成功"既是西方文化的主要目标，也是最普遍的焦虑情境。

为什么会这样？竞争成功为何会成为西方文化中焦虑的

---

[1] 萨拉森等（Seymour Sarason, Kenneth Davidson, Frederick Lighthall, Richard Waite & Britton Ruebush）：《小学生的焦虑》（*Anxiety in Elementary School Children*, New York, 1960）。

主要来源？为什么无法竞争成功会带来如此大的威胁？这些问题显然不能用"常态如此"来回答。人们可能会说，每个人都有获得安全感和被接纳的正常需求，但这并不能解释为什么在西方文化中，人们会以竞争的方式来获取安全感。尽管我们可以假设，每个人都有扩展成就、增强能力和权力的正常需求，但为什么在西方社会中，这种"正常的"抱负会以个人主义的形式出现呢？为什么人们对成功的定义与社群精神截然对立，以至于别人的失败就相当于自己的成功？在讨论科曼奇族印第安人的文化时，亚伯兰·卡迪纳指出，虽然其中存在激烈的竞争，"但它并不妨碍人们的安全感或者社群的共同目标"[1]。我们不难看出，现代西方的竞争必然对社会各个层面造成破坏性影响。为什么在西方文化中，竞争会带来如此严格的奖惩，以至于个人的价值感完全取决于在竞争中的获胜（正如下文将说明的那样）？

这些问题表明，像个人竞争成功这类目标，不能简单地理解为人性的"固有特质"，而应将其视为一种文化产物。它是一种文化模式的表现，在这种文化模式中，个人主义与竞争性野心交织在一起。这种模式自文艺复兴以来普遍存在于西方文化中，但在中世纪却难以觅见。个人竞争成功作为

---

1 亚伯兰·卡迪纳（Abram Kardiner）：《社会的心理边界》（*The Psychological Frontiers of Society*，New York，1945），第99页。

普遍的焦虑情境，有其特殊的历史起源与发展，接下来我们就此展开论述。

历史维度的重要性

"文化制约焦虑"这一普遍接受的说法，在这里应该被扩展为：一个人的焦虑受制他所处的特定文化，而该文化又处于特定的历史发展时期。这就引出了当代焦虑情境的源远流长的发展背景。狄尔泰在讨论"人是受时间约束的生物"时，强调了历史维度的重要性，他认为，"人既是一种哺乳动物，也是一种历史存在"，而我们需要做的是，"将个人的整体人格与历史条件下人格的各种表现联系起来"。[1]尽管当代心理学和精神分析已经广泛接受文化的重要性，但到目前为止，历史维度仍在很大程度上被忽视了。

不过，研究者越来越意识到，对焦虑进行探究，就像探究文化背景下人格的其他方面一样，只能从个人的历史地位来找寻答案。劳伦斯·弗兰克写道，"有思想的人越来越意识到我们的文化是病态的"，并指出"文艺复兴时期出现的

1　加纳德·墨菲（Gardner Murphy）：《近代心理学历史导引》（*Historical Introduction to Modern Psychology*，New York，1932），第446页。

个人奋斗，现在正把我们带入错误的方向"。[1]卡尔·曼海姆（Karl Mannheim）则从心理学角度来描述这个问题，这种心理学取向与历史学、社会学关系密切，它"可以解释普通大众如何创造出特定的历史类型"。例如，他问道："为什么中世纪和文艺复兴时期产生了完全不同的人？"[2]一般来说，历史之于社会人，就像基因之于自然人。也就是说，了解现代人性格结构的历史发展，是理解现代人的焦虑所必需的；就像分析童年经历，是理解某个成年人的焦虑所必需的。

我在此推荐的历史研究法——将贯穿本章的讨论——不仅仅是对历史事实的收集，它还包括了更复杂的历史意识过程，这种历史意识体现在一个人的态度、心理模式以及整个文化模式中。既然每个社会成员或多或少都是文化历史中所发展的模式和态度的产物，那么对过去文化的觉知在某种程度上就是一种自我意识。克尔凯郭尔、卡西尔等人认为，个体人格中所体现的觉察历史的能力，是人类区别于其他生物的标志之一。我们之前讨论过莫勒的发现，即作为整个因果关系的一部分，这种将过去带入现在的能力是"心灵"和"人格"的本质。荣格也形象地表达了这一真理，他把个体

---

1 劳伦斯·弗兰克（Lawrence K. Frank）：《病态的社会》（*Society as the Patient*），载于《美国社会学期刊》（1936，第42期），第335页。

2 卡尔·曼海姆：《重建时代的人与社会》（*Man and Society in an Age of Reconstruction*，New York，1941）。

比作一个站在金字塔顶端的人，而支撑他的是以前存活的所有人的集体意识。有人认为，历史始于他自己的研究或者最近的一次研讨会，这个想法实在太荒谬了！

历史意识的能力是自我意识能力的发展，也就是同时视自己为主体和客体的能力。历史研究法要求我们把个人假设（以及文化假设）看作与历史有关，不管这些假设是宗教的、科学的，还是涉及某种普遍的心理态度，比如西方文化对竞争性个人主义的高度评价。一些文化分析学家把现代科学的某些假设作为研究其他历史时期的绝对基础（卡迪纳便是如此）。但是，如果我们没有意识到，我们个人的假设与历史上的假设一样，都具有历史的相对性，同样也是历史的产物，那么我们显然无法理解古希腊或中世纪这样的时期。

这种历史研究法开辟了一种动态的研究取向，也纠正了我们对文化模式的研究态度。因此，我们可以避免成为历史决定论的对象。文化历史具有绝对的不可抗力，以至于有时个人根本无从察觉。在任何精神分析治疗中，我们都能发现类似的状况：患者受过去经验和先前发展模式的严格制约，以至于他根本不曾意识到这些经验和模式。但是，通过一个人的历史意识，他能够摆脱过去的束缚，获得一定程度的自由，修正历史对自己的影响。历史塑造了他，他也改造了历史。正如弗洛姆所指出的：

人不仅由历史塑造，人也塑造历史。解决这种看似矛盾的情况，便构成了社会心理学的领域。社会心理学的任务不仅是揭示情感、欲望和焦虑如何因社会进程而变化和发展，而且要揭示人类能量如何被塑造成特定的形式，进而转化为生产力来塑造社会进程。[1]

由于现代人性格结构的整个历史发展太过宽泛，所以我们只讨论其中最令人感兴趣的核心方面，即竞争性的个人野心。此外，从整个西方历史发展的各个时期来探讨这个问题也不太可能，所以我将从文艺复兴时期，即现代文化的形成时期开始说起。[2]我们的目标是：呈现文艺复兴时期个人主义的产生与发展，阐明这种个人主义如何变得具有竞争性，以及这种竞争性的个人主义对人际孤立和焦虑有何影响。

文艺复兴时期的个人主义

现代西方人性格结构的个人主义性质，可以视为对中世

---

1 弗洛姆：《逃避自由》（*Escape from Freedom*，New York，1941），第14页。
2 文艺复兴是近现代的开端，也是影响许多当代焦虑潜在文化模式形成的时代，而童年早期是成人焦虑潜在模式形成的时期。我们对文艺复兴时期的关注，大致等同于个体心理治疗对童年早期阶段的强调。

纪集体主义的回应和对照。用布克哈特的话来说，中世纪的公民"只意识到自己是某个种族、民族、政党、家族或企业中的一员——只通过某些普遍范畴来认识自己"[1]。在理论上，每个人都知道自己在某个集体中的地位，如在行会经济结构、家庭心理结构、封建等级制度，以及教会道德和精神结构中的地位。人们的情感通过共同的渠道得以表达，如节日中相互联结的情感、十字军东征等运动中的侵略情绪。赫伊津哈评论道："所有的情绪都需要一套约定俗成的严格体系，如果没有这个体系，激情和暴力就会肆意破坏生活。"[2]

但是，赫伊津哈指出，之前作为疏导情绪与传递经验的工具的教会和社会体系，到了14、15世纪，却莫名变成了压抑个人活力的工具。中世纪末期，象征的使用十分盛行，这种艺术手段已然成为目的本身。它们成了空洞无物、脱离现实的表达形式。中世纪的最后一百年，无处不弥漫着抑郁、忧郁、怀疑和大量的焦虑。这种焦虑表现为对死亡的极度恐慌，以及对恶魔和巫师的普遍恐惧。[3]曼海姆说："我们只要看看博斯（Bosch）和格伦瓦尔德（Grunwald）的画作，就会

---

1 布克哈特（Jakob Burckhardt）：《意大利文艺复兴时期的文化》（*Civilization of the Renaissance in Italy*，New York，1935），米德尔莫尔（S. G. C. Middlemore）译。

2 赫伊津哈（Johan Huizinga）：《中世纪的衰落》（*The Waning of the Middle Ages*，New York，1924），第40页。

3 赫伊津哈：《中世纪的衰落》，第40页。

发现混乱无序的中世纪所充斥的恐惧和焦虑，其象征性表达就是对魔鬼的普遍恐惧。"[1]在某种程度上，文艺复兴时期的个人主义，可以被理解为对中世纪末期衰败的集体主义的反抗。

对个体的新评价以及人与自然关系的新观念，成为文艺复兴时期的中心主题，这一点也生动地呈现在乔托[2]的绘画中。许多权威人士认为，新时代是由乔托和他的老师齐马步埃（Cimabue）拉开序幕的。乔托实际上生活在"第一次意大利文艺复兴时期"，那是在文艺复兴全盛时期之前。[3]相对于中世纪绘画中刻板、扁平的象征性人物，乔托画中的人物呈现出了立体感，并且有各式各样的动作。与先前绘画中笼统、虚幻、脸谱化的神圣面孔相比，乔托开始刻画个人的情绪，描绘普通人在日常生活中的悲伤、欢乐、激情和惊喜，如父亲亲吻孩子、朋友在死者墓前哀悼等。他对自然情怀的喜悦延续到了他所画的动物身上；他在画中对树木、岩石的礼赞，也预示着自然形式的新乐章。在保留了中世纪艺术的某些象征特性的同时，乔托也呈现了文艺复兴的新态度，即新人文主义与新自然主义。

---

1 曼海姆：《重建时代的人与社会》，第117页。

2 乔托（Giotto，1266—1337），意大利画家、雕刻家与建筑师，被认为是意大利文艺复兴的开创者。——译者注

3 在本章中，我们对艺术家作品讨论的前提是艺术家能表达出文化的潜在假设和意义，而且艺术象征的表达往往不会像文字符号那样受到扭曲，也更能直接传达文化的内涵。

中世纪将人视为社会有机体中的一个单位。与此相反，文艺复兴则认为人是一个独立的实体，社会环境只是个人取得卓越成就的背景。乔托所处的时期与文艺复兴全盛时期的主要区别在于，前者重视的是人（圣方济各在这方面对乔托影响很大），后者重视的则是有权势的人。这一现象是现代文化中焦虑模式的基础，接下来我们要追溯它的发展。

革命性的文化变化和扩张，几乎遍布文艺复兴的每一个领域，如经济、知识、地理、政治等，这一点无须赘述。所有这些文化上的变化，都与人们对自由、自主的个体力量的新信念有因果关系。一方面，革命性的变化基于人们对个体的新认识；另一方面，社会变革提倡个人要有勇有谋、掌控权力、发挥主动性。社会运动将个人从中世纪的家族体系中解放出来，个人可以凭借不屈不挠的行动，摆脱出身的束缚，取得卓越的成就。贸易扩张和资本主义发展所带来的财富，为人们的进取心提供了新的机会，也为敢于冒险的人带来了回报。对教育和学习的重新赏识，既是知识自由的表现，也是好奇心的释放。以世界为校园四处游历的学子，象征着新的学习方式与行动自由之间的关系。但与此同时，知识也被视为获得权力的一种手段。文艺复兴时期的艺术家洛伦佐·吉贝尔蒂（Lorenzo Ghiberti）评论道："只有无所不知的人，才能无畏地蔑视命运的变化。"[1]

当城邦统治权从一个专制者手里迅速交到另一个专制者手里时，文艺复兴时期的政治动荡不安同样也诱使了对权力的放任。在那个人人为己的时代，只有既勇敢又能干的人，才能获得并保持显赫的地位。

这种情形助长了个人野心无所忌惮地发展。因为能干，最卑贱的修道士可以登上圣彼得大教堂的宝座；因为能干，最低等的士兵可以晋升至米兰公爵的地位。厚颜无耻、精力充沛和不择手段都成为当时成功的主要条件。[2]

谈到这一时期与个性表达有关的暴力，布克哈特评论道："这种性格的根本缺陷，同时也是其伟大之处，即过度的个人主义……看到别人利己主义的胜利，驱使他（个人）螳臂当车，捍卫自己的权利。"[3]

文艺复兴时期对个人的高度评价，并不是对人本身的评价。相反，正如上面提到的，它指涉的是强大的个体。它的

---

1 布克哈特：《意大利文艺复兴时期的文化》，第146页。
2 约翰·阿丁顿·西蒙兹（John Addington Symonds）：《意大利的文艺复兴》（*The Italian Renaissance*，New York，1935），第60页。
3 布克哈特：《意大利文艺复兴时期的文化》，第146页。

240 -

前提是，弱者可以被强者肆意地剥削和操纵。我们要牢记的是：尽管文艺复兴在许多方面确立了原则，这些原则在随后的几个世纪里被现代社会的大部分人无意识地吸收，但文艺复兴本身并不是一场大众运动，而是属于少数强者、有创造力的个体的运动。

文艺复兴时期所谓的美德（virtu），在很大程度上是指勇气和其他有助于成功的特质。"成功是判断行为的标准；如果一个人能够帮助他的朋友，威吓他的敌人，能够生财有道，他就被认为是一个英雄。马基雅维利对'美德'一词的运用……基本上等于罗马人口中的'美德'，主要指一个人为了达到目的所需的种种特质，比如勇气、智力、才干。"[1]我们注意到，这里融合了个人主义和竞争性。如果把强者视为典范，把社会视作出人头地的竞技场，那么成功的概念必然是竞争性的。整个文化体系都重视通过超越和战胜他人来实现自我。

这种对自由个体力量的信心，是文艺复兴时期的强者完全自觉的态度。莱昂·阿尔伯蒂[2]作为样样精通（从体操到数学）的杰出人物之一，提出了这些强者的座右铭："只要我

1　约翰·阿丁顿·西蒙兹：《意大利的文艺复兴》，第87页。

2　莱昂·阿尔伯蒂（Leon Alberti，1404—1472），意大利建筑师、作家、诗人、语言学家、哲学家、密码学家，是文艺复兴时期的一位通才。——译者注

想做，什么都能做。"[1]但是，就文艺复兴时期所提倡的态度
而言，再也没人比皮科·德拉·米兰多拉[2]表达得更透彻了，
他写了12本书来证明人是自己命运的主宰。在他的著作《论
人的尊严》（*Oration on the Dignity of Man*）中，他想象造物
主对亚当说道：

> 我们既没有给你固定的居所，也没有给你独有的
> 形象……我们赋予你的是……你将不受任何狭隘的钳
> 制，依靠自己的自由意志，为自己描绘天性的轮廓。
> 我们将你安置在世界的中央，以便你能更轻易地洞察
> 一切。我们创造的你，既非圣物又非凡人，既非永存
> 又非速朽。因此，你可以凭借自己的意志，以自己的
> 名义，创造自己，建设自己，按照自己的自由意志发
> 展。你可以堕落成毫无理性的低等生物，但如果你愿
> 意，你也可以蜕变成神圣的生命。

这种认为人具有无限的自由和力量，可以进入他所选
择的任何领域的强势观念，被西蒙兹描述为"现代精神的顿

1　布克哈特：《意大利文艺复兴时期的文化》，第150页。
2　皮科·德拉·米兰多拉（Pico della Mirandola，1463—1494），意大
　利哲学家、人文主义者。——译者注

悟"[1]。正如米开朗琪罗所说，只要一个人"相信自己"，他的创造力就没有界限。这种自觉理想（conscious ideal）就是成为"全能的人"（l'uomo universale），即全面发展、多才多艺的个体。

但是，这个"美丽新世界"的负面影响在哪里呢？据我们的临床经验来看，这种自信必然受到某种态度的反向制衡。我们发现，在文艺复兴时期的自信与乐观之下，在不那么有意识的层面，隐藏着一股带有"新生"焦虑的绝望暗流。这股暗流直到文艺复兴末期才浮出水面，在米开朗琪罗身上可以清楚地看到。米开朗琪罗有意识地为个人主义的斗争而自豪，并勇于接受其中的孤独。他写道："我没有任何朋友，我也不想要任何朋友。""追随别人的人永远不会前进，不知道凭自己能力创造的人也无法享受别人的成果。"[2]虽然这里没有类似奥登的洞见：

> ……自我如梦如幻
> 直到邻人的需求出现
> 它才诞生。

---

1 约翰·阿丁顿·西蒙兹：《意大利的文艺复兴》，第352页。
2 罗曼·罗兰：《米开朗琪罗传》（*Michelangelo*，New York，1915），斯特里特（F. Street）译，第161页。

但在米开朗琪罗的绘画中，我们可以看到紧张和冲突，这正是当时过度个人主义的潜在心理对应物。他在西斯廷教堂天花板上绘制的人物，总是表现出一种持续的躁动不安。西蒙兹指出，米开朗琪罗画笔下的人类形态"十分暧昧，带有奇怪而可怕的躁动感"。文艺复兴时期的人们觉得自己在恢复古希腊精神，但西蒙兹指出，对照米开朗琪罗的躁动与菲狄亚斯[1]的"稳重平静"，就可以看出二者的本质区别。[2]

　　几乎所有米开朗琪罗笔下的人物，乍一看都是强大而得意的，但仔细一看，各个都睁大了双眼，显露出焦虑的迹象。不出所料，在他的画作《人类的堕落》（*The Damned Frightened by Their Fall*）中，我们可以从人物的脸上看到强烈的恐惧，但值得注意的是，他在西斯廷教堂壁画上绘制的不那么紧张的人物，也出现了同样的恐惧表情。似乎为了证明他所表达的不仅是文艺复兴时期的内在紧张，也包括了自己身为其中一员的不安，米开朗琪罗在他的自画像中所画的双眼也明显睁得很大，表现出了典型的忧虑。总的来说，这种"自觉理想"掩盖了文艺复兴时期大多数艺术家的新生焦虑（参见拉斐尔笔下的柔美和谐的人类）。但是，米开朗琪罗的长寿，使他超越了文艺复兴全盛时期不成熟的信念。他

1　菲狄亚斯（Phidias，前480—前430），古希腊著名雕塑家、建筑设计师。——译者注

2　约翰·阿丁顿·西蒙兹：《意大利的文艺复兴》，第775页。

的天赋和深刻性，使他比文艺复兴的早期代表更能实践时代的目标。因此，他更明显地呈现出了那个时期的暗流。米开朗琪罗笔下的人物既是文艺复兴时期的自觉理想，也是心理暗流的象征，这些人一方面得意扬扬、强大且发展充分；另一方面又显得紧张、躁动和焦虑。

值得注意的是，像米开朗琪罗这样在个人主义斗争中取得成功的个体，在其身上仍然可以发现紧张和绝望的暗流。因此，新生焦虑的产生并不是由于个人追求成功的目标遭遇挫败。相反，我认为这是由于心理上的孤立状态和缺乏社群的积极价值，两者都是过度个人主义的结果。

弗洛姆描述了文艺复兴时期强者的两个特征："似乎新的自由给他们带来了两样东西：一种是增强的力量感；另一种是增强的孤独、困惑和怀疑，以及由此引发的焦虑。"[1]用布克哈特的话来说，这种心理暗流的突出症状就是"对名望的病态渴求"。有时，人们对名望的渴望如此强烈，以致做出刺杀或其他明目张胆的反社会行为，希望借此留名于后世。[2]这表明个体在其人际关系中深感孤立和挫败，强烈地需要得到同伴的认同，甚至不惜使用攻击的手段。不管结局是名垂千古，还是遗臭万年，似乎都不重要。这表明了个人

---

1 弗洛姆：《逃避自由》，第48页。
2 弗洛姆指出："如果一个人与他人及自我的关系无法提供足够的安全感，那名望便是一种消除疑虑的手段。"

主义的另一个方面，它也存在于当今的竞争性经济中，即对他人的攻击被当作获得他人认可的手段。这提醒我们一个事实：一个备受孤立的孩子为了获得最起码的关心和认可，可能会成为一个不良少年。

这种竞争性的个人野心，对个体与自己的关系具有重要的心理影响。通过一个合乎情理的心理过程，个体对他人的态度会转变成他对自己的态度。与他人的疏离迟早会导致自我疏离。为了累积财富和权力而操纵他人（如贵族和中产阶级所做的），"成功人士与自我的关系，他的安全感和信心，都会受到毒害。他的自我也像别人一样，成了他操纵的对象"[1]此外，个体的自我评价也会取决于他能否在竞争中胜出。由于无条件地看重成功——"无条件"是指一个人的社会尊严和自尊都完全依赖于它——我们看到了奋力追求竞争成功的滥觞，这是文艺复兴时期个体的典型特征。卡迪纳描述了这一点给现代人带来的问题：

　　西方人的焦虑源于他们把成功作为自我实现的一种形式，就像中世纪的救赎一样。但与仅仅寻求救赎的个体相比，现代人的心理任务要艰巨得多。那是一种责任，而失败所带来的社会责难与轻视，远远比不

1　弗洛姆：《逃避自由》，第48页。

上自卑与绝望带来的自我轻视。成功是一个没有终点的目标，对成功的渴望非但不会随着成就而减弱，反而会不断增加。而所谓的成功，很大程度上就是对他人行使权力。[1]

为了解释对个人成功的新关注，卡迪纳强调，中世纪社会关注死后"来世"的奖惩，到文艺复兴时期转变为关注现世的奖惩。我同意，文艺复兴的标志是对现世的价值和满足的新认识。这在薄伽丘的作品中，在乔托人文主义和自然主义的绘画中，都早已有所体现。但令我印象深刻的是，中世纪的奖赏是个体从团体（家庭、封建集团、教会组织）中获得的，而文艺复兴时期的奖赏总是凭借个体与其他成员竞争所得。文艺复兴时期对名望的渴求，实际上是在"现世"追求死后的奖赏。但重要的是，这种奖赏具有高度的个人主义性质：个体凭借出类拔萃的才能，从同伴中脱颖而出，从而享誉四方或流芳后世。

卡迪纳的观点是，中世纪教会关于死后奖惩的教义，有效地控制了个人的侵略性，并使个人的自我（self）得到确认。但随着死后奖惩的约束逐渐减弱，人们越来越重视此时此地的奖赏，并越来越关注社会成就（声望、成功）。自我

---

1 卡迪纳：《社会的心理边界》，第445页。

不再由死后的奖赏来确认，而是在现世的成功中得到认可。在我看来，卡迪纳的观点在一定程度上是正确的，特别是在文艺复兴和此后的现代发展中，人们确实转向了关注现世的回报。但是，只区分何时得到奖励和惩罚——是中世纪的死后，还是现代的当下——有些过于简化了，只涵盖了这幅复杂图景的一个方面。举个例子，薄伽丘本着文艺复兴的精神，歌颂个人对当下满足的追求，但他也认为，有一种超个人的力量（即命运），试图阻止人们追求享乐。然而，重要的是，薄伽丘认为，有勇有谋者能够战胜命运。这种通过个人力量获得奖赏的信念，让我感受到文艺复兴的本质特征。从另一角度来探讨这个问题：把死后奖赏和现世奖赏进行区分，以此来解释现代人对成功的关注，这之所以是一种过于简化的倾向，是因为几乎在整个现代时期[1]，宗教仍然假定人死后才会得到奖赏。直到19世纪，这种"不朽观"才受到广泛质疑（参见蒂利希）。但还是那句话，现代时期的重要方面不在于何时得到奖赏，而在于奖赏与个人奋斗之间的关系。使人不朽的善行，与取得经济成就的善行是一样的，后者即勤奋工作并遵守资产阶级道德。

　　文艺复兴时期兴起的个人主义的积极方面——特别是个人自我实现的新可能性——不需要费力证明，因为它们已经

---

1 作者所处的时代。——编者注

整合为现代文化有意识与无意识的部分假设。但是，其消极方面并未得到充分认识，而这正与我们目前的研究有关。它们包括：①这种个人主义的竞争本质；②强调个人权力而非集体价值；③现代文化开始无条件地推崇个人竞争成功；④在文艺复兴时期首次出现的心理现象，在19世纪和20世纪以更严重的形式卷土重来，这些心理现象就是人际方面的孤立和焦虑。

我之所以说文艺复兴时期出现的是"新生"焦虑，是因为个人主义模式引发的明显、有意识的焦虑在当时基本被避免了。在文艺复兴时期，焦虑主要是以症状的形式出现的。正如我们在米开朗琪罗的例子中所见，尽管他公然地承认孤立，但他并没有自觉地承认焦虑。在这方面，15、16世纪孤立的个体与19、20世纪孤立的个体存在明显的区别，后者如克尔凯郭尔，能够自觉地意识到因孤立而产生的焦虑。文艺复兴时期的巨大扩张性掩盖了人际孤立的全面影响，因此也避免了有意识的焦虑带来的全面冲击。如果一个人在某个方面受挫了，他总能找到让自己奋斗不懈的新领域。这种方式总是强调个人历史的开始而不是结束。

因此，在文艺复兴时期，现代西方文化中的焦虑问题就已经定下基调：人际社群（心理、经济、伦理等）应该如何发展，又该如何与个人自我实现的价值观相融合，从而使社会成员免于感到过度个人主义所带来的孤立感以及伴随而来的焦虑？

工作和财富中的竞争性个人主义

　　自文艺复兴以来，经济发展极大地助长和强化了西方社会中个体的竞争倾向。中世纪行会（其中很少有竞争）的崩溃，为激烈的个体经济竞争打开了大门。这种竞争是现代资本主义和工业主义的核心特征。因此，探究现代人性格结构中的个人竞争野心如何与经济发展交织在一起，就显得尤为重要。接下来，我们将跟随理查德·托尼[1]一起探讨文艺复兴以来的经济发展脉络，特别是工业主义和资本主义产生的心理影响。在这一节中，我们关注的是孕育于文艺复兴时期的新原则的实现和应用。

　　现代工业主义和资本主义的发展受制于许多因素，但在心理层面，关于自由个人权利的新观点至关重要。就其发展的基本原理而言，在于强调个人积聚财富并以金钱换特权的"权利"。托尼指出，个人的利己主义和扩张的"天性"被尊奉为公认的经济动机。工业主义，尤其是18、19世纪的工业主义，建立的基础是"否定任何凌驾于个人理性之上的权

1　理查德·托尼（Richard Tawney，1880—1962），英国经济史学家、社会批评家。——译者注

威（如社会价值与功能）"[1]。这"使人们可以自由地追逐私利、野心或欲望，而不受任何共同的忠诚核心的约束"[2]。就这一点而言，现代的"工业主义是对个人主义的误用"[3]。

托尼所称的"经济利己主义"基于以下假设：自由地追逐个人私利，会自动带来整个社会的经济和谐。这一假设有助于减轻人们的焦虑，这些焦虑因经济竞争中社会内部的孤立和敌意而起。富有竞争力的个体相信，他的努力奋斗让社会得到了发展。在现代时期的大部分时间里，这一假设从实用主义角度来讲并无问题。工业主义的发展，大大增加了满足个人物质需要的渠道，这就很好地证明了这一点。但在另一方面，特别是资本主义发展到垄断阶段后，个人主义的经济发展对个体和自身以及他人的关系，造成了破坏性和崩溃性的影响。

经济个人主义的全部心理影响和结果，直到19世纪中叶才完全显露。尤其在更近的时期，工业主义的心理影响更加

---

1 托尼：《贪婪的社会》（*The Acquisitive Society*，New York，1920），第47页。

2 托尼：《贪婪的社会》，第47页。

3 托尼：《贪婪的社会》，第49页。从历史的角度来看，很明显，弗洛伊德接受了文艺复兴以来西方文化的普遍偏见，认为能够不受社会的影响而达到自我满足的成功个人，便具有健康的人格。从经济的观点来看，这就是托尼所谓的对个人利己主义和扩张"天性"的崇拜的心理形式，而扩张正是过去几百年来工业主义的特性。这就是西方现代文化理想在实践中与伦理传统背道而驰的一个例子。

凸显，大多数人觉得工作已经失去了内在意义。工作已成为一种"做工"，其中的价值标准不是生产活动本身，而是相对外在的劳动报酬——工资或薪水。这就把社会尊严与自尊的基础，从创造活动本身转移到了对财富的获取。但前者的满足才能真正提升自我的力量感，从而有效地减少焦虑。

工业体系最注重的就是财富的扩张。因此，工业主义的另一个心理影响是，财富成为威望和成功的公认标准，用托尼的话来说，即"公众尊重的基础"。财富的扩张本质上是竞争性的，成功就是比邻居拥有更多的财富，他人财富的下降就是自己财富的增长。托尼从心理学角度出发，认为以攫取财富来定义成功是一种恶性循环。一个人永远不能确定他的邻居或竞争对手是否会获得更多的财富，也永远不能确定自己的地位是否已无懈可击，因此他总是被欲望驱使着去追求财富。在林德夫妇的专著《米德尔敦》中，"他们为什么如此努力工作"这一章节指出，"商人和工人似乎都在拼命挣钱，他们挣钱的速度与他们主观需求的快速增长保持同步"[1]。我们可以公平地推论，这些"主观需求"在动机上主要是竞争性的，也就是"与邻居比阔气"。

我们必须指出，将获取财富作为成功的公认标准，与为

---

1 林德夫妇：《米德尔敦》，第87页。

维持生计或增加享受而累积物质财富基本无关。事实上，财富成了个人权力的象征，是成就和自我价值的证明。

现代经济个人主义的基础，虽然基于对自由个体力量的信念，但它导致越来越多的人不得不为少数拥有大笔财产的人（资本家）工作。毋庸置疑，这种情况会引发普遍的不安全感，因为个体不仅要面对自己无法完全把握的成功标准，他的工作机会很大程度上也在自己的掌控之外。托尼写道："安全感是人类最基本的需求，而现代人普遍缺乏安全感，这便是对西方文明最严重的控诉。"[1]因此，实际的经济发展——特别是在资本主义的垄断阶段——直接违背了工业主义和资本主义所基于的个人奋斗自由的假设。

但是，正如托尼所指出的那样，个人主义的假设在西方文化中根深蒂固，尽管它们与现实情境矛盾重重，但很多人不以为然，仍固执地坚持这些假设。基于对个人（财产）权利——存款、房地产、养老金等——同样的文化假设，当中下层的中产阶级成员感到焦虑时，他们就会通过加倍努力来获取安全感。这些阶级成员的焦虑，往往会化作他们努力捍卫个人主义假设的额外动力，殊不知这种假设正是引发他们不安的原因之一。[2]"对安全感的渴求是如此迫切，以至于那

---

1 托尼：《贪婪的社会》，第72页。
2 这对理解我们现代极权主义的发展非常重要。

些遭受财产滥用（以及财产权所基于的个人权利假设）之苦的人……会容忍甚至捍卫它们，唯恐那把修剪死皮的剪刀会刺痛自己的嫩肉。"[1]

托尼还提出了一个重要的观点：为了改善中下阶层状况而进行的革命（如18世纪的各种革命），实际上与统治阶级持有相同的假设，即关于个人权利的主权以及衍生的财产权的假设。这些革命在扩大个人权利方面确实取得了宝贵的成果。但在托尼看来，它们都基于同样错误的假设，即个人的扩张自由凌驾于社会功能之上。这一点对我们接下来的讨论至关重要：在现代时期前几个世纪发生的革命和社会变革，与我们当前文化所面临的革命和剧变，是否存在本质区别？

在托尼看来，自文艺复兴以降，作为经济发展特征的个人主义，没有认识到工作和财产的社会功能。个人主义的假设"无法将众人团结起来，因为它否定了维系团结的纽带，无法致力于共同的目标，它的本质在于维护个人权利，而非服务众人"[2]。这与本书的假设是一致的，即竞争性的个人主义不利于社群经验，而社群精神的缺乏是引发焦虑的重要因素。

现代工业发展中的层层矛盾，一直被牵制到19、20世纪

---

1 托尼：《贪婪的社会》，第72页及以后。
2 托尼：《贪婪的社会》，第81—82页。

才得到释放。对于这一事实，托尼做出了以下解释：一个原因是，工业主义似乎能够无限扩张；另一个原因是，工人们摆脱饥饿和恐惧的动机促使这个系统有效运行。但是，当资本主义发展到垄断阶段时，其赖以存在的个人自由假设明显与之相矛盾，到了19、20世纪，当工会的发展缓解了恐惧和饥饿的威胁时，个人主义经济发展的内在矛盾就暴露出来了。

弗洛姆：现代文化中的个体孤立

现在，我们来看看两位心理学家对这些发展的心理和文化意义的解读，他们是弗洛姆和卡迪纳。弗洛姆主要关注的是现代人的心理孤立，这种孤立伴随着文艺复兴时期出现的个人自由而来。[1]关于这种孤立和经济发展的相互关系，他的论述特别有说服力。弗洛姆指出，"现代工业体系中的某些因素——尤其是在垄断阶段——会使人的性格变得软弱、孤独、焦虑和不安"[2]。不言而喻，孤独的体验正是焦虑的近亲。更具体地说，当心理孤立超过了一定程度，就会产生焦虑。既然人是作为个体在社会母体中发展，那么弗洛姆所面

---

1 弗洛姆：《逃避自由》，第48页。
2 弗洛姆：《逃避自由》，第240页。

临的问题便是，拥有自由的个体如何与人际世界建立联系。这就如同19世纪的克尔凯郭尔一样，从个体性、自由和孤立的角度来看待焦虑问题。

首先，我们有必要注意弗洛姆关于自由的辩证性观点。自由总是包括两个方面：消极的一面是，它摆脱了权威和限制；积极的一面是，它被用来建立新的联系。只有消极的自由会导致个体的孤立。

自由的这种辩证性，可以从每个孩子的出生和成长中看到，也可以从文艺复兴以来西方人性格结构的系统发展中看到。孩子在生命开始时与父母有一种"原始联结"，随着长大成人，他会逐渐摆脱对父母的依赖，这一过程被称为"个体化"。但个体化也带来了潜在或现实的威胁，它会逐渐打破原始联结的一体化。孩子开始意识到自己是一个独立的实体，在某种程度上，注定是孤独的。

> 与个体的存在相比，这种与世界分离给人的感觉极其强烈和震撼，常常具有威胁性和危险性，让人产生无力感和焦虑感。只要一个人是这个世界的一部分，没有察觉到自身行动的可能性与责任，他就不必感到害怕。[1]

---

1 弗洛姆：《逃避自由》，第29页。

一个人不可能无限期地忍受这种孤立以及伴随而来的焦虑。在理想情况下，我们期望孩子在成长的基础上发展出新的积极关系，当他成年时，这种关系会通过爱和富有成效的工作体现出来。但实际上，这个问题从来没有理想或简单的解决方案，个人自由在每一个成长阶段都包含着永恒的辩证性。如何解决这一问题？是建立新的积极关系或放弃自由以避免孤立和焦虑，还是发展新的依赖关系或形成各种妥协方案（神经症模式）来缓解焦虑？这个问题的答案，将对人格的发展起决定性作用。

　　这种自由的辩证性，也可以在文化层面上观察到。文艺复兴时期个体性的浮现，使人们摆脱了中世纪的权威与规范，摆脱了教会、经济、社会和政治的束缚。但与此同时，这种自由也意味着切断了曾给人带来安全感和归属感的纽带。用弗洛姆的话说，这种切断"必然让人产生一种深深的不安感、无力感、怀疑、孤独以及焦虑"[1]。

　　在经济领域摆脱中世纪限制的自由——市场从行会监管中解放出来，废除了高利贷禁令，实现财富积累——既是新个人主义的表现，也是其发展的强大动力。现在，一个人可以把自己的能力（和运气）尽可能地投入经济扩张中去。但

1　弗洛姆：《逃避自由》，第63页。

这种经济自由，不可避免地导致个体越来越孤立，并屈从于新的力量。

> 个体现在受到强大的超个人力量、资本和市场的威胁。每个人都是潜在的竞争对手，他与同伴之间变得敌对又疏远。他是自由的，但也是孤独的，既孤立无援，又四面受敌。[1]

观察这些发展对中产阶级的影响特别重要，不仅因为中产阶级在现代越发占据主导地位，还因为我们有理由假设，现代文化中的神经质焦虑是中产阶级的突出问题。财富积累起初只为文艺复兴时期少数有权势的资本家所关心，但后来逐渐成为城市中产阶级最主要的担忧。到了16世纪，中产阶级夹在富人和穷人之间，前者大肆炫耀自己的权势，后者则贫穷至极。尽管受到新兴资本家的威胁，中产阶级关心的还是维护法律和秩序。或许还可以说，中产阶级接受了新资本主义的潜在假说。因此，中产阶级在受到威胁时所体验到的敌意，并没有像中欧的农民那样以公开反抗的方式表达出来。中产阶级的敌意在很大程度上被压抑，表现为愤愤不平

---

1 弗洛姆：《逃避自由》，第62页。

和怨恨。众所周知，压抑的敌意会产生更多的焦虑[1]，因此，这种内心动力过程加剧了中产阶级的焦虑。

缓解焦虑的方法之一便是从事疯狂的活动。[2]这种焦虑一方面来自个体面对超个人的经济力量时的无力感，另一方面则来自个体相信"努力终有成效"，因此其症状部分地表现为过度的行动主义。事实上，自16世纪以来，人们对工作高度重视的心理动力之一便是缓解焦虑。除了工作所产生的创造价值和社会价值，工作本身也成为一种美德（加尔文主义主张，工作上有所成就，虽然不是获得救赎的手段，却是成为神之选民的明显标志）。我们在强调工作的同时，对时间与规则的重要性也格外看重。弗洛姆写道："这种不懈的工作动力是16世纪的基础生产力之一，其对于工业体系发展的重要性不亚于蒸汽与电力。"[3]

焦虑与市场价值

当然，这些发展对西方人性格结构的影响是深远的。由于市场价值是最高的标准，人也就成了可以被买卖的商品。一个人的价值就是他可出售的市场价值，无论出售的是技能还是"人格"。关于对人的这种商业评估（更准确地说，是贬低）及其在西方文化中的影响，奥登在诗歌《焦虑的年

----

1 请参见第四章霍妮所言。
2 我在第十一章描述了越战士兵对疯狂活动的类似需求。
3 弗洛姆：《逃避自由》，第94页。

代》中进行了生动而又深刻的描述。当诗中的年轻人想知道
自己能否找到有用的职业时，另一个角色回答道：

> ……嗯，你很快就会
>
> 不再困扰，而承认自己
>
> 是市场制造的，一件价值
>
> 浮动的商品，一个必须
>
> 服从买主的小贩……[1]

　　于是，市场价值就成了个人对自己的评估，而自信和
"自我感觉"（一个人对自己的认同感）也多半是他人看法
的反映。在这种情况下，"他人"则成了市场的代表。因
此，当代的经济进程不仅造成了人与人的疏离，同样导致了
"自我疏离"——一个人与自己的疏离。孤独和焦虑的产
生，不仅是因为个体要与同伴展开竞争，还因为他陷入了对
自己的内在评价的冲突。正如弗洛姆所言：

　　由于现代人将自己既当作卖家，又当作市场上待
售的商品，所以他的自尊取决于无法掌控的状况。如
果他是"成功的"，他便有价值；反之，他则一文不

---

1 奥登：《焦虑的年代》，第42页。

值。这种取向所导致的不安全感，怎么高估也不过分。如果一个人觉得自己的主要价值不在于他所拥有的人类特质，而依赖于在竞争激烈、变幻莫测的市场上取得成功，那么他的自尊必然是不稳定的，需要不断得到他人的肯定。[1]

在这种情形下，一个人被驱使着为"成功"而不懈奋斗，这是个体确立自我和减轻焦虑的主要方式。竞争中的任何失败，都会威胁一个人的准自尊——尽管它是准自尊，却是个体此刻所拥有的一切。竞争失败显然会导致他强烈的无助与自卑。

弗洛姆指出，在垄断资本主义的近期发展中，个人价值的贬低趋势加速了。不仅是工人，连中小商人、白领，甚至是消费者，都扮演着越来越机械化的角色。大体上，每个人就像是一台大机器上的一个小齿轮，小齿轮根本无法理解整个机器，更不用说影响它了。从理论上讲，个体可以随意跳槽或自由购物，但这通常是消极的自由，因为个体只是从一个齿轮变成另一个齿轮。"市场"仍以超个人的力量继续运行，而普通人对这种力量几乎没有控制力。诚然，工会和消

---

1 弗洛姆：《为自己的人》（*Man for Himself*, New York, 1947），第72页。

费者协会等组织在对抗上述发展方面取得了进展，但到目前为止，它们的影响只是缓和了经济生活的非人性化，而不是克服了它。

逃避机制

可以预料，人们会发展出某些针对孤立和焦虑的"逃避机制"。弗洛姆认为，在现代文化中，最常用的机制是机械趋同（automation conformity）。一个人"完全采用文化模式提供给他的人格特质。因此，他就变得和其他所有人一样，成为他们所期望的样子"[1]。这种趋同性基于这样一个假设："一个人放弃了他个人的自我，成了一个机械的人，和他周围成千上万的其他机械人一样，这样，他就不会再有任何孤独感和焦虑了。"[2]根据弗洛姆关于自由的辩证性观点，我们可以重新理解这种趋同性。在自由的消极方面，西方文化已经有了很大的进步，如不受外在权威对个人信念、信仰、意见的支配，但这在很大程度上也造成了心理和精神上的真空。一个人无法长期忍受脱离权威所带来的孤独，因此会发展出新的内在权威取而代之，弗洛姆将其称为"匿名权威"，如公众意见和常识。

现代自由的一个方面是，每个人都有选择信仰的权利。

---

1 弗洛姆：《逃避自由》，第185页。

2 弗洛姆：《逃避自由》，第186页。

但是，弗洛姆补充道："我们没有充分认识到，虽然现代人战胜了那些泯灭个人意志、干涉信仰自由的政教势力，但在很大程度上却丧失了一种内在能力，他不能相信任何未经自然科学证明的东西。"[1]"内在的约束、强迫和恐惧"填补了消极自由所留下的真空，并为个体的机械趋同提供了强大的动机。虽然这种趋同是为了避免孤独和焦虑，但它实际上起着相反的作用：个体趋同的代价是放弃他的自主力量，因此会变得更加无助、无力和不安。

弗洛姆描述的避免个体孤立的其他机制是施虐—受虐狂和破坏性。尽管施虐—受虐狂的表现是对他人施加痛苦或者让自己痛苦，但它们本质上是一种共生关系，在这种共生关系中，个体通过专注于另一个人或多个人的存在来克服孤独。"受虐狂所采用的各种手段都是为了摆脱自我，失去自我，换句话说，就是摆脱自由的负担。"[2]我们也会在受虐狂身上发现，个体会努力通过成为"更大"力量的一部分来弥补无助。破坏性——在近期的社会政治发展中，法西斯主义就是这一现象的明证——同样是为了逃离无法忍受的无力感与孤立感，其基本原理可以从焦虑（在此背景下，是由孤立引起的焦虑）与敌意的关系中看出。正如我们之前指出的，

1 弗洛姆：《逃避自由》，第106页。
2 弗洛姆：《逃避自由》，第152页。

焦虑会产生敌意，而破坏性正是这种敌意的公开形式之一。

法西斯主义是一种复杂的社会经济现象，但从心理学的角度来说，如果不考虑焦虑因素，我们就无法理解它。尤其是对于焦虑的这些方面——个体的孤独感、渺小感和无力感，我们无法轻易回避。人们普遍认为，法西斯主义主要发端于社会的中下阶层。在分析德国法西斯主义的起源时，弗洛姆描述了第一次世界大战和1929年大萧条之后，德国中产阶级所经历的无力感。"绝大多数人都被一种渺小感和无力感所笼罩，这就是所谓的垄断资本主义的典型特征。"[1]这个阶层不仅在经济上没有安全感，在心理上也是如此，它失去了曾经的权威中心——君主制和家族。法西斯专制主义的特征是施虐—受虐狂和破坏性，其功能在心理上可与神经症症状相提并论，也就是说，法西斯主义补偿了个体的无力感与孤独，保护了个体免受焦虑的影响。[2]如果我们把法西斯主义比作神经症症状，那么可以说，法西斯主义是社群形式的神经症。

我对弗洛姆的批判主要是，他低估了人类发展的生物学层面，或者只是予以口惠而已。例如，他宣称"人的本性、激情和焦虑都属于文化产品"，而我认为，"人的本性、激

---

1 弗洛姆：《逃避自由》，第217页。
2 请参见第三章关于戈德斯坦的部分；另参见库尔特·里茨勒的《恐惧的社会心理学》，载于《美国社会学期刊》，第489页。

情和焦虑不只是文化产品，而是生物性和文化共同的产物。前者是人类的攻击、敌意、焦虑等能力的来源，而后者则引导和减缓这些既定能力的表达"。从这个意义上说，弗洛姆的批判者（主要是马尔库塞[1]）给他打上修正主义者的烙印是正确的。但这些观点不应该掩盖以下事实：弗洛姆的早期著作具有开创性的贡献，并对美国人的思想产生了巨大的影响。因此，我在上文中的讨论主要参考他的《逃避自由》。而《为自己的人》一书虽然源于海德格尔的理论，但在我看来也具有真正的贡献，并在上文中也有所参考。

卡迪纳：西方人的成长模式

卡迪纳对美国中西部小镇平原镇（Plainville）的心理动力学分析，以及他对西方人心理成长模式的概述，为我们探讨现代焦虑的文化根源提供了一种不同于弗洛姆的方法。卡迪纳关注西方人的基本人格结构，他认为，这种结构在过去两千年里几乎没有变化；而弗洛姆关注的是现代西方人特定的性格结构。卡迪纳以平原镇为基础，勾勒出引发焦虑的人

1　马尔库塞（Marcuse，1898—1979），德裔美籍哲学家和社会理论家，法兰克福学派成员之一。——译者注

格成长模式，并简要说明了这种成长模式以及焦虑如何体现于西方人的历史发展中。[1]

卡迪纳发现，平原镇充斥着大量的焦虑以及社会内部的敌意。拥有社会声望是小镇居民的主导目标。在实现这一目标的竞争中，个体一方面会获得自我认可，另一方面则会丧失自尊，感到自卑与挫败。社会声望是如何成为主导目标的？为什么追求这一目标会引发如此强烈的竞争？焦虑和敌意又是如何因此而起的？这些都是卡迪纳提出的问题。要回答这些问题，就需要对平原镇居民的心理成长模式做出一些解释。

卡迪纳推断，平原镇居民和西方人的成长模式，其首要特征都是母子之间强烈的情感联结。与原始文化相比，小镇的新生儿得到了充分的母性照料、情感满足和保护，这为孩子肯定自己奠定了基础。这种良好的早期情感发展，有助于孩子形成强大的自我与超我，其中不免有对父母的理想化。这种与母亲之间的亲密关系，虽然可能让个体在日后面对危机时表现出消极和过度的情感依赖，但其影响总体来说是建设性的，因为它为个体的人格发展奠定了坚实的基础。

但是，这种成长模式的第二个特征是，父母以管教的方式引入了文化禁忌。卡迪纳认为，这些禁忌主要与性和如

---

1 卡迪纳：《社会的心理边界》。

厕训练有关。这在很大程度上扭曲了一开始具有建设性的心理成长。孩子心里会怀疑父母对自己的爱与呵护能否继续，由这份爱培养出来的情感需求能否得到满足。孩子的享乐模式，也就是卡迪纳所说的"放松功能"（relaxor function），此时被阻断了。随之而来的冲突可能会导致若干结果。敌意就是享乐模式受阻的结果之一。这种敌意可能专门针对父母——在这种情况下，敌意越强烈，就越倾向于被压抑。这种敌意也可能指向兄弟姐妹，因为孩子一旦学会期待情感支持，他就会发现，兄弟姐妹是争取这种支持的最大竞争对手，于是他感受到了威胁。由于情感需求的满足最初与父母（尤其是母亲）有关，因此享乐模式受阻所产生的焦虑，可能会导致孩子更加依赖母亲，或者有时候更加依赖父亲。因此，作为焦虑的缓解者，父母的地位可能被大大抬高了。最终在这种成长模式中相当重要的一点是，顺从的概念被大肆夸张、放大。顺从可以产生某种特殊力量以减轻焦虑；相反，反抗则会引起罪疚感以及伴随的焦虑。

用卡迪纳的话来说，在这种模式下成长起来的人格，具有相当大的"情绪潜能"，但也由于受阻的行为模式而无法将其直接表达出来。这种人格有积极的一面，表现为西方人高度的生产力；但其消极的一面在于，使西方人容易感受到严重的焦虑。

平原镇居民和西方人特定的焦虑情境——比如，与成功、追求社会声望有关的焦虑——究竟是如何从这种成长模式中产生的？与托尼、弗洛姆一样，卡迪纳也十分关注"成功"被赋予的重要性。

社会所认可的成功目标，是弥补享乐与放松功能不足的载体。只要一个人假装有成功的目标或安全感，他就能获得一些自尊。[1]

在这样一种文化中，人格孕育出来的强大的自我表达能力，被导向了追求社会声望或者象征声望的财富。"为成功而奋斗成为如此强大的动力，是因为成功就等于自我保护和自尊。"[2]由上述成长模式产生的人格，对自尊的确立有强烈的需求，同时经历着一次次的自尊受挫。因此，我们可以理解，在这样的文化中，当一个人感到焦虑时，他就会倾向于追求新的成功来减轻焦虑和重建自尊。

社会内部的敌意也是竞争性奋斗的一个额外动机。卡迪纳认为，这种敌意主要是由受阻的享乐模式所引起的。这种敌意在社会中常常会自我滋长，因为当一个人自己被禁止享乐时，他就会加入阻止别人享乐的队伍（例如，传播流言

---

1 卡迪纳：《社会的心理边界》，第411—412页。
2 卡迪纳：《社会的心理边界》，第376页。

蜇语）。这种敌意也可以表现为社会所认可的攻击性竞争，通常出现在具有竞争性的工作中。但是，这种敌意和攻击性使个体无法与同伴建立友好关系，因此他的孤立感往往会加深。平原镇和西方社会中的个体，由于早期良好的情感联结，其人格一般都有坚实的社群基础，也有强烈的社群需求。成年人一般会加入扶轮社、狮子会或乐天派俱乐部。不过，我们已经看到，社群的发展往往会被社会中的其他因素阻碍，如社会内部的敌意导致的攻击性竞争。

卡迪纳对心理成长模式的分析无疑很有价值。然而，与本书前述观点一致，我在此要提出一个问题：是禁忌阻碍了享乐模式，从而导致了成长模式中的冲突、焦虑和敌意，还是说，实际上是父母通过这些禁忌对孩子进行控制与支配，并限制了孩子人格发展的正常需求？本书强调的是后者。

我认为，对孩子发展的控制和压抑以及父母的随意管教，是个体成长模式中的重要因素，而性和如厕的禁忌则是亲子斗争的一种形式（在某些地方如平原镇，便是最显著的形式）。在我看来，正如卡迪纳所描述的，作为日后焦虑的心理根源，最重要的似乎是西方文化中对儿童教育的不一致性。这一点在卡迪纳对阿洛人[1]社群的分析中得到了证实。在

---

1 阿洛人（Alorese），印度尼西亚一个小岛上的居民。——译者注

阿洛人社群中，父母对待孩子的方式表现为毫无规律、充满欺骗、不可信赖，因此，孩子长大后通常变得孤立、多疑和焦虑。

在西方人的历史发展中，拥有社会声望是如何成为主导目标的？如上所述，卡迪纳认为，从约伯[1]和索福克勒斯时代的人们到现代纽约市民，西方人的基本人格结构几乎没有变化。根据卡迪纳的说法，早期父母良好的照料，随后大量的禁忌和冲动控制，以及由此引发的敌意与攻击性，在整个西方历史中比比皆是。西方社会通常有一种强大的顺从父母的体制，并以奖惩的方式来控制禁忌以及随之而来的攻击行为。卡迪纳认为，这种控制在中世纪依靠稳定的家族体系、封建领主的保护与势力，以及宗教的死后奖惩制度来维持。在家族、封建领主和教会的控制下，人们变得顺从，焦虑得到缓解。

这些控制力量在文艺复兴时期被彻底削弱，取而代之的是对社会建树（成功、声望）的关注。科学与资本主义的发展，极大地促进了这种对社会成就的关注。自我在社会声望中得到肯定；紧张与焦虑也因为社会建树而得以缓解。社会内部的敌意与攻击性，不再受到教会、家族和封建制度的控

1　约伯（Job，约前2170—约前1960），居住在美索不达米亚北部，是
　　当时某个游牧民族的首长。——译者注

制，而是通过竞争性奋斗成为自我确认的动机。

卡迪纳曾说过，从约伯到现代人，其人格几乎没有变化，我想就此提出一个问题。若同时与因纽特人相比，公元前5世纪的希腊公民和现代纽约市民的基本人格结构确实十分相似。但从历史角度而言，关键的问题在于，西方文化不同时期的差异是如何产生的。正如前面提及的曼海姆所说："为什么中世纪和文艺复兴时期产生了完全不同类型的人？"可能"基本人格结构"这个概念本身并不能阐明性格结构在不同时期会产生不同类型的变化。但主要原因在于，卡迪纳没有看到所有前提，包括我们当代心理科学所基于的前提，都具有历史相对性。我在前面已经指出，这种历史相对性对于真正的历史意识是必不可少的。

第七章　焦虑理论的摘要和综合

　　我在这里谈及"假设"一词，是有一定意义的。这（关于焦虑的假设）是我们所面临的最艰巨的任务，但难度并不在于观察得不够充分，因为伴随谜题而呈现在我们眼前的，确实是我们最常见且最熟悉的现象；难度也不在于这些现象所引起的各种猜测的冷僻，因为单凭猜测很难真正进入这个领域。相反，真正的困难在于假设——如何引入恰当的抽象概念，并将其应用于观察到的原始材料，以便为它带来一些秩序和条理。

——弗洛伊德《精神分析引论新编》

（关于"焦虑"的章节）

本章的目的是综合整理前几章中关于焦虑的理论和资料。用弗洛伊德的话来说，我们的目的是尝试通过"引入恰当的抽象概念"，给这个领域带来一些"秩序和条理"。我们将尽可能地构建一个综合性的焦虑理论，在不可能整合的情况下，则指出各种理论之间的关键差异。在这个综合性理论中，我个人的观点将或含蓄或明确地体现出来。

焦虑的本质

研究焦虑的学者们——以弗洛伊德、戈德斯坦、霍妮三人为例——都同意焦虑是一种弥散性的不安。恐惧与焦虑的主要区别在于，恐惧是对特定危险的反应，而焦虑是非特定的、"模糊的"和"无对象的"。焦虑的特征是面对危险时的不确定感与无助感。当我们询问，在焦虑的体验中是什么受到了威胁，我们便可理解焦虑的本质。

假如我是一个大学生，正要去牙医那儿拔牙。在路上，我遇到了一位德高望重的教授，我不仅这学期在上他的课，还曾去过他的办公室。但他既没有和我说话，也没有点头或打招呼。当我从他身边走过时，我感到"胸口"有一种弥散性的刺痛。难道我不值得注意吗？我是一个无名小卒吗？当牙医拿起钳子给我拔牙时，我感到一阵强烈的恐惧，程度甚于刚才的焦虑。但是，当我一离开牙医的手术椅，恐惧就被遗忘了。而那阵焦虑，连同刺痛一起，整日萦绕着我，甚至还出现在我那晚的梦里。

因此，焦虑带来的威胁未必比恐惧更强烈，但是它会在更深的层次上攻击我们。这种威胁必定是针对人格"核心"或"本质"中的东西。我的自尊、我生而为人的体验、我存在的价值——这些都是对"受到威胁的东西"的不完全描述。

我对焦虑的定义如下：焦虑是因为某种价值受到威胁所引发的不安，而这种价值对个体的人格存在是至关重要的。这种威胁可能与肉体生命有关（死亡的威胁），可能与心理存在有关（自由的丧失、无意义感），也可能与个体认同的其他价值有关（爱国主义、他人的爱、"成功"等）。本书第九章中南希的案例，就说明了一个人如何将自己的存在与他人的爱挂钩。她在谈到未婚夫时说："如果他对我的爱变质了，我就会彻底崩溃。"她的自我安全感完全依赖于对方是否接受她、爱她。

将某种价值与其人格存在等同起来，在汤姆[1]的案例中得到了显著体现。让他感到焦虑的是，自己是否能够保住工作，或是被迫再度接受政府救济，他说："如果我不能养活

1 参见本书第三章。

家人，我宁愿从码头上跳下去。"言下之意是，如果他不能做一个有尊严的打工人，他的人生就没有意义，那还不如去死。他会以自杀的方式来证明这一点。不同的人有不同的焦虑，就像他们有不同的价值观一样。但在焦虑中始终不变的是，其威胁是对特定个体所拥护的价值的威胁，这种价值对个体的存在至关重要，并因此对他的人格安全至关重要。

我们经常用"弥散的""模糊的"来描述焦虑，但这并不意味着焦虑比其他情感引发的痛苦更少。事实上，在其他条件相同的情形下，焦虑可能比恐惧更令人痛苦。这些术语也不仅仅指焦虑的泛化和"全面"的身心特点。其他情绪——如恐惧、愤怒和敌意——也会渗透整个机体。相反，焦虑的弥散性和未分化性是指个体在人格层面感受到的威胁程度。每个人都会经历形形色色的恐惧，其基础是他所建立的安全模式，但在焦虑中，正是这种安全模式本身受到了威胁。不管恐惧有多么令人不适，它都是一种有所指向的威胁，至少在理论上可以做出调整。有机体与恐惧对象的关系才是重点，如果特定对象能够通过安抚或逃离而被消除，那么恐惧便会随之消失。然而，由于焦虑攻击的是人格的基础（核心、本质），个体便无法"站在"威胁之外，也无法将其客观化。因此，个体也无力采取措施去面对它。一个人不可能和自己不知道的东西对抗。通俗地说，一个人会觉得无所适从，或者如果焦虑很严重，他甚至会不堪重负。他会感到害怕，却又不知道自己在害怕什么。焦虑是对一个人基本安全而不是外围安全的威胁，因此弗洛伊德和沙利文等学者，将焦虑描述为一种"无边的"（cosmic）体验。它是"无边的"，因为它完全侵入了我们，渗透我们整个主观世界。我们无法置身事外地将其客观化，也无法将它与自己分别看待，因为我们观察事物的感知本身，也受到了焦虑的浸染。

　　这些思考有助于我们理解，为什么焦虑表现为一种主观的、无对象的体验。克尔凯郭尔强调焦虑是一种内在状态，弗洛伊德认为焦虑的对象是"被忽略的"，但这并不意味着（或不应该意味着）引发焦虑的危险情境无关紧要。"无对象性"一词也不仅仅是指在神经症焦虑的情况下，引起焦虑的危险被压抑到无意识状态。更确切地说，焦虑之所以是无对象的，是因为它攻击的是心理结构的基础，正是在这个基础上，一个人的自我感知与客体世界变得泾渭分明。

　　沙利文曾指出，自我动力系统的发展是为了保护个人免受焦虑的影响；反之亦然，不断增加的焦虑则会降低个体的自我意识。随着焦虑的增加，一个人对自我作为主体——与外界客体相连的主体——的意识会逐渐模糊。此时，个体对自我的意识不过是其对外在客体的意识的附属品。随着焦虑的越发严重而瓦解的，正是这种主体性和客体性之间的区分。因此有这样的说法，即焦虑是"从背后袭击"，或从四面八方同时袭击。在焦虑中，个体很难看清自己与刺激之间的关系，因此也难以充分地评估刺激。事实上，无论哪一种语言，常用的说法都是"某人感到恐惧"（One has a fear），"某人是焦虑的"（One is anxious）。因此，在严重的临床病例中，焦虑被体验为"自我的消解"（dissolution of the self）。

哈罗德·布朗（第八章第二节）说他"害怕失去理智"，便证明了这一点——患者经常用这句话来形容他对即将到来的"消解"的恐惧。布朗还表示，他没有"清晰明确的感觉，甚至对性也没有感觉"，而这种情绪真空"令人极度不舒服"（人们不禁怀疑，当今美国和西方世界对性如此推崇，是否因为这是他们最能轻易抓住的独特感觉，以支撑自己对抗社会疏离带来的焦虑）。我们很难从局外人的角度去理解一个极度焦虑的人在经历什么。布朗曾一针见血地说道，他的朋友们"恳求一个溺水的人（我）游起来，却不知道他的手脚在水下被死死地绑住了"。

总而言之，焦虑的无对象性源于一个人的安全基础受到了威胁。正是由于这个安全基础，个体能够在与客体的关系中体验到自我；一旦安全基础遭到破坏，主体和客体之间的区分也因此崩解。

由于焦虑威胁到自我的基础，从哲学上讲，这意味着一个人的自我将不复存在。蒂利希称之为"非存在"（nonbeing）的威胁。人是某种存在，是自我；但也随时有"不存在"（not being）的可能。死亡、疲劳、疾病、破坏性的攻击等，都是非存在的表现。当然，大多数人心中与死亡有关的正常焦虑，是这种焦虑最普遍的形式。但是，自我的消解可能不仅仅指肉体的死亡。它还包括心理或精神意义的丧失，这种意义等同于一个人的自我，也就是说，这是一种无意义感的威胁。因此，克尔凯郭尔所说的焦虑是"对虚无的恐惧"，在这个语境下意味着，害怕自己化为乌有。我们稍后会看到，勇敢而建设性地面对并解决这种与自我消解有关的焦虑，实际上可以强化一个人有别于客体和非存在的感觉。这是一种对自我存在感的强化。

正常的焦虑与神经质焦虑

以上对焦虑的现象学描述，不仅适用于神经质焦虑，也适用于其他类型的焦虑。例如，戈德斯坦研究的脑损伤患者对灾难性情境的反应便符合上述描述。如果允许反应强度存在差异，它也适用于人们在各种情形下所经历的正常焦虑。

这里有一个正常焦虑的例子，它是从那些生活在极权统治下的人的回忆中拼凑出来的。当希特勒上台时，某位著名的社会主义者正住在德国。没过几个月，他得知一些同事被关进了集中营，或者干脆下落不明。在这期间，他知道自己身处危险之中，但无法确定自己是否会被逮捕；或者如果被逮捕，盖世太保何时会出现；或者如果被捕了，他会有什么下场。在这段时间内，他经历了一种弥散的、痛苦的、持续的不确定感与无助感，这些与我们前面描述的焦虑特征完全符合。他所面临的威胁不仅仅是可能丧命，或在集中营里饱受痛苦和羞辱，这实际上是对他个人存在意义的威胁，因为他为信仰而奋斗的自由正是他所认同的存在价值。这个人对威胁的反应具有焦虑的所有基本特征，但这些反应与实际威胁息息相关，因此不能被称为神经质焦虑。

正常焦虑的反应特征如下：①与客观威胁成正比；②不涉及压抑或其他内心冲突机制；③不需要神经质防御机制来应对（由第②点推导而来）；④可以在意识层面被建设性地应对，或者在客观情境发生变化时得到缓解。婴幼儿对威胁——比如跌倒或没有进食——的未分化和弥散的反应，就属于正常焦虑的范畴。这些威胁发生在婴儿尚未成熟之时，还不足以产生神经质焦虑所涉及的压抑与冲突的心理过程。而且，据我们所知，婴儿在相对无助的状态下所经历的威胁，可能会被体验为对其存在的客观真实的危险。

正常的焦虑会以弗洛伊德所说的"客观性焦虑"贯穿人的一生。这种正常焦虑存在的迹象，可能只是普遍的焦躁不安、谨慎小心；或是警觉地左顾右盼，即使没有任何人跟踪。利德尔曾说过（第三章和第四章），焦虑与智力活动如影随形。库比同样认为，焦虑是人类早期惊吓模式与后来出现的理性之间的桥梁。阿德勒则相信，文明本身就是人类意识到自身不足的产物，这也是焦虑的另一种表现。正常焦虑在日常生活中的重要性，从上述引用的这些观点中便可看出。

成年人的正常焦虑常常被忽视，因为这种体验强度比神经质焦虑要轻微得多。而且，由于正常焦虑的一个特征是，它可以被建设性地管理，因此不会出现"恐慌"或其他强烈的表现。但是，反应的量不应该与反应的质混为一谈。只有当我们考虑反应是否与客观威胁成正比时，反应的强度才是区分神经质焦虑与正常焦虑的重要因素。每个人在正常的成长过程中，都或多或少会经历对其存在的威胁、对其存在所认同的价值的威胁。但是，我们通常都会建设性地面对这些体验，将其作为"学习经验"（在这个术语的广泛而深刻的意义上），然后继续自己的成长。

正常焦虑的常见形式之一存在于人生无常之中，也就是人类在面对自然力量、疾病、疲劳以及死亡时的脆弱。这在德国哲学思想中被称为"原始焦虑"（Urangst[1] / Angst der Kreatur），霍妮、莫勒等研究焦虑的学者都曾提到过。这种焦虑与神经质焦虑的区别在于，原始焦虑并不意味着自然界的敌意。此外，原始焦虑也不会引发防御机制，除非人生无常，成为个人内在的其他冲突和问题的象征或焦点。

---

1 Urangst的字面意思译成英文为"原始焦虑"（original anxiety）。

实际上，我们很难区分与死亡（或其他无常情境）有关的焦虑属于正常焦虑还是神经质焦虑。在大多数人身上，这两种焦虑是交织在一起的。确实，很多关于死亡的焦虑都属于神经质范畴，如青少年忧郁期对死亡的过度关注。在西方文化中，无论一个人在青春期、老年期（或其他发展阶段）有什么神经质冲突，它们都可能与人类面对最终死亡的无助与无力有关。[1]因此，我不希望对人生无常的正常焦虑成为遮掩，为神经质焦虑的合理化开辟道路。在临床工作中的实际处置是，一旦出现对死亡的过分担忧，最好首先假设存在神经质的因素，再努力排查它们。但是，对这种焦虑中的神经质因素的科学关注，不应掩盖这样一个事实，即死亡可以也应该被作为客观事实来看待和面对。

在这一方面，诗人和作家的作品，可能有助于纠正我们在科学上对神经症行为的狭隘倾向。正如索福克勒斯所言，这些人寻求"沉静地看待生命，并视生命为整体"。死亡是所有诗歌的永恒主题，我们并不会将所有诗人都归类为神经

1　我认为，在西方文化中，无论何时讨论死亡，它都可能被当成神经质焦虑的象征，原因在于有关死亡是客观事实的正常认知，受到了广泛的压抑。个人应该忽略他总有一天会死的事实，好像说得越少越好，又或是如果能够遗忘死亡的事实，生活的体验便会在某种程度上提升。事实上，结果恰恰相反：如果忽视死亡的事实，生活的体验往往会变得空虚，失去活力与品味。幸运的是，这种对死亡事实的压抑，目前正向着更开放的方向发展。

症患者。例如，富有诗意想象力的人，可能会站在海岬上凝视大海，"思索着自己短暂的一生，被先前和往后的永恒所湮没，我所占据的甚至所见的小小空间，被不可捉摸的无限广阔的空间所吞噬"，而且他想知道"为什么我会在此处而非彼处？为什么是此时而非彼时"（帕斯卡尔）。有人面对这种感觉时害怕自己会被淹没，并从这些视觉体验与沉思中退却出来。虽然两者都是焦虑，但前者是正常的，后者是神经质的。相反，这些对浩瀚时空和短暂人生的诗意感受（当然，还要认识到人是能够超越这种短暂性的哺乳动物，因为人知道自己的渺小，而其他动物不知道，而且人是会思考的哺乳动物），能够彰显个人当前经验的价值与意义，以及他的创造潜能——无论是在美学、科学还是其他领域。

与死亡相关的正常焦虑并不意味着抑郁或忧郁。像任何正常焦虑一样，它也具有建设性的作用。当我们意识到最终将与同伴分离，我们会与他人建立更紧密的联系。当我们意识到最终将失去活力和创造力，这种内在的正常焦虑——就像死亡本身一样——可以让我们更负责任、更有激情、更有目的地活在当下。

正常焦虑的另一种常见形式与以下事实有关：每个人都是社会中的个体，在一个由其他个体组成的社会中成长。在孩子的发展过程中，我们清楚地看到，这种在社会关系背景下的成长，会逐步地打破对父母的依赖，而这反过来又会引发与父母之间或大或小的危机和冲突。克尔凯郭尔和兰克等人都讨论过这种焦虑的根源。兰克认为，从剪断脐带时与母亲分离开始，到死亡时与人类存在分离为止，正常焦虑贯穿于个体生命中所有的"分离"经验。如果这些潜在的引发焦虑的经验能够被成功地调解，不仅会让儿童或青少年更加独立，而且会让他们在更新、更成熟的水平上与父母和他人重新建立关系。这种情况下的焦虑，应该是"正常的"，而不是"神经质的"。

在上述正常焦虑的例子中，我们可以看到，每种情形下的焦虑都与客观威胁成正比。它不涉及压抑或内心冲突，个体只要建设性地发展自我，赋予自身更多的勇气和力量，而不是缩回神经质的防御机制中，便能够克服它。有些人可能希望将这类正常焦虑的情境称为"潜在引发焦虑的情境"。他们会觉得，当一个人没有被焦虑压垮，或者没有以任何明显的方式表现出焦虑时，使用"潜在"这个词会更为准确。从某种意义上说，这样做在教学上是有用的。但严格地说，我认为这种区分除了教学用途，没有别的意义。潜在的焦虑仍然是焦虑。如果一个人意识到他所面临的情境可能涉及焦虑，那他已经在经历焦虑了。他很可能会采取措施予以应对，以免自己被压垮或击败。

我们有必要详细说明，为什么主观因素对理解神经质焦虑至关重要。如果一个人只是客观地描述焦虑问题，即就个体应对威胁情形的能力而言，我们当然有理由认为，在逻辑上没有必要区分神经质焦虑和正常焦虑。在这种情况下，我们可以说，焦虑的个体比其他人处理威胁的能力更差。例如，弱智人群或者戈德斯坦所研究的脑损伤患者，我们就不能把他们面对威胁时的脆弱称为"神经质的"。对一个有强迫症的脑损伤患者而言，发现壁橱里的东西乱成一团可能是一种客观威胁，也是导致严重焦虑的充分理由，因为脑损伤使他能力受限，无法辨认要找的东西。据我们所知，就戈德斯坦的患者来说，那些频繁引起他们严重焦虑的威胁，实际上是客观真实的威胁。正如上文所指出的，这种情形同样适用于初生的婴儿，而且在许多情况下，也适用于儿童或其他相对弱小和无能的人。

但是，任何观察者都可以看出来，许多人会被客观上根本不算威胁（无论在性质上还是程度上）的情形弄得焦虑不安。某个人可能会经常说，他所焦虑的事没什么大不了，他的忧虑很"愚蠢"，而且他可能也会因此而生自己的气，但他仍然感到焦虑。有时，那些对无关紧要的威胁产生灾难性反应的人，会被描述为自身"携带"了"过量"焦虑的人。然而，这是一种误导性的描述。事实上，这些人在威胁面前脆弱无力。问题在于，他们为何如此脆弱呢？

另一方面，神经质焦虑与正常焦虑的定义正好相反。神经质焦虑具有以下特征：①与客观威胁不成比例；②涉及压抑（分裂）或者其他形式的内心冲突；由以上可知，③它通过行动和意识上的各种压缩得以控制，比如压抑、产生症状，以及各式各样的神经质防御机制。[1]一般来说，当"焦虑"这个词出现在科学文献中，指的就是"神经质焦虑"。[2]需要注意的是，这些特征是相互关联的；这种反应与客观威胁不成比例，是因为其中涉及某些内在的心理冲突。所以，个体的反应绝不会与主观威胁不成比例。同样要注意的是，上述每一个特征都涉及主观的参照标准。因此，只有将问题的主观因素考虑在内，也就是考虑个体内在心理的变化，我们才能界定神经质焦虑。

很大程度上，正是由于弗洛伊德的天赋，科学界才关注到那些特殊的内在心理模式和冲突，它们使个体连微不足道的客观威胁都无法应对。当布朗听说母亲的手臂受了点小伤，这引起了他一连串的联想，他梦见了自己被杀害，并引发了灾难性的冲突。因此，要理解神经质焦虑的问题，归根结底要理解个体主观的内在心理模式，这种心理模式致使个体对威胁过度敏感。弗洛伊德的早期著作对两者做出了区分：客观焦虑指涉的是"真实的"外在威胁，而神经质焦虑是指对自身本能的"冲动要求"（impulse claims）的恐惧。

---

1 它倾向于使人麻痹，因此个体无法进行建设性和创造性的活动。
2 这种含混不清的表述正是为何要明确区分这两种焦虑的重要原因之一。

这一观点贯穿于他的作品，只做过轻微修改。这种区分的优点在于强调了神经质焦虑的主观定位。但这并不完全准确，因为个人内在冲动只有在其表达会导致"真实"危险，如遭到他人的惩罚或反对时，才会构成威胁。尽管弗洛伊德在这个方向上修正过他早期的观点（参见第四章），但他并没有完全贯彻这一见解的含义去追根究底：在一个人与他人的关系中，是什么导致了某种特定冲动如果表达出来，就会构成威胁？[1]

因此，当个体无法充分应对主观威胁而非客观威胁时，才会出现神经质焦虑。也就是说，并不是客观上的问题，而是个体内在的心理模式和冲突，使他无法发挥自己的能力。[2]这些冲突通常起源于童年早期（下文将充分讨论），那时孩子无法客观地面对威胁性的人际情境。与此同时，孩子也无法有意识地承认威胁的来源（例如，意识到"我的父母不爱我，或不想要我"）。因此，压抑焦虑的对象，是儿童神经质焦虑的核心特征。

虽然这种压抑通常开始于亲子关系，但它会以压抑类似

1　参见下一节。

2　当我们面对那些年龄和客观能力都足以应对焦虑的人时，有一个便于区分正常焦虑与神经质焦虑的方法，即焦虑是如何在事后被运用的（ex post facto），正常焦虑会被用来建设性地解决引发焦虑的问题，而神经质焦虑则会导致对问题的防御和回避。

威胁的形式持续存在，贯穿个体的一生。这一点几乎可以在任何临床案例中得到证明，尤其是南希、弗朗西丝和布朗等人的案例。[1]对威胁的恐惧而产生的压抑，导致个体意识不到自己恐惧的来源，因此，在神经质焦虑中，除了前面提到的焦虑无对象性的一般来源之外，还有一个特定原因解释了为什么其情感是"无对象的"。神经质焦虑中的压抑（分离、阻隔意识）使个体更易感受到威胁，从而加重了他的神经质焦虑。首先，压抑造成了人格的内部矛盾，导致了个体心理的不平衡，因此在日常生活中必然不断受到威胁。其次，由于受到压抑，当真正的危险发生时，个体很难分辨并对抗危险。例如，个体在压抑大量攻击性和敌意的同时，可能会对他人采取顺从和被动的态度，这反而会增加他被人利用的可能性，进而需要压抑更多的攻击性和敌意。最后，压抑增加了个体的无助感，因为它会导致个人自主权的减少，以及个人权力的紧缩和约束。

我们就神经质焦虑做了简要的讨论，以帮助读者理解这个术语的定义。在接下来的章节中，我们将全面讨论这种焦虑的动力和来源。

---

1 参见本书第八章、第九章及第十章的讨论。

焦虑的起源

　　正常的焦虑反映了有机体对威胁做出反应的能力。这种能力是天生的，并有其遗传的神经生理系统。弗洛伊德指出，"客观焦虑倾向"是儿童与生俱来的。他认为，这是自我保护本能的表现，具有明显的生物学效用。一个人应对威胁所具备的能力的特殊形式，依赖于威胁的性质（环境）和个体习得的应对威胁的方式（过去和现在的经验）。

　　关于焦虑起源的问题引发了以下思考：焦虑和恐惧是否可以习得，以及在多大程度上是习得的？在过去几十年里，人们一直通过辩论来探讨这个问题：哪些恐惧是遗传的，哪些不是遗传的？我认为，这些争论是基于对问题的混乱陈述，因此，它们在很大程度上是离题的。就像斯坦利·霍尔所做的那样，认定一份"遗传的"恐惧清单，在实践和理论上都存在着明显不足。实践上的不足在于，假设某些恐惧和焦虑是遗传而来的，就意味着几乎不可能矫正或减轻它们。理论上的弱点在于，这些所谓的本能恐惧很容易被推翻，就像约翰·华生所描述的"先天恐惧"一样。

　　尽管新生儿极少有什么保护性反应，但这并不意味着之后所有的反应都由学习而来。[1]关于焦虑或恐惧的"遗传"问题，我认为唯一必要的假设是：人类有机体与其祖先一样，拥有对威胁做出反应的能力。

但是，哪些特定事件会对个体产生威胁，则取决于学习。这些事件就是所谓的"条件刺激"（conditioned stimuli）。这一点在恐惧的问题上尤其显著：恐惧是对特定事件的条件反射，个体通过学习得知这些事件会对他构成威胁。这一点对于特定的焦虑也同样适用。在一次私人交流中，莫勒对这个问题提出了以下看法：

> 可以这么说：我们生来就是如此，创伤（痛苦）的经验会让人产生坎农所说的紧急反应。与创伤有关的物体和事件具有威胁性，也就是说，能够让人产生紧急反应。当这种反应以条件反射的形式出现时，它就是恐惧。因此，对威胁做出反应的能力意味着：①能够学会这样做，或②学习的实际结果。[2]

我们可以补充一项一般性评论。目前，关于"焦虑是否是习得的"的问题，不同的研究取向不仅涉及定义的问

---

1 请参见第四章杰西尔德与霍姆斯：《儿童的恐惧》。
2 作者授权引述。

题——讨论的是正常的还是神经质的焦虑或恐惧——而且研究者的侧重点也不同。根据学习心理学家的观察，每一种恐惧或焦虑都与个体的特定经验密切相关，因此倾向于主张焦虑是习得的。但是，神经生理学家（如坎农）更关注有机体的特定能力，倾向于认为焦虑不是习得的。在我看来，这两种观点不一定是冲突的。

我认为，焦虑的能力不是后天习得的，但特定个体的焦虑程度和形式是后天习得的。这意味着，正常的焦虑是有机体的必要功能，每个人在其切身价值受到威胁时都会感到焦虑（动物在这种情形下则会产生警戒）。但是，什么情境会对个人的切身价值构成威胁，则主要靠学习得来。特定的恐惧和焦虑是一种模式的表述，这种模式由个体对威胁的反应能力与外在环境之间的互动发展而来。这些模式发展的基础关键在于家庭情境，而家庭也是个人所属的时代文化的缩影。

关于神经质焦虑的具体来源，弗洛伊德的研究重点在于出生创伤和阉割恐惧。在他早期的著作中，他将出生创伤视为焦虑的直接来源，后来的焦虑则是最初出生创伤中情感的"重复"。莫勒指出，"情感重复"是个可疑的概念，因为威胁必须持续存在，情感才会"重复"出现。后来，弗洛伊德倾向于强调出生经验的象征意义，它代表了"与母亲的分离"。这就好理解多了，因为我们无法从现有资料得知，个体的出生困难是否会导致日后的焦虑，但是把早期焦虑视为害怕与母亲分离的象征，确实很有意义。兰克学派与某些弗洛伊德学派的学者认为，出生即是打破原有联系，进入一个新的、陌生的环境，这一象征类似于克尔凯郭尔的焦虑概念，即人生中每一种新的可能都会引发焦虑。无论如何，如果与母亲的分离被视为焦虑的根源，那么理解成年焦虑的模式发展关键在于这种分离的意义，也就是说，在母子关系中，有哪些特殊的价值受到分离的威胁？本书对未婚妈妈的个案研究表明，在婴儿期、童年期与母亲分离，对中产阶级女性和无产阶级女性具有不同的意义。对前者来说，这意味着价值观的混乱、双重束缚、无法确定自己的方向；而对后者来说，这仅仅意味着出门结交新朋友。

关于阉割，弗洛伊德的立场也是模棱两可的。有时，他把阉割当作焦虑的直接来源（汉斯害怕马会咬掉他的性器官）。在其他时候，他只是象征性地使用这个词，"阉割"代表失去某种珍贵的物品或价值。在西方文化中，人们一般都同意，阉割通常象征着孩子的个人权力被更强大的成年人所剥夺，这里的权力不仅指涉性活动，还指工作或任何形式的创造性活动。如果阉割恐惧被视为焦虑的根源，那么关键问题仍在于这种丧失的意义，也就是说，让孩子感到威胁的亲子关系的本质是什么？有哪些对孩子来说特别重要的价值受到了威胁？[1]

　　既然焦虑是人格存在的基本价值受到威胁时的反应，而且人类的存在依赖于个体在婴儿期与某些重要他人的关系，那么，这些基本价值最初就是婴儿与重要他人之间的安全模式。因此，沙利文、霍妮等人一致认为，亲子关系对于焦虑的起源至关重要。在沙利文的焦虑概念中，母亲占据了重要的地位。母亲不仅是婴儿获得生理需求的来源，也是婴儿所有情绪安全的来源。任何危及这种关系的东西，都会威胁到婴儿在其人际世界中的地位。因此，沙利文认为，焦虑源于婴儿担心遭到母亲的否定。这种担忧早在婴儿能够意识到母亲的认可或否定之前，便通过母婴之间的共情而产生。在霍妮看来，基本焦虑源于孩子依赖父母和敌视父母之间的冲突。还有一些学者认为，焦虑的根源在于孩子的个性发展与社群交往需求之间的冲突（弗洛姆、克尔凯郭尔）。

　　值得注意的是，以上两句话都出现了"冲突"一词。要进一步了解神经质焦虑的根源，就需要探究其背后冲突的本质与来源。我们将在"焦虑与冲突"这一节讨论这个问题。

---

1 "阉割"一词经常被当前弗洛伊德学派的分析师等同于惩罚。虽然这个词广义上具有强调亲子关系的优点，但它仍然没有解决什么价值观会被惩罚所威胁的问题。

焦虑能力的成熟

在前面的章节中，我们讨论了人类有机体在发展过程中面对危险的三种反应：第一是惊吓模式——一种情绪产生前的先天反射性反应；第二是焦虑——一种未分化的情绪反应；第三是恐惧——一种已分化的情绪反应。我们注意到，婴儿很早就表现出惊吓模式——早在出生后的第一个月。我们还记得，所谓的焦虑情绪是后来才出现的：格塞尔的婴儿被试在五个月大时表现出轻微的不安，其中一个迹象是持续回头。我之前说过，这种"持续回头"的动作，在我看来是一幅很有意义的焦虑画面：婴儿感到某种威胁迫在眉睫，却不知道它从何而来，也无法在空间上与它建立联系。正如我们所看到的，仅仅几个月后，同一个婴儿在面对同样的刺激时，则会做出哭泣的反应，格塞尔称之为"恐惧"。这一过程便是成熟，即从分化程度较低的反应发展为分化程度较高的反应。

我在前面提到过斯皮茨描述的"八月焦虑"。在逐渐成熟的过程中，孩子能够认出自己的母亲以及母亲所在的环境。因此，当一个陌生人出现在母亲应该出现的地方，孩子便会陷入焦虑。

成熟的神经系统如何影响焦虑与恐惧？刚出生时，婴儿的感知和辨别能力尚未得到充分发展，还无法让他识别和定位危险。举个例子，神经系统的成熟，不仅意味着视觉定位潜在威胁的能力增强，还意味着大脑皮层对刺激的解读能力增强。与这个成熟过程相对应的结果是，简单的反射性行为逐渐减少，情绪性行为则越来越多。反过来，这又提升了个体对刺激的辨别程度，以及对反应的自发控制。换句话说，某些神经系统的发育成熟，是婴儿能以未分化的情绪（即体验到焦虑）回应威胁性刺激的必要前提。而婴儿要分辨不同的刺激，把危险客体化，并以恐惧进行回应，则需要更进一步的成熟。在格林克和斯皮格尔对士兵行为的研究中，我们看到了一个有趣的颠倒情形。在严重的压力下，士兵倾向于以涣散且未分化的行为来应对威胁。格林克和斯皮格尔认为，这种行为对应的大脑皮层分化和控制程度较低，也就是更接近婴儿的水平。

很明显，要理解儿童的保护性反应，必须考虑到成熟因素。弗洛伊德也注意到这一点，他指出，婴儿出生时的焦虑能力并未达到顶点，真正的高峰出现在婴儿更成熟时，也就是童年早期。戈德斯坦认为，在某些情形下，可能会观察到新生儿的焦虑，但以特定的恐惧做出反应的能力是后来才出现的。因此，只有同意必须将成熟因素考虑在内，然后才能继续讨论更具争议性的问题，也就是焦虑和恐惧孰先孰后的问题，这个问题对焦虑理论意义重大。

众所周知，婴儿出生没几天就会表现出焦虑反应。劳蕾塔·本德（Lauretta Bender）指出，婴儿在出生后八九天就会出现明显的焦虑反应。然而，尽管几个月大的婴儿会出现恐惧反应，但我从未见过几周大的婴儿有所谓的恐惧表现。或者，那些被称作恐惧的早期反应，就像华生在"两种原始恐惧"理论中所描述的那样，其实是一种涣散的、未分化的不安，可以恰当地被称为焦虑。在我看来，这是一个奇怪的现象：许多焦虑与恐惧领域的专家都谈到婴儿的"早期恐惧"，但就像我前面所述，没有人能确认这些所谓的早期恐惧。例如，西蒙兹主张，焦虑是从"原始的恐惧状态"中产生的，因此他将恐惧视为更具包容性的通用术语，而焦虑则是派生情绪。[1]但是，西蒙兹所描述的新生儿的不安行为，似乎就是焦虑——他自己也这样称呼的。事实上，在婴儿的早期经验中，他没有描述任何他所谓恐惧的反应。

在我看来，许多心理学文献都暗含一种未经批判的普遍假设，认为恐惧必定最先出现，而焦虑是后来才发展出来的。造成这种假设的部分原因也许是，焦虑研究主要针对的是神经质焦虑，而神经质焦虑当然是一种复杂的情感，直到儿童发展出自我意识和其他复杂的心理过程以后才会出现。

---

1 西蒙兹（P. M. Symonds）：《人类调适的动力学》。

或许，未经批判便视恐惧为通用术语的倾向，另一部分原因在于西方文化倾向专注于特定的行为（见第二章与第四章的讨论），这些行为在传统上符合当代主流思潮（数学理性主义）的研究方法。

根据我对焦虑和恐惧的了解和经验，我将它们的起源总结如下：在最初的反射性保护反应之后，个体会出现对威胁的涣散且未分化的情绪性反应，即焦虑；随着个体逐渐成熟，最后出现的是对特定的具体危险已分化的情绪性反应，也就是恐惧。这个规律也可以从成年人对危险刺激的反应中看出来——比如说，突然听到一声枪响。起初，成年人的反应是受到惊吓；然后，当他意识到威胁，但无法确定枪声的来源，或者无法判断枪口是否瞄准自己，这时便处于焦虑状态；最后，当他辨认出枪声来源，并采取措施逃离时，他便处于恐惧状态。

焦虑与恐惧

直到最近几年，恐惧与焦虑之间的区别在心理学研究中仍然经常被忽略，或者被混为一谈，因为研究者假定这两种情感具有相同的神经生理基础。但这种做法混淆了我们对恐惧与焦虑的理解。有机体的恐惧与焦虑是完全不同的反应，因为它们发生在人格的不同心理层面。

在研究恐惧与焦虑状态下的肠胃活动时，我们可以清楚地看到这种区别。当装有胃瘘管的汤姆（第三章讨论过的案例）面对某个特定危险时——例如，愤怒的医生将会发现他所犯的错误——他的胃部活动明显暂停了，他的心理和生理状态则是那种熟悉的为逃跑做准备的模式。显然，这是恐惧。但是，当汤姆在夜里辗转反侧，为自己还能在医院工作多久而烦恼时，他的神经生理反应却恰恰相反：胃部活动加快，交感神经（"逃跑"时活跃的神经）活动降到最低。这当然是焦虑。这两种反应的不同之处在于：在恐惧中，汤姆知道自己害怕什么，因此有可能朝某个方向做具体调适，也就是逃跑。而在焦虑中，尽管紧张是由某种特定危险引起的，但这个威胁引发了汤姆内心的冲突：他能够自力更生，还是必须接受政府救济？在恐惧的情况下，汤姆害怕被医生发现错误，这只会让他感到不舒服，但并不是灾难性的。可焦虑所威胁的，却是汤姆生而为人的尊严和存在价值。这里强调的重点，不仅在于恐惧与焦虑的反应可能完全不同，还在于它们代表人格的不同层面受到威胁。

在对儿童恐惧的研究中，我们发现大部分恐惧是"非理性的"，也就是说，与孩子实际遭受的不幸没有直接关系，这一点非常重要。此外，在这些研究中，儿童恐惧的"不断变化"和"不可预测"的性质也具有显著意义。这两项资料表明，所谓的恐惧背后确实存在着某种情感。事实上，"非理性恐惧"这个词严格来说是自相矛盾的。如果恐惧不是为了逃离在经验中习得的痛苦或有害的危险，那么个体对威胁的反应中必然牵涉其他东西。

也许有人会反驳说，"非理性恐惧"一词并不矛盾，因为弗洛伊德等人说的"神经质恐惧"，就是与现实情境不相符的非理性恐惧。但是，弗洛伊德引用了各种恐惧症作为神经质恐惧的例子，而从定义上说，恐惧症是局限于特定对象的焦虑形式。我认为，正是潜藏在神经质恐惧背后的焦虑，使得恐惧具有不现实、"非理性"的特质。关于恐惧的研究指出，在特定的恐惧背后，潜藏着某种更基本的反应过程。

现在，我们可以来解决焦虑与恐惧之间的关系问题了。有机体对其存在和价值受到威胁做出反应的能力，以其一般和原始的形式来看，就是焦虑。后来，当有机体的神经和心理逐渐发展成熟，可以区分特定的危险对象时，保护性反应也会变得更加具体。这种对特定危险的分化反应，便是恐惧。因此，焦虑是基本的、潜在的反应——它是个通用术语；而恐惧则是同一种能力具体的、客观的表达形式。焦虑与恐惧之间的这种关系，不仅适用于这些情感的正常形式，还适用于它们的神经质形式。神经质恐惧是潜在神经质焦虑的具体的、分化的和客观的表达。换句话说，神经质恐惧与神经质焦虑的关系，就像正常恐惧与正常焦虑的关系一样。

我相信焦虑是"原始的",而不是"衍生的"。如果非要把其中一种情绪说成是派生的,那也是恐惧,而不是焦虑。无论如何,把焦虑研究归入恐惧研究的惯常做法,或者试图借由研究恐惧来理解焦虑,都是不合逻辑的。想要了解恐惧,就必须先了解焦虑的问题。

我们说焦虑是"基本的",不仅因为它对威胁的反应是一般且原始的,还因为它是在人格的基本层面上对威胁做出反应。焦虑是对人格"核心"或"本质"受到威胁的反应,而不是对外围危险的反应。恐惧则是在威胁到达这个基本层面之前产生的反应。通过对威胁自己的各种具体危险做出充分的反应(即在恐惧层面做出充分的反应),个体避免了他的基本价值观和安全系统的"内部堡垒"受到威胁。这就是戈德斯坦所谓恐惧是"对焦虑发作的担心"的意涵。

然而,如果一个人无法应对具体的危险,他便会在更深的层次上受到威胁,也就是我们所称的人格"核心"或"本质"受到威胁。打一个军事方面的比方,前线各个地方的战斗代表着具体的威胁,只要外围地区还在作战,只要外围防线能够阻拦危险,核心地区就不会受到威胁。但是,当敌人攻破了这个国家的首都,内部通信线路被切断且战火肆虐时,当敌军从四面八方进攻,守军不知道该往哪个方向去,也不知道该坚守何处时,我们便面临全军覆没的威胁,而恐慌和疯狂也会随之而来。后者类似于对基本价值观，也就是人格"内部堡垒"的威胁，从个体心理的角度来说，这是一种以焦虑作为回应的威胁。

因此，我们可以把恐惧比喻为对抗焦虑的盔甲。富兰克林·罗斯福总统和其他历史名人所说的"对恐惧的恐惧"，其实就是某种不安，即一个人害怕自己无法应对出现的危险，从而陷入某种灾难性的境地。因此，所谓"对恐惧的恐惧"，实际上意味着焦虑。

焦虑与冲突

神经质焦虑总是涉及内心的冲突。这两者之间通常存在一种相互关系：持续未解决的冲突状态，可能导致个体压抑冲突的某一方面，从而产生神经质焦虑。而焦虑反过来也会带来一连串的无助感、无力感和行动瘫痪，从而引发或加剧心理冲突。从斯特克尔的概括性描述——"焦虑是心灵的冲突"，到弗洛伊德、克尔凯郭尔、霍妮等人的系统性研究，都是在探究这种冲突的本质。

从弗洛伊德的观点来看，潜藏于焦虑背后的是个体的本能需求和社会禁忌之间的冲突。他的人格结构理论描述是，自我被夹在本我（主要是力比多性质的本能冲动）和超我（文化要求）之间。尽管弗洛伊德将他的第一个焦虑理论——焦虑只是被压抑的力比多的转化——修正为"焦虑是由于自我感知到危险情境而压抑力比多"，但是冲突的内容以及伴随而来的焦虑，仍然源于力比多未能得到满足。在弗洛伊德看来，引发焦虑的威胁等同于力比多受挫的威胁，或者力比多一旦得到满足便会受罚的威胁。

继弗洛伊德之后，许多研究焦虑的学者（霍妮、沙利文、莫勒等）都曾提出这样一个问题：力比多受挫本身是否会导致冲突以及随之而来的焦虑？这些研究者的共识是，挫折本身并不会引起冲突。相反，真正重要的是，这种挫折威胁的是哪些基本价值？这一点可以从性方面加以说明。有些人有大量的性活动（即没有挫败感），但仍然十分焦虑。有些人性活动非常少，却不会过度焦虑。更值得注意的是，还有一些人，当他们的性欲因为某个对象受挫时，会陷入冲突和焦虑之中，但被另一个对象挫败时，却不会如此。因此，还有远比单纯的性满足更重要的东西等待我们去发现。

问题不在于挫折本身，而在于这种挫折是否威胁到某种人际关系模式，而后者对个体的安全和自尊至关重要。在西方文化中，性活动通常被认为是个人权力、自尊和威望的表征。对这些人来说，性挫折的威胁很可能会引起冲突与焦虑。我们并不否认弗洛伊德所做的现象学描述，在维多利亚文化时代，性压抑和焦虑之间确实关系密切。这是因为在西方文化中，性禁忌常常是父母和社会对孩子进行权威约束的一种方式。这些约束导致孩子的成长与发展受到抑制。随着孩子长大，性冲动将与这些权威（通常是父母）发生冲突，并可能招致权威的惩罚与疏远。这种冲突在很多情况下肯定会引发焦虑。但这并不意味着，力比多受挫本身会引起冲突和焦虑。生理冲动受挫的威胁并不会导致冲突和焦虑，除非这种冲动与人格的某种基本价值相一致。沙利文指出，对人类来说，追求安全通常比追求生理满足（如吃饭和性）更重要，他并不是指生理行为不重要；更确切地说，他是指生理需求应该被纳入更全面的需求之下，即有机体维持和扩展整体的安全和权力的需求。

卡迪纳认为，普通人的焦虑背后潜藏着冲突，是因为孩子在成长早期便习得禁忌，从而阻碍了孩子放松的享乐模式（relaxor pleasure patterns）。虽然与弗洛伊德强调冲突的生理内容类似，但卡迪纳接着指出，这一冲突之所以严重，是因为在西方文化的心理成长模式中，在孩子对父母怀有强烈的情感需求与期望之后，禁忌却出现了。因此，焦虑不仅是因为享乐模式本身受挫了，更是因为孩子体验到了父母的不可靠和不一致，父母让孩子有所期望，然后又让他们失望。

这些冲突之间有什么共性吗？我相信，这种共性可以在个人与社群的辩证关系中找到。[1]一方面，人作为个体而发展。个体性是一个既定的事实，因为每个人都是独一无二的，并在一定程度上与其他个体相分离。一个人的行动，无论怎样受制于社会因素，仍然是个体的行动。在成长过程中，当自我意识开始浮现时，每个个体的行动中也会出现一定的自由和责任。但另一方面，这个个体每时每刻都作为一名社会成员在发展，他对社会的依赖不仅是为了满足早期的生理需求，还为了满足他的情绪安全需求。只有在与其他社会成员的互动中，一个人的"自我"和人格的发展才能得到理解。

婴儿与儿童的成长，意味着他与父母的逐渐分化。从辩证关系的个体层面来看，孩子的成长就是减少对父母的依赖，增加对自身力量的依赖和运用。从社会层面来看，孩子的成长涉及他与父母在新的层次上建立联系。在这一辩证关系中，任何一极发展受阻，都会产生心理冲突，最终导致焦虑。倘若只有"自由"而不受任何关系牵绊，个体便会深陷违抗和孤独的焦虑之中。倘若只有依赖而没有自由，个体便会产生无法摆脱共生关系的焦虑。当一个人缺乏自主的力量

1 我用"辩证"一词表示一种相互影响、相互制约的关系。A影响B，B也反过来影响A；通过彼此了解，成为不同的实体。我使用"社群"（community）这个词，而不用"社会"（society），因为社群隐含着一种积极的关联性，是个人凭借自我意识而实现的。

时，任何需要自主行动的新情境，对他来说都是一种威胁。

只要任何一极发展受到阻碍，个体的内在机制也便开始运行，从而加剧冲突和焦虑。一个独立且不受关系牵绊的人，会对那些使他孤立的人充满敌意。一个活在共生依赖中的个体，会对那些束缚他自由和能力的人产生敌意。无论哪种情况，敌意都会增加冲突，进而加深焦虑。

另一种机制也将出现，那就是压抑。未发挥的能力与未满足的需求并没有消失，而是被压抑了。在临床上经常可以看到这种现象：叛逆、独立和孤僻的个体，压抑着与他人建立积极关系的需求和欲望；而共生依赖的个体则压抑着独立行动的需求和欲望。众所周知，正如前文所指出的，压抑机制本身会减少个体的自主性，并增加无助感与冲突。

在这个讨论中，我们并不是暗示冲突存在于个人与社会之间——无论是弗洛伊德学派消极意义上的"社会"，还是阿德勒学派积极意义上的"社会"。相反，问题的关键是，在"社群内个体"（individual-in-community）的辩证关系中，任何一极的发展失败了，都会导致一场影响两极的冲突。例如，如果一个人逃避自主决策，他就会退缩到一个"封闭的"状态（克尔凯郭尔），而他与别人沟通的可能性，也会随着他的自主性一起被牺牲掉。尽管这种封闭状态是为了避免冲突，但它实际上导致了更大的冲突，也就是神经质冲突和神经质焦虑。

从"社群内个体"的角度来描述焦虑背后的基本冲突，其问题在于过于宽泛，但它的优点在于，强调了两极的发展都是克服冲突和焦虑所必需的。它还有一个优点在于，为焦虑文献中众说纷纭的冲突理论提供了一个参考框架。弗洛伊德和霍妮等人强调冲突起源于童年早期，这是可以理解的，因为童年是"社群内个体"发生冲突的第一个舞台。性冲动可以促成健康的"社群内个体"，也可能被扭曲为自我中心（虚假的个体性，风流成性的男人），或是共生依赖（虚假的群体性，极度黏人的女性）。

某些冲突理论认为，对个人冲动的持续压抑迟早会导致冲突和焦虑（弗洛伊德），这句话有其道理，却不够完整。那些强调辩证关系中社会极点的理论（沙利文、阿德勒），则呈现了这幅图景的另外一面，并纠正了对个人冲动本身的过分强调。因此，莫勒等人认为，焦虑和冲突经常是由罪疚感引起的，这种罪疚感源于个体未能以成熟和负责任的方式与其社群建立联系。基于我们从多维度分析焦虑背后的冲突的立场，似乎可以得出这样的结论：要想建设性地解决冲突，个体必须在扩展社群的道路上逐步实现自我价值。

焦虑与敌意

焦虑和敌意是相互关联的，其中一个出现通常会引出另一个。首先，焦虑会引发敌意。这一点很容易理解，因为焦虑以及伴随的无助、孤立和冲突的感觉，令人极其痛苦，所以个体倾向于对那些将他置于痛苦境地的人感到愤怒和怨恨。临床中有许多这样的例子：一个依赖型的人，发现自己身处无法应付的情境，便会对那些置他于这种境地的人，以及使他无法应付的人（通常是父母），表现出敌意。或者，他会对治疗师怀有敌意，因为他觉得治疗师应该帮他摆脱困境，就像布朗对我的敌意一样（参见本书第八章）。

其次，焦虑患者的敌意会增加焦虑。在弗洛伊德的案例中，小汉斯对父亲怀有敌意，因为父亲阻碍了他对母亲过度欲求的满足。但如果小汉斯表达了这种敌意，就会遭到更为强大的父亲的报复，而这当然会增加小汉斯的焦虑。另一个案例来自卡迪纳对平原镇的研究：这个镇子的社会内部敌意，主要来自人们对彼此享乐模式的阻断（例如，传播流言蜚语），这种敌意增加了个体的孤立感，从而增加了他的焦虑。

鉴于敌意与焦虑的相互关系，哪种情感才是更根本的呢？我们有理由相信，尽管敌意可能是许多情况下具体的情感，但在敌意之下往往潜藏着焦虑。这一点在压抑敌意的案例中尤其明显。我们还记得，汤姆"害怕他的母亲，就像害怕上帝一样"，既然他如此敬畏上帝，不会产生顶撞的念头，那么我们可以断定，无论他对母亲充满怎样的敌意，他都会压抑下来。在一些对高血压患者的心身研究中（这种躯体症状通常与压抑敌意有关），我们发现，患者压抑敌意的首要原因是他们的依赖和焦虑。这一模式的基本原理可以扩展到许多压抑的敌意与焦虑相互关联的情境：除非个体十分焦虑，害怕来自他人的对抗或疏远，否则不会一开始就压抑敌意。我并非要把所有的敌意都归入焦虑问题，事实上，只要个体觉得活动受限，就可能会产生正常的敌意。因此，我们这里特指的是被压抑的敌意。

在神经症的模式中，包括被称为心身疾病的特殊类型中，焦虑是主要的病原学现象。从这个意义上说，焦虑是所有疾病以及所有行为障碍的共同心理特征。

文化与社群

在上一章中，我们讨论了当代文化中引发大量焦虑的模式的历史背景，这种模式就是个人竞争的野心。现在，我们需要就这种模式总结西方社会中的人格现状，然后再讨论大规模的焦虑与现代文化发展历程之间的关联。

这里简单概括一下。追求社会声望是西方文化的主导目标，社会声望的定义是成功，而成功主要由经济财富来衡量。财富的获得被认为是个人权力的证明与象征。既然成功是与他人的地位进行比较，对成功的追求在本质上便是竞争性的：如果一个人超过或战胜了其他人，那么他就是成功的。强调在竞争中获胜，不仅源于文艺复兴时期崇尚以个人权力对抗社群，而且当这个目标持续存在时，它往往会增加个人与社群之间的对峙。作为主流文化价值，靠竞争获得成功同样也是自我评价的主导标准，是一个人在自己以及他人眼中确认自我的手段。因此，在西方文化中，任何对这一目标的威胁，都会引起个人的深切焦虑，因为它威胁的是对人格存在来说至关重要的价值，也就是一个人的价值感和社会声望。

靠竞争获得成功的主导目标，虽然主要是关于经济方面的，但它也逐渐渗透到个体的人际关系中。霍妮对西方文化中的这种现象进行了恰当的描述：

> 必须强调的是，竞争以及随之而来的潜在敌意，弥漫在所有的人际关系中。竞争已成为社会关系中的主导因素之一。它充斥在男性和女性群体之中，无论

竞争的是声望、能力、魅力，还是任何其他社会价值，它都极大地阻碍了建立真正友谊的可能。如前所述，它还扰乱了男女之间的关系，不仅体现在伴侣的选择上，也体现在伴侣互相较劲的过程中。此外，竞争还渗透进了学校生活中。也许最重要的是，它渗透进了家庭环境中，因此，孩子往往刚出生时便被接种了这种病菌。[1]

举个例子，"爱"没有被当作克服个人孤立的建设性途径，而是成了一种自我扩张的手段。人们利用爱来达到竞争的目的，在竞争中赢得社会所推崇的理想伴侣；爱成了个人社交能力的证明；伴侣被视为一项战利品，就像在股市上获利一样。另一个常见的例子是，我们对孩子的重视，仅仅是因为他们在大学里获奖，或者以其他方式为家族增光添彩。在西方文化中，爱常常被当作减轻焦虑的手段，但当这种爱被置于泯灭个性的竞争框架下，它反而会增加孤立感和敌意，从而加剧焦虑。

焦虑虽是所谓的个人主义竞争模式的结果，但个体焦虑并不仅仅因为他的成功受到威胁，还有许多更微妙的方式会导致焦虑。焦虑产生于人与人之间的孤立与疏离，这是因为

---

1 霍妮：《我们时代的神经症人格》，第284页。

一个人的自我肯定主要取决于战胜他人。这种焦虑在文艺复兴时期许多强势的成功者身上可以看到（我们在米开朗琪罗身上就发现了）。同样，焦虑还会来自竞争性个人主义所引发的社会内部敌意。最后，焦虑还来自一个人的自我疏离，这种疏离感源于个体将自我视为市场上的商品，或将自我效能感建立在外在财富而非内在能力之上。用奥登的话来说，我们是一件"商品……必须服从买主"。这些态度不仅扭曲了一个人与自我的关系，而且在某种程度上，它们还使个体的自我价值每天饱受邻人成功的威胁，个体因此变得更加脆弱、无助与无力。

此外，在个人主义竞争模式下运行的"恶性循环"机制，也使得人们的焦虑更加严重。西方文化所公认的缓解焦虑的方法，是更加努力地去获取成功。由于社会内部的敌意和攻击性，可以通过社会认可的竞争方式来表达，所以焦虑的个体会拼尽全力去竞争。但是，竞争越激烈、攻击性越强，个体就会越孤立、敌对和焦虑。这种恶性循环如下所示：竞争性的个人努力→社会内部的敌意→孤立→焦虑→更拼命地竞争。因此，在这样的模式下，最常用的缓解焦虑的方法，从长远来看实际上会增加焦虑。

现在，我们来看看当代个体的焦虑程度与西方文化现状之间的关系。托尼、蒂利希、芒福德、弗洛姆、霍妮、曼海姆、卡西尔、里茨勒等人，都以不同的方式表达了这样一种信念：20世纪的西方文明中充斥着大量的焦虑（或类焦虑状态）。每个人都根据自己的探索给出了相应的证据和解释。他们的普遍共识是：这种焦虑的背后乃是深刻的文化变革，这些变革可以被描述为"人类自我认识的危机"、传统文化形式的"瓦解"，如此等等。

在19世纪下半叶和20世纪初，人们对"预定和谐"的信仰也瓦解了，这种信仰曾以某种方式让人们生活在某种社群之中，尽管他们之间存在竞争。具有洞察力的思想家认识到，个体的竞争野心并不会自动增进社会的福祉。相反，它会使个体产生无力感和孤立感，并进一步导致"去人性化"，使人们彼此疏离，甚至产生自我隔阂。那些曾经驱散焦虑的理想和社会"信仰"，现在已经不再起作用；只有对那些愿意坚持信仰的人，它们才能够缓解焦虑。[1]

因此，几乎每一位当代学者都描述过这种文化上的"分裂"。曼海姆从社会学角度出发，谈到了西方社会正在经历的"解体阶段"（phase of disintegration）。卡西尔从哲学观点

---

1 "驱散"在这里是指一种实际消除焦虑的态度，而"缓解"则是指一种回避焦虑但没有解决潜在问题的态度。同样的态度在一段时间内或许可以驱散焦虑，但在另一段时间内却成为缓解（回避）焦虑的手段。例如，个体追求财富的努力可以促进社群福祉，这个假设在当时确实是正确的，并且驱散了资本主义扩张阶段的焦虑。但在最近的经济发展中，上述假设便与实际不符，不过仍不失为一种缓解焦虑的手段。

出发，根据"概念统一性的丧失"（loss of conceptual unity）推导出文化的分裂。里茨勒则从社会心理学的角度，将这种分裂的根源归结于西方文化中"话语世界的缺失"（lack of a universe of discourse）。

任何一个认真研究当代文化的人，都能从心理学的角度看到这种分裂或矛盾。霍妮认为：

> 这种矛盾存在于所谓的个人自由与他所受到的现实限制之间。我们的社会告诉个人：他是自由的、独立的，可以按照自己的自由意志来决定自己的生活；"人生的竞技场"向他敞开，如果他有能力、肯努力，他就能得到自己想要的东西。但事实上，对大多数人来说，所有可能性都是有限的……对个人来说，其结果就是在决定自身命运的无限力量感和完全的无助感之间摇摆不定。[1]

理论与现实之间存在着矛盾：在理论上，人们普遍认为，每个人都可以通过自己的努力和优势获得经济上的成功；但现实情况是，个体在很大程度上要依赖于自己无法掌控的超个人技术力量（如市场）。卡迪纳指出，平原镇的居

---

[1] 霍妮：《我们时代的神经症人格》，第289页。

民"大体上认同美国人垂直流动（vertical mobility）的信条，相信一个人可以成为任何他想成为的人。但事实上，他们的机会非常有限……即使离开小镇也一样"[1]。

个人理性主义与现实之间也存在着矛盾：个人理性主义相信，"每个人都可以基于事实而做出决定"；但现实情况是，大多数的决定都基于内在动机，而并非对情境的理性评估。这种矛盾所产生的心理无助感，往往会导致个体迷信"舆论的匿名权威""科学"等名义下的理性力量幻象。里茨勒写道：

> 对于工业时代的理性人来说，凡事都有其"因果"，没有魔鬼的干涉。然而，在危急时刻，他也会被无尽的恐惧所笼罩……理性人是长期安全环境的产物，在此期间，他所遇到的都是理所当然的事情。但这种经历也可能正是他脆弱的部分原因。他的秩序体系仅在理论上是合理的。[2]

理性的幻象通过压抑矛盾而暂时缓解了焦虑。这对于焦虑问题有着特殊的意义，因为焦虑的"非理性"本质往往使

---

1 卡迪纳：《社会的心理边界》，第264页。
2 里茨勒：《恐惧的社会心理学》，载于《美国社会学期刊》，第496页。

人们避免去面对它。我们将在海伦的案例中看到这一点（参见本书第九章），她试图回避自己怀孕的事实，并用各种"科学"数据来支撑她的幻想。整个西方文化都倾向于将焦虑"合理化"为特定的恐惧，然后个体便相信自己是以理性的方式在面对。但这种做法压抑了焦虑的真正来源。而且，对大多数人来说，这种幻象迟早会破灭。

当然，文化中的矛盾和不一致会使社会成员更容易产生焦虑，因为它们经常让个体陷入难以抉择的境地。让我们回想一下林德夫妇的说法，米德尔敦的居民常常"陷入相互冲突的模式带来的混乱，这些模式没有一个被全然否定，但也没有一个得到明确的认同，或者使人免于困惑"。今天，当个人的价值和目标受到威胁时，他很难参照文化中一以贯之的价值体系来指引自己。因此，个人所经历的威胁不只关乎他能否实现目标，而是几乎任何威胁都会使他怀疑目标是否值得实现——也就是说，这个威胁成了对目标本身的威胁。读者应该还记得，我曾说过，当威胁不再是外围的，而是直指价值标准本身时，恐惧就会变成更深刻、更普遍的焦虑状态。这就是人们感到"自我消解"的原因。我相信这就是西方社会正在发生的事情。因此，在西方文化中，那些客观上对个人价值来说微不足道的威胁，可能会使个人陷入恐慌和极度的迷失。

同样，曼海姆认为，"重要的是要记住，我们的社会面临的不是短暂的动荡，而是根本性的结构变化"[1]。例如，人们在失业期间的焦虑，不仅是因为生计暂时受到威胁：

> 对人来说，（失业的）灾难不仅在于外部工作机会的消失，更重要的是个体复杂的情感系统，本来与社会机构的平稳运行相互缠绕，现在却失去了固着的对象。他几乎倾注所有努力的琐碎目标，突然间消失不见了。他现在不仅没有工作的地方，没有日常的任务，也没有机会表现那些长期训练养成的工作态度，更重要的是，他习以为常的欲望和冲动也无法得到满足。即使通过失业救济可以满足生活的直接需要，但整个生活结构以及家庭的希望和期待，却因此化为

---

[1] 曼海姆：《重建时代的人与社会》，第6页。曼海姆认为，西方社会正在经历的"解体阶段"，源于"自由放任"（laissez-faire）和"无计划管制"（planless regulation，也就是极权主义）这两种传统原则的冲突。自由放任作为一种经济与社会原则，在当代大多数时期是适用的。但随着工业时代后期的各种发展，自由放任原则已不再适用，而某种形式的管制便必然出现。实际出现的"病态"管制形式，用曼海姆的话说，是"独裁的、随大流的、野蛮的"。曼海姆坚信，试图回归自由放任原则的解决方案既是不可能的，也不具有建设性，而对无计划管制的默许显然更不行。他的建议是建立以计划经济为基础的民主政体。从许多方面来看，我的研究分析与曼海姆的分析十分相似，他的"自由放任"与我这里的术语"竞争性个人主义"相当。

乌有。¹

曼海姆接着谈到的一点，在我看来至关重要：

> 当一个人意识到，他的不安全感不仅是个人的问题，而是大多数人共同的问题时，这种恐慌便达到了顶点。他也会就此明白，不会再有任何社会权威来制定不容置疑的标准，并且规定他的行为。这就是个人失业和普遍不安全感之间的区别。如果在正常时期，一个人失去了工作，他可能会很绝望，但他的反应或多或少是可预见的，他的痛苦也遵循着某种普遍的模式。²

换句话说，在个人失业的情况下，一个人仍然可以相信文化的价值和目标是有效的，尽管他自己未能实现这些目标。但在大规模失业和缺乏安全感的情况下，个人甚至无法相信文化的基本价值和目标。

在此我认为，当前社会普遍存在的焦虑情绪，根源在于

---

1 曼海姆：《重建时代的人与社会》，第128页。
2 曼海姆：《重建时代的人与社会》，第130页。

现代文化背后的价值与标准本身受到了威胁。[1]就像曼海姆所说的那样，其中的差异在于：一个是外围的威胁——社会成员基于其文化假设可以应对的威胁；另一个则是更深层次的威胁——对基本的文化假设或文化"宪章"（charter）[2]本身的威胁。我们回想一下托尼的观点，他认为现代时期的前几次革命，都是基于个人权利至高无上的文化假设而发生的，革命是为了寻求并扩大个人的权利基础，但是，这个基本的文化假设本身并未受到质疑和威胁。我相信，现在情况已经有所不同。当前社会变革所涉及的威胁，已经不能依靠既有的文化假设来应对，因为威胁针对的是这些基本假设本身。

唯有如此，我们才能理解为什么当前社会中许多人面对一些微小的经济变化时，会产生如此深切的焦虑，而这种焦虑与实际威胁完全不成比例。因为这种威胁不是对生存的威胁，甚至也不是对个人威望的威胁，它真正威胁的是我们文化所认同的基本假设，以及身为文化参与者的个体所认定的存在价值。

当前西方文化中受到威胁的基本假设，主要与文艺复兴以来一直占据社会核心的个人竞争野心有关。就这点而言，

---

1 罗洛·梅：《现代焦虑理论的历史根源》。论文发表于1949年6月3日的美国精神病理学协会的"焦虑"专题研讨会，收录于《焦虑》（New York，1964）。
2 这是马林诺夫斯基（B. Malinowski）在某次演讲中的用语。

受到威胁的是个人的"信仰"，也就是我们所谓的对"个人竞争野心的效力"的信心。个人主义的假设受到了威胁，因为在当前的社会发展阶段，它们破坏了个体的社群经验。极权主义就是人们的社群需求所表现出来的文化神经症症状，这种症状被当作缓解焦虑的一种手段。在崇尚竞争的个人主义社会中，个体由于被孤立和异化而感到无力与无助，从而产生了大量焦虑。正如蒂利希所指出的，极权主义是社群集体主义的替代品。我认为，要想建设性地克服社会中的焦虑，核心要求是发展适当形式的社群。

这里使用的"社群"（community）一词，意味着个体与社会环境中的他人存在某种积极的关系。从这个意义上说，它与"社会"（society）这个中性词有所区别。每个人都属于某个社会，不管他是否愿意、是否出于自己的选择，也不管他对社会的发展做出过建设性的贡献还是只有破坏。相反，社群则意味着个体必须以肯定和负责任的方式与他人建立联系。经济学意义上的社群，强调工作的社会价值与功能；心理学意义上的社群，则涉及个体在爱和创造中与他人联结。

第二部分

焦虑的临床分析

第八章 焦虑的个案研究

焦虑是神经症的动力中心，因此，我们必须随时随地面对它。

——卡伦·霍妮《我们时代的神经症人格》

我们应该如何研究人类的焦虑？在前面的部分，我们讨论了"实验诱发焦虑"的严重问题，同时还指出，我们需要知道个体在其幻想或想象中是如何象征性地解释焦虑情境的。事实上，我们需要从主观和客观的角度充分了解所研究的个体，才能够辨别他的反应是否为焦虑，进而才能够理解焦虑。

人类的焦虑之所以如此复杂，主要是因为其决定因素往往是无意识的。正如后文中布朗和海伦的案例所显示的，极度焦虑的人可能会被迫否认不安的存在——不是因为个体的反复无常或拒绝合作，只因为这是重度焦虑的功能之一。焦虑者只有说服自己不害怕，才能免受焦虑排山倒海般的影响。这种现象并不局限于心理咨询室内，众所周知，这也是人类共通的经验。我们从"在黑暗中吹口哨"和许多士兵在战场上的经验便可略知一二。因此，被试在量表上报告的关于"焦虑"的有意识数据没什么价值，也就不足为奇了（就像我在本书后面的研究中所发现的）。一些研究焦虑的学者认为，正是在理解幻想的过程中，我们才找到了"焦虑问题的核心"。也就是说，我们需要一种方法，不仅使我们理解动机的有意识表现形式，而且理解其主观和无意识的形式。就像克尔凯郭尔和弗洛伊德所认为的，焦虑有一个"内在核心"，如果我们无法掌握它，便无法理解人类焦虑的本质含义。

这个问题有两个层面。第一，"生活情境中的个体"

是否可以作为研究对象？我对这个问题的回答是肯定的。今天，许多社会学家和社会心理学家都报告了关于"生活危机事件"的研究，比如战争、事故、死亡等。[1]第二个层面更为具体，即决定在这个动态领域中采用哪些研究方法。在精神分析出现之前，除了帕斯卡尔、克尔凯郭尔等天才深刻的自我洞察以及对他人的直觉理解之外，还没有一种技术可以确定焦虑这类经验的主观意义。但是，如果"临床"一词意指研究方法，它就必须在广义上包括所有阐明无意识动机的方法。[2]罗夏墨迹测验的投射技术揭露了被试不愿或无法说出的内容，这在我们接下来的研究中意义重大，因为它揭示了个体行为的动力机制和潜在模式，这一点后来得到了许多其他数据的证实。

我们探寻的是什么

接下来的案例研究将阐明前一章所综述的焦虑理论。显

---

1 霍罗威茨（Mardi Horowitz）：《应激反应综合征》（*Stress Response Syndromes*，New York，1976）。

2 我是这样使用"临床"这个术语的。它包括了荣格、阿德勒、兰克、沙利文等心理治疗师以及许多其他人的方法。这一假设是有历史依据的：几乎所有研究无意识动机的方法，如罗夏墨迹测验，都源于弗洛伊德及其后继者的巨大推动。

然，任何一个临床病例都不可能削足适履，只回答我们想知道的问题，而不去回答其他问题。每个案例都有其自身的价值，我们应该以开放的心态来探究：这个特定的对象教会了我们哪些关于焦虑的事？但当我们在研究每个案例时，在脑海中牢记一些更具体的问题，将会使研究更加清晰和明确。因此，我将列出一些关于焦虑理论的关键问题，在接下来的案例研究中，我会不断地追问这些问题。

关于焦虑的本质及其与恐惧的关系，我要问的是：我们能否确定特定的恐惧就是潜在焦虑的表现？如果神经质恐惧是神经质焦虑的特定表现，而且如我所说的，神经质焦虑源自个体内在的基本冲突，那么神经质恐惧所指向的对象会不断转变，而潜在的焦虑模式则基本保持稳定，这一点是没问题的。因此，我们能否就此确定，神经质恐惧会随着个体面对的问题变化而变化，而潜在的神经质焦虑相对保持不变呢？

在前一章中，我们认为，神经质焦虑的根源总是涉及某些心理冲突，而这种冲突最初发生在亲子关系中。焦虑理论的这个方面引出了两个问题：①下面的案例能否表明，主观内在的冲突始终是神经质焦虑的动力来源？②能否表明，被父母（尤其是母亲）排斥的个体更容易产生神经质焦虑？这里所陈述的是一种经典的假设，即引发神经质焦虑的心理模式起源于孩子与父母的早期关系，尤其是与母亲的关系。

这个假设被弗洛伊德、霍妮、沙利文等人以不同的方式表述过，而且被临床心理学和精神分析学广泛接受。

被试的焦虑与其文化的相互关系，在下面的案例中几乎处处可见。在这个复杂的领域里，我们会问这个问题：个体的社会经济地位（如中产阶级、无产阶级等）是否对其焦虑的类型和程度有重大影响？

关于焦虑与敌意，我们会问：焦虑与敌意有关吗？是否个体越焦虑，就越容易产生敌意？当焦虑减轻时，敌意也会随之减少吗？

经年累月，每个人都会学到一些处理焦虑的经验法则。我们要探索的是，当个体面对某种焦虑情境时，其特有的行为策略（防御机制、症状等）是否会发挥作用，以及这些策略是否会让个体免受情境的影响？

最后，我会通过下面三个问题中的前两个，从反面探讨焦虑和自我发展的问题，从而确定焦虑的存在是否会阻碍自我的发展：严重的神经质焦虑是否会使人格变得贫瘠？个体的人格变得贫瘠，是不是对焦虑情境的某种防御？个体越有创造力和生产力，就越容易陷入焦虑情境吗？

哈罗德·布朗：潜藏在重度焦虑下的冲突

第一个案例与一个32岁的年轻男子有关，他被诊断患有焦虑神经症（anxiety neurosis）。[1]无论我们用什么诊断术语来描述他的问题，可以确定的是，他经历了大量的焦虑，这种焦虑不断威胁着他，直至把他压垮。

哈罗德·布朗（Harold Brown）是我接受精神分析训练时的第一位患者。我在这里提到他是基于这个假设，即焦虑问题的某些方面——比如无意识的冲突——可以通过精神分析产生的综合性主观数据，得到最好的说明。虽然我不得不略去所发生事情的主要部分，但我希望接下来的阐述足够全面，可以让读者理解布朗的焦虑。在弗洛姆的督导下，我和布朗面谈超过三百个小时，我想在此对弗洛姆表示感谢。

直到写完以下材料，我才意识到布朗的经历很好地印证

---

1 如果我们用诊断术语来说，这个案例可能属于重度焦虑神经症或精神分裂症（schizophrenia）。如果使用后一种说法，应该明确的是，它指的不是对现实的扭曲，而是指个体因为焦虑而完全丧失行动能力，无法在现实世界中照顾自己。在这种情况下，重度焦虑神经症与精神分裂症的诊断可以互换。总之，我们关心的是心理动力，而不是诊断标签。

了克尔凯郭尔的主要观点，即所有焦虑背后都潜藏着主观冲突。在我看来，布朗重新阐明了克尔凯郭尔的一些陈述，比如，"焦虑是一种害怕，但它与害怕的对象保持着一种若即若离的关系，它无法将视线从对象身上移开，实际上也不会离开……"焦虑"是一种对恐惧对象的渴望，是一种带有同情的厌恶。焦虑是一种控制着个体的异己力量，个人无法挣脱，他也不想挣脱，因为他害怕。但个体所害怕的，也是他所渴望的。于是，焦虑使人变得无能"[1]。

这个年轻人在过去的九年里，一直饱受着重度焦虑的反复折磨。他在大学里取得了很好的成绩，一毕业就进了医学院。两个月后，他对课业却感到越来越力不从心和无助。随后，他第一次出现了焦虑状态，症状是无法入睡或工作，难以做出最简单的决定，并担心自己"失去理智"。当他从医学院休学之后，这种焦虑状态得到了缓解。

在接下来的几年里，他尝试过好几种不同的职业，但每次都因为焦虑复发而中止。这种焦虑状态通常持续好几个月（或者直到他放弃了正在做的工作），伴随而来的是重度抑郁和自杀的念头。在两次较为严重的焦虑发作期，他在精神病院各待了一个月和十一个月。他最终去了一所神学院读研

---

1 克尔凯郭尔：《恐惧的概念》，第xii页。

究生，但在第三年，也就是临近毕业的那一年，他因为焦虑再次复发而无法学习，不得不申请进行精神分析治疗。

在治疗的早期阶段，布朗的情绪摇摆不定，时而无精打采、死气沉沉，时而又极度焦虑，两者不断交替。当他情绪低落时，他形容自己是"一只躺在阳光下等人喂食的狗"。在这个阶段，他的脑海中涌现出许多关于儿时被照料的"幸福"回忆。但在随后的焦虑状态中，他表现得极为紧张，语速飞快，好像被逼着要滔滔不绝地说个不停。他觉得自己的焦虑有一种普遍的情绪暧昧和"含糊不清"的特质。在焦虑状态下，他很难或不可能有任何清晰明确的感受，不管是在性方面还是其他方面。这种情绪"真空"状态让他极其不舒服。他经常去看电影，或者沉浸在小说中，因为用他自己的话说，如果他能与别人产生"共鸣"，如果他能感受到别人的感受，他就能从焦虑中得到某种解脱。显然，他在这里描述的是一种自我意识减弱的状态，而这正是重度焦虑的特征。我认为这对他来说是一个很重要的洞见，如果他能感受到他人的现实存在，那么他多半会意识到自己是一个有别于其他客体的主体。

布朗第一次做"罗夏墨迹测验"是在分析刚开始的时候，那时他处于较为严重的焦虑状态，测验所示的主要特征是：模糊和简略的整体反应占了很大比重，反应力和生产力程度很低，普遍平庸化，完全缺乏原创性。[1]其中，与现实之间的"模糊"关系这一特征，与布朗所说的正好相符，也就是在极度焦虑的状态下，他无法产生"清晰的感受"。就好像焦虑中所含的内在和主观的"模糊"，让他在评估外部的客观刺激时，也变得含糊不清。这正好例证了前文的说法，即严重的焦虑会让个体无法在与客体的关系中体验自我。因此，这是一种自我"消解"的体验。布朗试图通过感知他人的情绪来克服焦虑，这是很有洞见的想法，这样他便可以在与他人的关系中体验自我，并在一定程度上克服我们所说的自我"消解"。

布朗出生在印度，是一位美国传教士的儿子。当他的母亲怀上他时，家里仅有的另外两个小孩死于瘟疫。童年时，他觉得自己受到母亲和印度女佣的"溺爱"，直到7岁还是女佣服侍穿衣。后来母亲又生了三个女孩，为了得到父母的宠爱，他和其中一个进行了激烈的竞争。他会说："我想当个宝宝。"当他和妹妹发生争执时，如果父母偏袒妹妹，他就会异常愤怒并深感受到威胁。在他十几岁的时候，父亲被诊断患有躁郁症，一度精神崩溃，于是全家回到美国，好让父

---

1 对于熟悉罗夏墨迹测验的人，我们附上了技术上的细节：整体反应为18：1 M，2 FM，1 k，6 F，3 Fc，3FC；其中2是F/C，2 CF；13个反应（76%）为W；5个反应（28%）是D。

亲住院就医。几年后，他的父亲自杀了。[1]

影响布朗焦虑的关键因素，似乎是他与母亲之间深深的依赖共生关系。有两段重要的回忆揭示了他们之间的早期关系。其中一段发生在他5岁时，母亲一边给妹妹喂奶，一边对他说："你也想要喝一口吗？"他对此感到极度屈辱，因为这意味着他在母亲眼中还是个宝宝。在治疗期间，这种感觉反复出现在不同情境的母子关系中。另一段发生在他8岁时，他搞了个恶作剧，而母亲的惩罚手段竟然是让他鞭打她。被迫惩罚母亲的创伤经历让他后来始终感觉到，自己永远不能独立于母亲之外，不能持有自己的意见或做出任何判断，因为母亲会扮演殉道者的角色，然后"我就束手无策了"。母亲支配他的方式是："如果你反抗我的权威，你就是不爱我。"

在这次治疗期间，他依靠母亲的资助过活，就像他以前无法工作时一样。他和母亲都担心在她死后，他要怎么生活

---

[1] 我较少提到布朗与父亲的关系，那是因为我必须有所选择。对我来说，母子关系在这个案例中更为关键。然而，我并不是说这位父亲的问题——他的精神病和最终的自杀——对这个年轻人没有多大影响。布朗与父亲的关系在他童年时便有以下特点：①认同父亲；②相信父亲极为强大；③随后有被父亲压垮的感觉；④父亲的自杀让他确信："我原以为父亲是如此的强大，没想到是如此的脆弱——因此，我还有什么希望呢？"所以，他与父亲的关系使他的内心更加脆弱。

下去。即使到了他现在这个年龄，母亲在信中仍称呼他"我的宝贝儿子"，而他在收到信后常常焦虑不安，梦见"有人想要杀我"，或者梦见"某大国想要吞并一个小国家"，后者是一个很有启发性的梦境。在治疗期间，他收到母亲的一封信，信中说如果她对上帝的信仰足够虔诚，他的病就会因她的信仰而痊愈。他对此感到愤愤不平，这是可以理解的，因为她的言下之意是，无论在宗教上还是在心理上，他都无法让自己脱离她。布朗焦虑模式的起源可以通过以下背景来理解：从他出生开始，就不得不面对一个极其专横的施虐—受虐狂母亲。她的专横有时表现为气势逼人，但有时又以软弱为幌子来掩饰专横，后者通常更为有效，也让布朗更为困惑。

在治疗的头几个月里，他的两个梦境都显示了潜藏在焦虑背后的冲突：

> 我躺在床上，享受着和一个女人的亲密拥抱。很明显，那个人是我的母亲。我竟有了欲望，我很尴尬……

几个星期后，他收到母亲手臂受伤的消息。这个消息使他心烦意乱，他立即给远在他乡的母亲打电话。那天晚上，他做了这样一个梦：

一只腐烂的胳膊从岩洞里伸出来，抓住了我的性器官，并使劲往外拉。我很生气，我把手伸进洞里去抓那只手，并把它拉了出来，让它松开。这时，我感到有人用刀或枪，在我背后猛地一击，迫使我松手。好像是另一个人，是那只手的帮凶，如果我不松手，他就会杀了我。我被吓醒了。

他对性器官的联想——"力量""权力""我的性器官很小"——表明了这个词对他而言，就像大多数西方人一样，代表着个人的力量。因为那只手显然是他母亲的，所以这个梦似乎以最简单的方式表明：他母亲已经夺走了他的个人力量，如果他试图重获这种力量，他就会被杀死。在这两个梦中，他都觉得母亲拥有巨大的力量，甚至包括男性力量，而自己则是她需求的受害者。

他的冲突可以陈述如下：如果他试图使用自己的力量，独立于母亲之外，他将会被杀死。但如果采用相反的策略，也就是继续依赖母亲，代价便是持续的无力感和无助感。后一种摆脱冲突的方式要求他放弃个人的自主性和力量，但是，用象征性的语言来说，"被阉割"总比"被杀死"好。

这些梦用经典的俄狄浦斯情结来解释，就是乱伦与阉割。但在我看来，重要的是梦的象征意义而不是性的主题。

从这个角度来看，第一个梦的重点并不在于布朗与母亲的性接触，而在于母亲的命令。在第二个梦中，阉割布朗的是他的母亲，并不是父亲。

当然，在这个案例中，肯定有很多关于乱伦的指涉。重点在第三个梦境中得到了说明："我与一个年长的女人秘密结婚了。我并不想这样，于是我住进了疗养院。"这句话是他想要摆脱母亲的有力证明，甚至不惜把自己关进精神病院（这也表明，他的心理疾病具有保护自己、对抗母亲的作用）。人们可能会认为，他不想和这个女人结婚而把自己监禁起来，是由于乱伦欲望引发的罪疚感，但这样的解释似乎没有必要。这个梦可以更直接地理解为，他知道与"母亲"结婚意味着什么，那就是永远被暴君奴役，而被监禁是避免这种关系的唯一选择。在本研究中，我将乱伦现象视为个体对父母过分依赖的象征，个体无法超越这种关系而"成长"。

上述梦境表明了，潜藏在神经质焦虑下的冲突有多么严重。这样的冲突会让布朗彻底瘫痪和无力，一点也不奇怪。在这个案例中，许多表面材料都可以用阿德勒的理论来解释，如焦虑是个体让母亲（或母亲的替代者）继续照顾自己的策略。但是，即使做出这样的解释，我们也不能忽视造成焦虑的严重冲突。这样，我们才可以理解，为什么他会将焦虑的感觉描述为"就像在黑暗中与某种东西搏斗，而你不知道它是什么"。当他收到朋友一本正经的劝慰信时，他作出了一个极富洞察力的类比："他们（朋友们）就像在恳求一个溺水的人游起来，却不知道他的手脚在水下被死死地绑住了。"

现在，我们来讨论引发布朗焦虑的情境。在急性焦虑发作期间——通常持续三天到一星期，几乎不可能在他当前的经历中找出是什么情境引发了恐慌。当我敦促他探究目前焦虑的原因，或者他在害怕"什么"时，他坚称自己的处境和焦虑无关，并断言："我害怕一切，我害怕生活。"他只能意识到强烈的、令人瘫痪的冲突。尽管在恐慌结束后，往往就能回想起引发特定焦虑的事件或经历，但依照布朗的逻辑，那些情境并不重要。在此，我并不是指重度焦虑使他无法客观地审视自己的现实情况。相反，我指的是那些情境不是他焦虑的原因。不管是什么引发了冲突，确实是冲突造成了他的焦虑，造成了他的瘫痪和无助。如果非要解释他的"逻辑"，那就是引发冲突的特定事件或经验，在客观上可能是无关紧要的，但在主观上却能够引发冲突；而且随着冲突的加剧，这些事件或经验的客观作用日渐式微。[1]

---

1 焦虑似乎可以在自发的力量下运作。我强调"似乎"，是因为焦虑情境中必定有某些与冲突有关的因素，而这些冲突正是焦虑的原因。只是我们当下还看不到这种联系。焦虑的本质是将这种联系隐藏起来。在治疗中，除非患者准备好放弃焦虑中的神经性因素，否则他是看不到这种联系的；当他允许自己看到焦虑和基本冲突的联系时，紧张感便会戏剧性地得到缓和。

在不太严重的焦虑发作中，可以相当准确地发现他的焦虑情境。这些轻度焦虑的情境，以及重度恐慌后回想起来的情境，可以分为三个主要类别。第一类焦虑情境是他必须承担责任的处境。举个例子，就在我们的治疗工作不得不暂停一个夏季时，他感到非常紧张，一个劲地说自己恐怕得了癌症。这种对癌症的恐惧与他童年的焦虑恐慌有关，当时他担心自己得了麻风病，将不得不与家人分开。一个如此无助的人，自然会非常害怕与他所依赖的人分离。当布朗与我（他的治疗师）分离的焦虑得到澄清时，他对癌症的恐惧也随之消失了。另一个因承担责任而焦虑的例子发生在治疗进行了一年之后，也就是他重新攻读硕士学位的最后一年。在此期间，他出现了数次严重的焦虑发作，一想到要写论文、参加考试，他就感到非常无助和无力。他觉得自己"无法达标"，会"输掉竞赛"，会"丢面子"，等等。但他后来成功地完成了这些可怕的学术任务——除了焦虑减轻，并没有其他干预因素——所以很明显，他的焦虑不是因为自己真的无法应对这些任务（情境），而是源于面对任务时所激活的神经质冲突。

他的第二类焦虑情境是竞争的处境。无论是学术考试之类的重大事件，还是打桥牌或与同事讨论这类小事，都会引发布朗的焦虑。这种竞争的焦虑，让他联想到童年时期与妹妹的激烈竞争。因此，这种焦虑的原型似乎是，他渴望得到母亲认可和青睐的过度需求受到了威胁。在学术考试这类事情上，他本可以通过在竞争中取胜来获得认可。但他总觉得自己没有能力实现目标，实际上他面临着这样一个困境：如果他真的凭借自己的力量取得了成功，那么他将会死在母亲的手里。因此，我们可以理解，最不起眼的竞争也会激发他严重的主观冲突。

但最重要的是第三类焦虑情境，也就是取得成功所引发的焦虑。在他研究生学习的最后一年，他被邀请主持一场重要的专业会议，这对他来说是一项相当大的成就。他很快就厘清了在这件事之前经历的一些紧张，并且成功地履行了自己的职责，还得到了他所敬仰的专家的赞扬。但在第二天，他遭遇了最严重的一次焦虑和抑郁发作。基于上文概述的冲突，这是可以理解的，因为他只要使用自己的力量，就会面临被杀的威胁。他通常的做法是拒绝承认任何成就，比如放弃佩戴优秀大学生荣誉勋章。因为正如他所说："当我获得成功时，我担心它会成为我和他人之间的一道障碍。"如果他早上醒来时感觉精力充沛、精神饱满，他就会担心自己"与他人产生隔离"。他觉得自己可以在治疗中大哭，或是"展示自己的弱点"，以此来克服焦虑的魔咒。这种对软弱的利用，至少从两个方面缓解了他的冲突：首先，由于软弱，他会被人接受、被人"爱"（通常是被他的母亲），而强大则意味着孤立、与母亲分离；其次，展示自身的软弱和失败，可以避免死亡的威胁。

我们认为，神经质冲突才是焦虑的起因，而焦虑情境是激活冲突的经历或事件。可以看出，布朗的焦虑越严重，冲突的地位就越突出，而情境在其经验中的重要性也就越弱。就这一点来说，情境的重要性在于引发冲突的主观作用。我们还注意到，这些情境与其冲突的特定性质总是一致的——例如，责任、竞争和成功等情境会引发布朗的冲突，这并不是偶然的。这些情境总是涉及某些预期的威胁，如竞争失败、"丢面子"，等等。但我想强调的是，一旦冲突被激活，布朗无论如何都面临着威胁。因此，焦虑不仅源自他对情境中潜在威胁的预期（例如，可能考试不及格），更因为他处于一种两难境地，同时受到双方的威胁：如果他有所成就，便会受到母亲的死亡威胁；如果他未能取得成功，继续依赖母亲，便会一直感到无助和无力。

他的焦虑发作所呈现的发展模式很能说明问题。在第一阶段，他报告说担心自己得了癌症，或最近经常感到头晕，就像"有人击中了我的后颈"。他好几次把这叫作"打兔子"（rabbit punch），也就是猛击兔子的后颈，这样可以杀死兔子。他暗指自己就是那只兔子。头晕的症状与他几年前接受电击治疗有关，他觉得自己的脑部因此受到了损伤。[1]在布朗看来，他对癌症的恐惧和头晕是完全合理的，并且从报纸上找到了相关证据，如当今时代癌症的高死亡率。[2]当我建议他探究这种恐惧的心理意义时，他会表现出攻击性，并坚称自己没有感觉到任何焦虑。

第二阶段差不多在一天后出现：与癌症和头晕有关的恐惧会被遗忘，但他会做焦虑的梦，通常都与他母亲有关。此时，他在意识层面仍然不承认自己焦虑。到了第三阶段，他会对我表现出更大的依赖，坚持要我给予权威的指导。如果这一要求得不到满足，他就会产生更多隐蔽或公开的敌意。

第四阶段，也是最后一个阶段，在两三天之后出现，他会浮现出一种有意识的焦虑，并伴随着严重的紧张、沮丧，最后是抑郁。

在我看来，焦虑在这些阶段中是逐渐进入意识层面的；而这种焦虑多半是在他报告自己头晕或恐惧癌症之前，由某些经历或事件所引起的。

1　布朗的检查结果一直是阴性的。我们曾针对他的头晕召开过专门的神经学会议，结论是头晕很可能是焦虑的心因性症状。他的头晕几乎都与焦虑情境有关，如要承担自己所害怕的责任。"有人击中了我的后颈"这句话与被杀的焦虑梦境（凶手也从背后攻击了他）的相似性是显而易见的。一位神经学家顺便告诉我，只要布朗不被送进精神医院，心理治疗便是成功的。

2　他对癌症的恐惧，与他梦见住进医院被护士照顾联系在一起。这表明了症状的某种功能或目的。

从梦境和其他相关材料来看，很明显，布朗对母亲有许多被压抑的敌意。事实上，从任何一种心理学观点来看，一个生活在如此困境中的人，不可能不产生巨大的敌意。在治疗期间，他的敌意以两种截然相反的形式表现出来。

首先，每当他觉得不能再保持依赖状态时，他就会表现出敌意。这种敌意是对不得不承担责任的焦虑的反应，因为他觉得自己没有能力承担责任。当他感到需要为分析付出很多的努力时，他便要求分析师对他的行为提出具体的建议和权威的指导，就像他觉得牧师要给出"具体的道德和宗教指引"，或者医生会告诉他哪里出了问题以及应该怎么做，这样他就不需要承担任何自主的责任。伴随这种对必须承担责任的敌意而出现的心身症状，通常是腹泻。这可以用一句话来表明："我觉得浑身上下都被堵住了。如果我能痛快地排个便就好了，如果我能发个疯就好了！"

其次，每当他被置于依赖和无助的境地时，便会出现另一种敌意。他对母亲所压抑的大多数敌意都属于这一类。早在他5岁时，这种敌意就已经初见端倪，当时母亲要给他喂奶，暗示他还是个宝宝，而这让他感到羞辱。

在布朗与我，以及与几乎所有其他人的关系中，他都很难公开承认自己的敌意。在他焦虑不安的时候，这一点尤其明显。一般来说，他的敌意表现为普遍的怨恨，偶尔做有敌意的梦，或者迁怒于他人。在焦虑发作期间，他觉得每个人都对他怀有敌意。

我们会注意到，这些敌意情境确实是相互矛盾的，它们对应着布朗基本冲突的两个方面。换句话说，敌意是对冲突中任何一方加剧的反应。冲突的发生与敌意有直接的关系，因为他越感到焦虑，敌意就会越强（无论是隐蔽的还是公开的）。当他的焦虑减轻时，敌意也随之减轻。他几乎不可能公开承认对母亲的敌意，尽管这种敌意会在梦中出现，而且这显然证明了他对母亲一直心存怨恨，并对她的来信特别烦恼。他必须极力压抑这种敌意，以免他对母亲的过度依赖受到威胁。从他的联想可看出，反复发作的心理疾病有两个次要收益，那就是，由于他要求母亲资助自己，所以他可以一边依赖她，一边又报复她。

经过10个月的分析，我们对布朗进行了第二次罗夏墨迹测验，此时他已经不那么焦虑了，测验结果也截然不同。[1] 与第一次测验仅有18个反应相比，他现在共有50个反应；其中有3个是原创性的反应，而第一次测验1个也没有；而且反应与具体现实的联系也更紧密了。第一次测验中的平庸化消失

---

1 第二次"罗夏墨迹测验"的结果是：共有50个反应；W反应百分比降低至44（几乎是正常值）；D反应占40%，d、Dd 和S三项反应加起来占16%。M反应的数量增加到6个，FC增加到4个，这表明他不仅充分利用了内在创造力，而且外在创造力也很有效。第二次测验中有3个原创性反应，相比之下，第一次测验的反应完全没有原创性，也平庸得多。

了，取而代之的是一个颇具创造力的人格。无论我们把这种变化归因于什么——将近一年的精神分析或是移情——事实总归是，第一次测验时处于焦虑状态的布朗，在第二次测验时已经不那么焦虑了。

因此，我们似乎可以得出结论：在这两次测验的记录中，呈现了同一个人在严重焦虑状态与轻度焦虑状态下行为和人格的对比图。在第一次罗夏墨迹测验中，我们看到，焦虑阻碍了个体与具体现实的联系，使现实变得"模糊"不清，并削弱了个体的感觉和思维能力。此时的个体无法感知或回应他人，呈现出一幅"封闭"、不自由、贫瘠的人格图景。在第二次测验中，我们看到的是一个完全自由的个体，他能够看到周围的世界并与之建立联系，能够感知到他人以及自我，这个人过去的平庸不见了，取而代之的是真正的原创性。

结　论

对布朗案例的研究展现了焦虑动力机制的许多重要方面，我将在这里做一个总结。在总结的时候，问题总是显得比实际情况要简单。在下面的结论中，焦虑可能听起来像是一种异常状况，只影响那些不幸的个体。但我想再次强调，焦虑对谁来说都是一项终生的挑战。布朗的悲剧在于，他的焦虑主要是破坏性和瘫痪性的，而不是挑战性和活跃性的，有时会严重到几乎消除了他所有的可能性。我希望读者能够牢记焦虑的人性本质。

（1）恐惧与焦虑的关系

焦虑如何与恐惧相关，在布朗的癌症恐惧中得到了说明。这似乎是一种具体的、"现实的"恐惧，布朗利用各种理由牢牢抓住它不放。但它后来被证明是潜在神经质焦虑的客观表现。[1]

（2）神经质焦虑背后的冲突

我认为，布朗的焦虑源于他与母亲的共生关系。这种关系的特点是：一方面他需要获得自主性，发挥自己的力量；另一方面他深信，如果他真的发挥自身的力量，他将面临被母亲杀死的可怕威胁。因此，他的行为特征是被动、服从（典型对象是母亲）、需要受他人照顾。与此同时，他又体验到强烈的无能感和无助感。只要这一冲突被激活，就会引起严重的焦虑。

从理论上讲，我们可以假设：如果他只服从于母亲的权力，而忘记个人的自主性，便不会有冲突。但这样的前景只会增加他的无价值感和无力感。人类能否将其自主性永久地

1　在这一点上，癌症的意义是象征性的，具有揭示无意识素材的重要性。毕竟，布朗和母亲的关系是一种"心理癌症"。

交付他人，从而避免冲突，我对此深表怀疑。

可以补充的一点是，布朗克服焦虑神经症的进展表现在以下三个方面：①逐渐澄清先前无意识的母子关系；②放弃自己过度的野心（他以前在学术上追求完美）；③逐渐成长并能够使用自己的力量而感受不到威胁。虽然这里对他发展方向的描述有些简单，但至少可以说明他的冲突双方是如何逐渐和解的。

（3）敌意与焦虑的关系

上述冲突以及随之而来的焦虑，在很大程度上是由他对母亲的敌意所煽动的，这一点便说明了两者的关系。更具体地说，我们注意到敌意和焦虑的关系存在于这一事实中：当布朗的焦虑更严重时，他的敌意也更强（无论是隐蔽的还是公开的）；当他的焦虑减轻时，敌意也同样减轻。

（4）症状与焦虑

头晕（一种心身症状）和癌症恐惧（一种心理症状）的出现，是无意识的焦虑进入意识层面的第一步。当布朗意识到焦虑时，这些症状便消失了。这与我们早期提出的论点一致，即症状的存在与有意识的焦虑成反比关系。这些症状的作用是保护个体免受焦虑情境的影响，也就是避免任何可能引发冲突的情境。如果布朗真的得了癌症或有器质性损伤，他的冲突将在以下几个方面得到缓解：①可以继续依赖他人（比如住院）而没有罪疚感；②可以避免承担他觉得无法胜任的任务;③可以通过要求母亲资助他来报复母亲。由此可见,症状可以缓解焦虑。

（5）重度焦虑与人格贫瘠

这一关系可以从两次罗夏墨迹测验的比较中看出来,我在此简短地重复一下。当布朗处于焦虑状态时,他的测验结果是:生产力低下、含糊不清、没有原创性、"内心"活动受阻,以及无法对外界的情绪刺激做出反应。在不那么焦虑的情况下,布朗的测验结果是:更大的生产力、更强的处理具体现实的能力、相当程度的原创性、"内心"活动大幅增加,以及对周遭人和事的情绪反应明显增多。[1]

1　布朗这个案例有个遗憾的结局。他近几年来一直过得不错。直到某天,我接到他从外地打来的电话,说自己陷入了严重的焦虑状态,几乎无法忍受了。他问我能不能去火车站接他,并协助他住进精神病院。于是我帮了他。后来他被转到另一家医院,在我不知情的情况下,他接受了额叶切除手术。几年之后,我有幸和他共进午餐。那时,他是一名可口可乐推销员,看上去对自己的生活相当满意。老实说,如果他在住院时就服用药物的话,那么药物很可能会帮他渡过难关。但是,关于应该怎么做的争论可能会没完没了,其中大多数是无意义的,因为它们是"不成立的"——就是说,争论依据的是现代的知识和医疗配备,但在三十年前,这种治疗方法还不存在。我个人原则上反对额叶切除手术,但是,一个人的潜力减少一半,却能过着基本满意的生活,是不是更好呢?我在这里不打算回答这个问题。我只想说明,这些后来发生的事实,都不能否认我们前面的说法。戈德斯坦的脑损伤士兵、精神分裂症患者、神经病患者或各式各样的人,对焦虑都有类似的反应模式。其中有一些我们在布朗的经历中已经阐述过。

第九章 关于未婚妈妈的研究

原初焦虑极有可能发生在我们脱离母体的那一刻。

——弗洛伊德

本章13个案例是我个人对未婚妈妈焦虑的研究，她们住在纽约市的"胡桃屋"救助站。[1]我选择这个特殊的群体，是因为我想研究处于危机情境中的人。我的假设是：当一个人处于危机情境时，与所谓的"正常"情境相比，他的行为机制更容易被研究。

我认为实验室情境下诱发的焦虑，可能带有破坏性的影响，因此，我采取了所谓的"自然实验法"来研究。在当时的社会氛围中，未婚先孕很容易引发个体的焦虑。

此外，我相信研究一个同质群体，即所有成员都处于同样的焦虑情境将更有效果。我也考虑过，从我自己的治疗实践中寻找一些案例，比如说布朗的案例，但我还是倾向于研究处于同一危机情境下的对象，因此拒绝了这种可能性。

需要强调的是，在这项研究中，我关心的并不是未婚先孕与焦虑之间的关系。[2]从理论上说，其他的焦虑情境也可以

---

1 "胡桃屋"是出于匿名的需要而采用的假名。这些年轻女性的年龄在14岁到25岁。大多数人或多或少是自愿选择"胡桃屋"的，也有一些人由社会工作机构转介过来。她们当中并没有人在接受心理治疗，尽管有一位与纽约法院有关的精神病学家负责此事，但她并不经常露面。研究中有时提到的心理医生是指我本人。那里的工作人员包括三名全职社工和几名护士。

2 在当下社会，未婚先孕已经很少引发个体的焦虑，这主要是由于社会态度的转变。我并不是说，除了社会因素，这种经历本身带来的焦虑很少。若想更深入地探讨堕胎中的焦虑和其他情绪，请参阅玛格达·德内斯（Magda Denes）的《需求与悲哀》（*In Necessity and Sorrow*, New York, 1976）。

满足我的研究目的。苏联心理学家卢里亚（A. R. Luria）在研究心理冲突时，便选择了监狱里的犯人和参加重要考试的学生。这里的重点在于，所选的危机情境足以将个体的隐藏模式暴露出来。此外，我还有个假设：当个体处于焦虑情境时，他的焦虑反应不仅与特定情境有关，而且会揭示出个体所特有的行为模式，这种模式在其他焦虑情境中也会暴露出来。从实际的案例研究中可以看到，这些年轻女性的焦虑与未婚先孕基本无关，反而与竞争野心、恐惧模式、敌意和攻击、各种内在冲突等关系更密切。这些焦虑模式同样适用于商人、大学教授、学生、家庭主妇，以及我们社会中的其他群体。

我的假设是，我们对一个特定的个体研究得越深入，就越倾向于发现该个体与社会上其他群体成员所拥有的共同模式。也就是说，我们越深入地研究一个男人或女人，所得到的信息就越接近个体差异之下的共性。因此，研究结果也就越适用于整个人类。[1]

---

1 克尔凯郭尔笔下中肯而深刻的见解，适用于不同情境中的人，但他的洞见主要来自他对自己的深入研究。弗洛伊德关于梦的早期理论也是如此，这些理论现已被广泛接受，并在不同的人身上得到证实，而他也主要是通过研究自己的梦境得出了这些理论。

研究方法

　　本次案例研究采用了许多种收集资料的方法。直接从未婚妈妈那里获取资料的方法包括：个人面谈，罗夏墨迹测验（每位妈妈在分娩前都做了一次测验，其中有5位妈妈在分娩后做了第二次测验）和焦虑量表测试。我和每位妈妈进行了4次至8次的面谈，每次1个小时。"胡桃屋"的社工也对每人进行了20次至40次的访谈。虽然这些访谈并非针对本次研究，但它们提供了大量关于这些女性态度、行为和背景的资料。[1]本研究采用了三份焦虑量表，由这些年轻女性自己填写。第一份是为了测量她们童年记忆中的焦虑，第二份是为了测量她们在怀孕状态下的焦虑，第三份（分娩后填写）则

---

[1] 每位年轻女性在进入"胡桃屋"后，都会接受社工负责人的访谈。此后，这位女性会成为其他社工的跟进对象，在她入住"胡桃屋"期间（平均三到四个月），社工会定期对她进行访谈。

是为了测量她们在产后面对自己的问题时的焦虑。[1] "胡桃屋"的护士、其他工作人员以及社工，对这些年轻女性的行为表现进行了细致观察。此外，他们还提供了大量的辅助资料，如每位女性的体检报告、必要时的心理测试、高中或大学的档案，以及通过其他社会机构获得的家庭背景资料。在超过半数的案例中，她们的父母和亲属也接受了"胡桃屋"社工的访谈。

每一份罗夏墨迹测验的计分，最初都是由我完成的，再交由一位罗夏墨迹测验专家独立核查。布鲁诺·克洛普弗（Bruno Klopfer）博士核对了我对每一份罗夏墨迹测验的解释（与计分不同），他还依据焦虑的深度和广度，以及被试应对焦虑的有效程度，对每一份罗夏墨迹测验进行了评分。[2]

---

1 这些焦虑量表可见于本书附录。采用第二次罗夏墨迹测验和第三次焦虑量表测试的目的之一，是探究她们的焦虑在分娩之后是否有所变化。为了这一目的，第三份焦虑量表中的项目除了措辞不同，几乎与第二份焦虑量表完全一样。其中有些案主没有进行第二次罗夏墨迹测验，是因为这些女性在孩子出生后没有回到"胡桃屋"。同样，许多案主也没有进行第三次焦虑量表测试。因此，对于这些年轻女性产后焦虑的变化，我们这里仅掌握有限的数据。那些在分娩后所进行的测试，其结果的主要用途是显示被试态度和焦虑的变化。

2 评分从1到5，1表示最佳状态或最低的焦虑程度。"深度"是指焦虑的穿透性与深入程度，这是定性意义上的强度。"广度"是指个体的焦虑是泛化的还是局限于特定区域的，这是症状数量上的强度。"应对程度"是指被试在应对焦虑方面的有效程度。

焦虑量表的一个目的是获得关于未婚妈妈焦虑程度（即勾选的项目数）的额外资料。从纯量化的角度看，"经常"一栏（表明被试认为她"经常"有某种焦虑）的计分是"有时"一栏的两倍。但是，焦虑量表的第二个目的（结果证明，这是更有用的）是获取未婚妈妈的焦虑类型（或领域）。因此，我们把焦虑量表上的项目分为五类：①恐慌性不安；②对家人看法的焦虑；③对同龄人看法的焦虑；④在野心方面的焦虑，如工作或学业上的成败；⑤其他。[1]

在这类案例研究中，几乎每个案例我都可以获得无限的资料，但这些资料在数量或质量上参差不齐。根据每个案例的所获资料，我试图从三个维度来观察每位未婚妈妈：在结构上，主要通过罗夏墨迹测验；在行为上，观察她们当前的行为；在遗传上，也就是发展维度，主要通过童年背景。利用这三个维度，我试图对每个案例进行概念化，或者形成每个人的人格图谱。而焦虑的数量和性质，正是每个人格图谱中不可分割的组成部分。因此，将每位被试的焦虑程度与人格图谱中的其他因素——例如受父母排斥的程度——联系起来，是非常有必要的。为了加强这种相互联系，我将每个被试的焦虑程度和受排斥程度分为四类：高、较高、较低、

---

1 焦虑量表上的项目是由三个人独立分类的：西蒙兹（P. M. Symonds）医生、"胡桃屋"的一位社工和我自己。

低。这些排序基于所有可供参考的资料，也基于研究人员和社工的独立判断。[1]

每个案例能否被有效地概念化，以及焦虑能否得到合理的评估和理解，其核心标准是内在的一致性。[2]例如，我不断地自我追问：通过各种方法（面谈、罗夏墨迹测验、焦虑量表测试）得到的数据，能否在案例概念化的框架内表现出内在一致性？每个案例在结构、行为和遗传方面的概念化，是否显示出被试的内在一致性？同样，如果焦虑得到了正确的评估，它应该与人格图谱中的其他因素呈现出内在一致性。

根据我的判断，从不同来源所获得的各种资料大体上是一致的，只有焦虑量表上的焦虑数量是个例外。在案例讨论中，我会指出这个项目有时与其他资料不一致的原因。

我对下文中的某些案例只做了简要介绍，因为我只希望通过它们阐述或论证一两个要点。在实际可行的情况下，我会尽可能提供被试自己的说法。面对关于每个人的海量数

---

1 罗夏墨迹测验中的焦虑评分会在下文讨论每个案例时分别给出；同时，我也会提供每个个体相对于其他人的焦虑综合评级。后者是对焦虑深度和广度评分的综合。被试的处理能力在这里被省略了，因为它与焦虑的类型或数量无关。尽管罗夏墨迹测验的评分，常常与我对被试焦虑的综合评级一致，但这两者不能混为一谈。

2 参见奥尔波特（G. W. Allport）：《个人资料在心理科学中的使用》（*The Use of Personal Documents in Psychological Science*，New York，1942）。

据，在呈现时有所选择显然是必要的。我希望，每个案例都有足够的篇幅来支撑它的概念化，并澄清我们想要阐明的要点。虽然我给出了罗夏墨迹测验的评分，但对测验的解释而言，每个测验中的结构分布比分数更关键。除非另有说明，每位被试的父母都是美国白人，而且是新教徒。

海伦：运用理智对抗焦虑

来到"胡桃屋"之后，海伦叼着烟走进办公室，显出一副若无其事、满不在乎的样子。她颇为迷人，浑身散发出某种刻意的活力。她在第一次访谈中给人的印象是其行为举止的缩影，这一点后来被证明具有重要意义。

她主动表示，自己对未婚先孕没有任何罪疚感。她还主动吐露，自从来到纽约后，她曾先后和两个男人同居，并且直言："只有老古董才会在意这种事。"但是，在她看似友善和无拘无束的谈吐下，焦虑和紧张的迹象若隐若现——虽然她频繁地发出爽朗的笑声，但她的双眼总是睁得大大的，甚至在她笑的时候，也显得有些害怕。海伦在访谈中给我和社工都留下一个直接的印象——她在使用闪烁其词、一笑而过等技巧来掩饰某种尚不明显的焦虑。

海伦今年22岁，父母是中产阶级的天主教徒，父亲有意大利血统。在她童年时期，由于父亲的工作极不稳定，家庭经济状况时而富裕，时而拮据。海伦上过当地的教会学校，还在天主教大学待过两年，但现在她觉得自己已经脱离了原来的宗教背景。她有一个大她1岁的哥哥和一个小她2岁的妹妹，三人之间的感情非常亲密。她告诉我，因为父母经常吵架，他们仨从小就学会了团结互助。在11岁时，她的父母离婚了，后来又都再婚了。她有时和父亲住一起，有时和母亲住一起。曾经因为继母"嫉妒我更迷人"，她不得不离开父亲家；还因为继父及母亲后来的情人向她示好，而不得不离开母亲家。

她在教会大学的两年是靠奖学金度过的，她的学业很出色，但不太稳定。大学毕业后，她做过一些常规的工作，比如操作油印机。由于无聊，她每隔两三个月就会辞掉工作，"然后我就会遇到麻烦"——她指的是和某个男人同居。她的梦想是创作广播剧本。她给我看过她写的剧本样稿，写作技巧确实很好，但内容造作，缺乏真情实感。

两年前，她和一位大她2岁的未婚姨妈来到纽约，两人关系非常亲密。姨妈现在也怀孕了，并搬到了另一个城市。海伦评论道："她把自己的生活搞得一团糟。"海伦孩子的父亲是一名商船船员，是她来纽约后同居的第二个男人。尽管她说他是个聪明人，她很喜欢他，但当她发现自己怀孕，便对他产生了强烈的反感，并与他断绝了所有联系。海伦的健康检查结果呈阴性，精神科医生对她的描述是"神经高度紧张"，并建议她每天服用一定剂量的镇静剂。

海伦焦虑的关注点似乎是她的怀孕和分娩。不管是在面谈中，还是在与"胡桃屋"其他未婚妈妈的交往中，我们都能看到她的焦虑及与之相关的防御，比如理智化、"一笑而过"和回避。她总是拒绝与社工谈论怀孕的问题，并坚持说："对我来说，我好像没怀孕一样，在孩子出生之前，我都不会考虑这个问题。"但据我们观察，她花了大量的时间以理智的、准科学的方式与"胡桃屋"的其他人讨论怀孕问题。她向她们描述了胎儿发育的各个阶段，就像在宣读一本科学手册。有一天，海伦收到了姨妈去医院待产的消息，她歇斯底里地大哭起来。很明显，她把自己的分娩焦虑转移到了姨妈身上，但是当社工指出这一点时，海伦仍然拒绝谈论自己怀孕的事。

当我指出她的罗夏墨迹测验表明她对分娩感到焦虑时，海伦回答说：

> 不，我一点也不害怕。无论是死亡，还是迎接新生命，我只是觉得"太戏剧化了"。但这里的女孩们总是在讲生孩子的可怕故事。她们说医生在医院里监视她们所有的活动。她们还说产妇会发出可怕的尖叫。她们说到剖宫产和产钳分娩，还告诉我："你也会经历这个。"她们还讲了许多无稽之谈，说孕妇的

每一次心跳都会给婴儿打上印记。她们互相摸对方的肚子，还想摸我的肚子，但我拒绝了。我自己甚至都不会去摸（她的手原本交叉放在腹部，说到这里，她猛地把双手抽开）。我想，我一点也不害怕，事实上我迫切地想去医院生产。我愿意忍受这该死的惩罚，尽快地结束这一切。

我想，读者应该会同意，这番话当中充满了灾难性和紧迫性，呈现了一个处于极度恐慌中的人。这是一个典型的"在黑暗中吹口哨"的例子——面对自己最害怕的未来前景，海伦摆出了一副虚张声势的样子。这使我们想起了格林克与施皮格尔在《压力之下的人》中的描述：焦虑的飞行员会率先飞往空中，径直冲向危险的境地，因为等待危险远比危险本身更令人痛苦。

海伦对用来缓解焦虑的虚张声势和一笑而过等技巧，运用得相当娴熟，一直延续到她分娩的时刻：在去医院前，她给我留了一张字条："我要去给自己换个新形象。"产科医生说，她在麻醉前的最后一句话是："这可一定要生效啊。"

在海伦对其童年的描述中，最突出的一些事件是：父母的激烈争吵、家庭成员的频繁变动（父母离婚、与继父母的冲突等），以及童年的孤独。有证据表明，她的父亲不管是对她还是对其他孩子，都是全然排斥的。她回忆道，父亲经常将他们丢在电影院一整天，自己跑去打高尔夫球。然后，他会喝得醉醺醺地回家，再和母亲大吵一架。

她现在对母亲的态度是矛盾的：一方面她怜悯母亲，另一方面又怨恨母亲对她"不忠"。海伦从15岁起便有了这种"忠诚"方面的要求，也是从那时起，她和母亲开始发生激烈的争执。她认为母亲不忠的理由是：①母亲在恋爱上太过轻率；②母亲允许妹妹比海伦对她影响更大；③母亲曾因轻微的犯罪而被判短期监禁。这显示了海伦在罪疚感和道德标准方面矛盾的另一个方面：她坚持认为母亲应该为自己明显具有道德色彩的过失行为负责，尽管她坚决表示她和母亲完全摆脱了道德束缚。

我们很难确定海伦在童年时对母亲的态度。她说自己儿时对母亲"过分忠诚"，但在我看来，这种"忠诚"实际上是一种建构，因为在那个年龄，海伦被认为是母亲最喜欢的孩子。在海伦的罗夏墨迹测验和访谈中，有明确的迹象表明，她对父母尤其母亲，怀有敌意和怨恨。例如，她在做罗夏墨迹测验时，其中一个反应是"孩子把父母吓得要死"，另一个反应是"肚子圆圆的女童子军开心地笑着，因为她们刚刚说了一个大笑话，并把家庭主妇的地板弄脏了"。后面这个反应表明，她的怀孕与对母亲的攻击有关。在分娩后的罗夏墨迹测验中，这两个反应中的敌意和攻击性都不见了，女童子军被明确描述为"黯然神伤，但不带恶意"。同样，她对父母尤其母亲的攻击与敌意，在分娩后也明显减少了。有几种假设可以解释这一现象：她在分娩前更为焦虑，因此敌意和攻击性更强；她把怀孕当作对付父母的武器，而分娩后这种武器就没用了；最后，她可能在某种程度上认为是父母让她陷入了怀孕的艰难处境。

就上述"不忠"的主题而言，其中还暗含着海伦对母亲的强烈失望和怨恨。有客观资料表明，海伦母亲是一个非常不稳定、反复无常和情感不成熟的人，因此我们可以合理地假定，海伦在早期及后来与母亲的关系中都经历了极大的排斥。这种排斥对海伦来说可能更痛苦，也更具心理意义，因为她曾是母亲"最喜欢的"孩子。就受父母排斥的程度而言，我们认为海伦属于较高的一类。

海伦的罗夏墨迹测验表明：她智力超群，但表现不均衡；很有原创性，且兴趣广泛；有很多情感反应，但冲动多变，与她的智力功能不够整合。[1]她觉得自己的情感反应是对理智控制的干扰和妨碍。她对几张彩色卡片的反应是"肮脏浑浊的水"，这恰如其分地描述了当她无法理智地控制情

---

1 整体反应为46：10 *M*，7 *FM*，1 *m*，2 *k*，1 *K*（3个附加反应），4 *FK*（4个附加反应），8 *F*，4 *Fc*，4 *FC*，5 *CF*；常规反应7，原创性反应15；*W%* 66，*D%* 34。基于罗夏墨迹测验的智力评估：潜能130（或更高），效能120。这一智力评估结果与她在中学和大学时接受的两次智力测验结果吻合。

绪时，她是如何看待自己的情感反应的。她的焦虑迹象表现为：轻微的对阴影的震惊反应（部分与性问题有关）、大量的扩散反应、间歇性的含糊和回避。这一记录中的整体强迫反应（66%），不仅表明她的含糊其辞是焦虑的症状，也表明她智力上的野心。这是关于一个"聪明人"的记录，她必须"轻松地"应对每一件事。

我在她的测试结果中发现了三个主要的焦虑中心。第一，不被社会认可和罪疚感；第二，竞争的野心；第三，她的怀孕和即将去医院分娩。总的来说，她的焦虑是无序的、间歇性的。虽然这让她非常不安，但她很快就能恢复过来。她应对这种担忧的主要方法是理智化、"一笑而过"、否认和回避。[1]她在罗夏墨迹测验中的焦虑评分是：深度为4，广度为2，应对程度为2。与其他未婚妈妈相比，她的焦虑程度属于较高的一类。她在童年焦虑量表上的得分为"高"；按照得分高低，焦虑的主要领域依次是竞争的野心、朋友的看法以及家人对她的看法。

我们首先讨论海伦对怀孕和即将去医院分娩的焦虑。她在罗夏墨迹测验中关于"X光片"和"医学插图"的6个反应都表现出相当程度的焦虑。我们可以得出结论：这是由于她

---

1 当一个人遇到困难时，这些应对方法通常是有效的。正如我们在前几章中所看到的，这些方法都是在军队中经过验证的可行方法。

即将分娩而产生的焦虑，因为在她产后的第二次测验中，这些反应几乎完全不见了，而且她自己将这些反应与怀孕联系在一起。在出现三次这样的反应之后，她表达了歉意："对不起，这一定是我的问题。"其中一个反应与火山喷发有关（大概象征着出生），这让她感到很不安，并使得随后的反应也明显被扭曲了。值得注意的是，这些焦虑反应都被她理智化了，也就是说，有了一个"科学的"解释。这些反应还经常伴随着不自然的笑声，以及回避和否认的言论（"我不应该知道这些——我从来没有读过医学书籍"）。

关于如何定义海伦的分娩"恐惧"，可能有人会说，这是一种"真实的"恐惧，或是正常的焦虑，因为即将到来的分娩会涉及痛苦。但有几件事与这个简单的结论相悖。其一，与其他处于类似情境的女孩相比，她显得过于忧虑了。根据那些从医院回来的女性的报告，现代分娩技术是高超的，因此显然没有理由让她产生如此强烈的不安，也没有理由支持她在上述谈话中强调的分娩恐惧。其二，这种恐惧被她有意识地加以否认。[1]我们回想一下她的开场白："不，

1　事实上，海伦害怕的根本不是分娩。她在分娩后对心理医生说："如果你妻子告诉你女人分娩很痛苦，你就告诉她其实不是这样的。"当然，我们无法从她的恐惧被证明与实际不符这一事实，得出她的恐惧是神经质的这一结论。然而，海伦在分娩后所表现的释怀，似乎更像是神经质恐惧被驱散后的感觉："我在害怕什么呢？"而不像逃离真实威胁后的解脱："那很危险，但我是幸运的。"

我一点也不害怕。无论是死亡，还是迎接新生命，我只是觉得'太戏剧化了'。"这种有意识的否认，说明它不是真实的恐惧。我在此称之为神经质恐惧。我们将在下面的讨论中证明这种恐惧就是海伦焦虑的核心。而这种恐惧的意义是什么？为什么她的焦虑会依附于这一核心而不是其他核心？只有进一步了解海伦焦虑模式的其他方面，这些问题才会有答案。

我们之前提到过，海伦焦虑的另一个突出方面是社会不认可和罪疚感。她对罪疚感的矛盾说法，让我们感到非常震惊：在访谈中，她的话语既透露了强烈的罪疚感，又充满了对罪疚感的直接否认。她觉得街上的人都在盯着她，好像在说："回家吧，不要在公共场合生孩子。"她想"爬进洞里，直到孩子生下来"。一个记者朋友想要到"胡桃屋"看望她，但她不能"忍受他看到我丢脸的样子"。但与此同时，她又竭力掩饰这种罪疚感。这一点在第一次面谈中就得到了证明，在还没有提问的情况下，海伦就一再强调她没有任何罪疚感，但这恰恰反映了她的心理机制，用莎士比亚的话说就是："我觉得，那女人申辩得太多了。"

在罗夏墨迹测验中出现的罪疚感，有一部分是与"性"有关的：在通常会引发性反应的"VI卡"上，她会发出比平常更紧张的笑声；而且在每次回答之后，她都会停顿很长时间，然后说："这看起来像是我无法理解的东西。"她对这张卡片最后的反应是：一个正在虔诚朝拜的女人。这表明海伦并没有像她所相信的那样，从她的宗教背景中脱离出来。但她大部分的罪疚感及随之而来的焦虑，似乎与人们对她的看法有关：在回答出"两个老处女指着一位漂亮的寡妇说三道四"之后，她出现了一个与怀孕有关的典型的焦虑反应。在她的童年焦虑量表中，与同龄人排挤有关的焦虑排在第二位，与家人反对有关的焦虑排在第三位。她用来缓解焦虑的机制，同样被用来减轻罪疚感：采取一种习以为常、一笑而过的态度，以及努力将罪疚感的问题理智化和去个性化（例如，"我和母亲只是摆脱了道德束缚，并不是不道德的"）。

海伦因罪疚感和社会不认可而引发的焦虑，已经融入了她的竞争情绪。她的言谈常常表明，不被认可、罪疚感与她在亲友间失去权力和地位有关。她坚决不让家人知道她怀孕了，因为他们对她曾寄予厚望，他们会因此受到伤害和羞辱。然而，她随后就解释道，她不想让他们"知道这件事发生在她身上，不想供他们取乐"；她希望他们继续认为她在纽约很成功，她希望"盛装"回乡，给他们一个大惊喜（这暗示了竞争情绪）。她对朋友的态度同样证明了罪疚感与失去权力、威望之间的联系。孩子的父亲一定不能知道她怀孕了，因为他会告诉她所有的朋友并羞辱她，以此为乐。在她的童年焦虑量表上，显示出因害怕别人的嘲笑或奚落而极度焦虑的迹象。在这些不同的情境中，她对嘲笑的潜在恐惧似乎可以表述如下："如果别人有理由不喜欢我，他们就会羞辱（贬低）我，我将失去权力和威望。"

在访谈中，她说了很多自我贬低的话，这也证明了她的罪疚感与竞争情绪相互交融。在罗夏墨迹测验一开始时，她就委婉地提醒我们，她在测验上从来没有取得过好成绩；然后，她开始努力提交一份满意的答卷。总的来说，海伦的许多自我贬低的言语，一部分是罪疚感的表达，另一部分是为了让别人放下戒心，并掩饰她的好胜心，这样她最终的成功才会更引人注目。

现在我们来讨论一下竞争的野心，这是海伦焦虑的最后一个领域，也是最显著的一个领域。虽然海伦否认分娩和情感方面的不安，但她有意识地承认，竞争野心是她显性焦虑的一个源头。在她的童年焦虑量表上，得分最高的项目是对学业和工作成败的焦虑。在"考试失败"和"不是成功人士"这两个焦虑项目上，她不仅勾选了"经常"，还打了几个感叹号以示强调。在她的罗夏墨迹测验中，竞争野心的理智化形式不仅表现为"整体强迫反应"，而且表现为她竭尽全力想要达到极致，并通过曲解我的指示（"你告诉我要尽己所能的"）来为自己辩解。根据一位社工的判断，这种竞争野心的另一个证据是，海伦特意强调她搬到了纽约的高级知识分子社区，以此给人留下深刻的印象。

海伦也意识到，她对竞争的强烈焦虑抑制了她的生产性。她说："我总是担心能否成功，这就是我为什么昨晚没通过报社的打字测验。"尽管她的竞争性主要表现在智力方面，但也延伸到了身体吸引力上。在"胡桃屋"，阿格尼丝是唯一一个和海伦关系不好的人，这主要是由竞争引起的，因为大家一致认为阿格尼丝比她更漂亮。海伦的处理符合她的一贯模式，她把这种竞争隐藏在一种漫不经心的姿态之下（这本身就是一种彰显优越的微妙方式）。

我们不难理解，海伦为什么选择知识领域作为她实现竞争野心的主战场。她从小就是个早熟的孩子，因为学业上的优异表现而备受家人赞誉。在家庭动荡的时期——主要是因为父母的激烈争吵——尽管海伦还是个孩子，但她已经能起到领导作用，甚至能掌控父母，因为他们认为她是家里的"聪明人"。显然，从儿时起，智力不仅是她赢得竞争声望的途径，更是她控制和改善焦虑处境的手段。

在海伦这样一个有竞争野心的人身上，我们可以发现她保持独立和远离他人的强烈需求。一个人必须保持超然，才能战胜他人；而沉浸于亲密关系中，安全机制就会受到威胁。证据表明海伦有这种超然的需要，她将婚姻视为"枷锁"，并问道："一有男人求婚，我就反感，这是怎么了？"她认为，如果孩子的父亲听说她怀孕了，就会觉得他已经"套牢"她了，并会以此为理由劝说她结婚。另一个表明她强烈需要独立、不受制于人的迹象是，尽管她让别人知道她需要钱，但她拒绝接受"胡桃屋"给她的零用钱。

海伦焦虑程度的总体评级较高，受父母排斥的程度也较高。

海伦案例中所呈现的避免焦虑的方法，值得我们进一步讨论。我们已经看到，这些方法包括：一笑而过、回避、全然否认（这可以被称为对应焦虑的"鸵鸟"模式）以及理智化。如果这些是海伦避免焦虑的主要方法，那么有两种情况应该是显而易见的。首先，她的焦虑程度越高，这些回避行为也就越明显；其次，当焦虑情绪消退时，回避行为的机制也就减弱。换句话说，患者越感到焦虑，回避机制就越活跃；反之亦然。

这两种情况在海伦身上都有所体现。据我们观察，海伦在第一次罗夏墨迹测验中显示焦虑的地方，也表现出了更多的尴尬笑声、回避和理智化行为。但在分娩后的第二次罗夏墨迹测验中，由于与分娩有关的焦虑几乎不见了，所以她的焦虑程度随之降低[1]，回避焦虑的行为机制也相应减弱。在第二次测验的记录中，海伦的理智化行为和不自然的笑声明显

---

[1] 虽然第二次罗夏墨迹测验比第一次显示出更少的焦虑，但仍然存在大量的焦虑。我相信，正如我们一直讨论的那样，只要海伦的主观性冲突受到刺激，她就会产生中度到中高度的焦虑。

减少了。"整体强迫反应"从66%下降到47%，对具体细节的反应大大增加，这表明她的回避行为有所减少。这种对"整体强迫反应"的放松，也可能意味着她现在不那么迫切地想要实现自己的智力野心了。这表明她的智力野心具备强迫性，其目的在于减轻焦虑（"如果我能在智力上取得成功，我就不会焦虑"）。因此，当焦虑减轻时，强迫行为也减少了。

非常有趣的是，海伦在否认焦虑的同时又将其理智化的技巧，在逻辑上是矛盾的。海伦的行为模式，尤其是她为回避怀孕和分娩的焦虑所做的努力，可以表述为"如果我否认焦虑，它就不会存在"，以及"如果我挥动'科学'的魔杖，焦虑就会消失"。前者是对焦虑的完全抑制。正如沙利文所指出的，每个人的意识程度不同，而有意识的觉知只是其中之一，尽管它是最完整的一种。在研究焦虑症患者时，我们常常观察到类似海伦的情况：患者不会有意识地承认焦虑，但他们所表现出的各种行为，就好像他们觉察到焦虑一样，这必定意味着他们在意识之外的某个层面上对焦虑了然于心。事实上，在这个"更深的"层面上，海伦对焦虑是有所觉察的；而且也正是基于这个层面，回避焦虑的理智化方式才得以使用（如罗夏墨迹测验中的"科学化"反应、与其他未婚妈妈之间的"准科学"讨论）。完全否认和理智化的共同之处，就在于对真实情绪的回避。

海伦避免焦虑的方法是西方文化中的典型倾向。在我看来，海伦的行为模式阐明了本书第二章讨论的内容，即现代西方文化中关于焦虑来源和避免焦虑的主导模式。我们注意到海伦身上对情绪和理智之间的分裂，她努力在理智上控制自己的情绪，而当这种控制无效时（例如，她在罗夏墨迹测验中表现得情绪化），她就会感到不安。这是西方文化中一种奇怪的训练模式——一旦有情感卷入就会感到不安。我们之前讨论过，西方社会倾向于否认焦虑，因为焦虑似乎是"非理性的"。就这一点而言，海伦对焦虑与罪疚感这两种最重要情绪的百般否认，便具有重要的意义。否认与理智化都是"海伦模式"的一部分，正如我们之前说的，它们也存在于西方文化之中。如果焦虑和罪疚感无法被否认，那就必须被合理化；如果不能被合理化，那就必须被否认。[1]对海伦来说，承认分娩焦虑，既意味着承认失败（科学的"魔杖"应该能驱散焦虑），也是对安全机制的严重威胁。同样，承认怀孕的罪疚感，也意味着她在理智上没有获得"解放"。本研究的早期讨论一直关注对焦虑的压抑和否认，因为焦虑看起来是非理性的。现在我认为，对罪疚感的压抑属于同一范畴，同样是西方文化中的一种倾向。

　　海伦的另一种表现也是西方文化中的典型倾向，即她

---

1 我们指的并不是对焦虑和罪疚感采取纯科学和理性的态度；更确切地说，我们所谓的理智化是一种防御机制，是一种合理化而不是理性的态度。

唯一可以自由且有意识地承认的焦虑，便是对成功和失败的焦虑。显然，她在学校和其他地方的经历中学习到，参与竞争并承认自己对竞争结果的焦虑，是可以被接受并且受到尊重的。

现在，我们提出一个有趣的问题：海伦为什么会害怕分娩？我认为，这种神经质恐惧是其焦虑的核心，而其焦虑源于她对怀孕的罪疚感的压抑。她所说的在分娩时"忍受这该死的惩罚"，由分娩联想到"死亡"，都显示了她的罪疚感（"这该死的"）以及对惩罚的预期。这就好像在说："我做错了，我要受到惩罚。"众所周知，压抑的罪疚感会引起焦虑。我相信可以合理地得出结论：海伦的焦虑主要表现为她对分娩的过度恐惧。

但是，为什么她的焦虑集中在分娩上，而不是其他地方呢？我认为，这是因为到了分娩的那一刻，她习惯性的焦虑防御措施就不起作用了。尽管她甚至认为自己没有怀孕（"在我看来，直到婴儿出生，我才算怀孕"），但除非一个人有比海伦更严重的心理问题，否则自己的大肚子是无法被完全否认的——这可以追溯到她的"女童子军"反应。甚至连她自己也清楚，不管她愿不愿意感觉到，她的肚子都在一天天变大。分娩是一种必然包含感觉和情绪的经历，因此在分娩的时候，她的理智化和压抑将不再起作用，她的防御机制也将全线崩溃。

南希：期望与现实之争

南希现年19岁。在她2岁时，母亲与当司机的父亲离婚，两年后嫁给了一位音乐家，南希形容继父"像我妈妈一样聪明"。在12岁之前，南希一直和母亲、继父生活在一个中上阶层的郊区，那里的文化水平及"美好的家庭氛围、接受的良好教育"，都让南希格外珍视。但在她16岁时，母亲与继父分开了，南希形容母亲反复无常的行为"让她受不了"。在读完九年级之后，她便离开了学校和母亲去工作，先后做过职员、收银员，后来又当了一名女帽商。依据身边的朋友、自身的职业，以及她所认同的那部分生活背景，南希应该属于中产阶级。

南希解释说，因为独自在纽约生活，她感到很孤独，所以与孩子父亲发生了关系，但并非出于"爱"或"性趣"。通过孩子的父亲，她又认识了另一个年轻男性，她爱上了他，现在已经和他订婚。她的未婚夫受过大学教育，家庭条件良好，未婚夫的父亲是一名大学老师，这些对南希来说都非常重要。未婚夫知道她有孕在身，显然也理解、接受了这件事，并表示婚后会对孩子视如己出。然而，南希决定把这个孩子送给别人收养。

几乎整个"胡桃屋"的人都觉得，南希的适应能力很强，待人认真负责、体贴周到，并且善于避免人际关系中的冲突。一位社工形容她是"'胡桃屋'有史以来最好的女孩之一"。无论是在外形还是在社交上，她都显得很有魅力，举止也很有教养。在最初的访谈中，她显得泰然自若、落落大方，丝毫没有我们后来发现的普遍焦虑的迹象。

　　从南希的行为和访谈中可以看出，她的安全感及控制焦虑的能力，几乎完全取决于她能否让自己相信"别人接受了她"。她非常担心未婚夫的父母是否会一直喜欢她，并不断地以"他们现在似乎很喜欢我"来安慰自己。她经常提到他们，就像提到她所崇拜的人一样："他们都是好人，他们喜欢我。"她会在未婚夫写给她的信中寻找他仍然爱她的证明。她强调，只有从他身上找到安全感，她才能渡过当前的难关："如果他对我的爱出了问题，我会彻底崩溃。"她衡量未婚夫或其他人是否爱她的标准是对方是否值得信赖，像她母亲和第一任男友就不值得信赖，但她相信她的未婚夫是可以信赖的。

　　虽然南希和每个人的关系都很好，但她说，她在选择真正的女性朋友时非常谨慎，因为"大多数女孩其实都指望不上"。她从未提到过自己对这些重要他人的外在情感反应。她也从未流露过自己的内在情绪，就连对未婚夫也没有，她只会泛泛地说"我爱你"。对她来说，重要的不是她对别人的感受，而是对方是否"爱"她——这里指对方不会拒绝她。因此，对南希来说，"爱"在本质上是一种安全机制，可以让她远离焦虑。

南希的行为揭示了她如何巧妙地安抚他人，并让他们对她保持善意。当她访谈迟到时，她会不停地道歉；当有人帮助她时，她会反复地致谢。在一次与社工的访谈中，为了避免谈论自己的童年，南希说了一句稍微有点刻薄的话，但第二天，她便特地去了社工的办公室，询问是否冒犯到了这位社工。她从不允许自己对别人发脾气，即便是对经常让她生气的继父。南希的思维模式是："你必须与他人生活在一起，所以最好和他们友好相处。"

她一再强调，孤独是她与第一个男友发生性关系的动机。现在，从性活动是她安抚并且拴住男友的方式来看，这是可以理解的。她对自己需要骗人感到心烦意乱。她多次表示，希望有一天能把未婚怀孕这件事告诉未来的婆婆，虽然这在当前不是主要问题，但她讨厌彼此之间存在欺骗。在青少年时期，继父经常会给她一些零花钱。她从未对母亲隐瞒过这件事，尽管她知道母亲会拿她的钱去买酒。以上种种现象给我们的印象是：对南希来说，任何形式的拒绝都是一种严重的威胁，因此她必须不惜一切代价去安抚他人。她在人际关系上的安全感是如此脆弱，哪怕最轻微的恶意、攻击、不和或欺骗，无论多么正当，都会摧毁她的安全感，随之而来的便是难以控制的焦虑。

正如我们在罗夏墨迹测验中看到的，她在工作中所表现出的责任感，实际是一种获得认可的方式。尽管南希在求职和工作上从未有过任何问题，但她总是对自己的工作感到焦虑，觉得如果不能时刻保持警惕的话，就会被解雇。"如果你不保持警惕，总有人会取代你的位置。"这个反复出现的短语"保持警惕"，是对这种焦虑的贴切表达，在这种情况下，个体觉得只有永远保持紧张的平衡状态，才能避免灾难。

现在，我们要在南希的童年经历中探究这种焦虑模式的来源。下面的回忆拼凑出一幅关于她的童年图像：南希被母亲紧紧抱住，但同时又遭到强烈排斥。南希告诉我们（从某位长辈那里听来的），在父母离婚也就是她2岁前，母亲就经常把她独自丢在家里；在父母分开后，母亲还是经常这样做。南希最早的记忆之一，可以追溯到她大约3岁时，父亲趁她一个人在母亲家时强行把她带走了。在乘出租车去父亲家的路上，她哭着、喊着要找母亲。后来，母亲带着警察来接她回去。南希所说的许多早期记忆都包含了以下要素：①母亲把她独自丢在家里；②她因为没有得到妥善的看护而受伤（例如，从地窖的台阶上摔下来）；③母亲回家后对她"漠不关心"。南希对此的解释是："我妈妈更喜欢泡酒吧，而不是带孩子。"

母亲再婚后，尽管程度有所减轻，但这种对孩子的排斥仍在继续。接下来的时期，"我们在郊区有了一个幸福之家"，她强调那是一段快乐的时光，是她童年的伊甸园。在她对自身背景的解读中，南希认为自己真正的不幸发生在她12岁，也就是失去这个家的时候。

从那以后，母亲变得很不稳定，开始经常和继父去酒吧。有时他们会带我去，但我并不喜欢。有时他们会彻夜不归。当然，他们会找一个大姐姐照看我，但我早上醒来时常常找不到他们。这是不对的……我担心他们会出什么事。后来，当我16岁的时候，母亲真的"变坏了"。

南希并不是在道德上谴责她母亲，而只是觉得她不值得信赖。南希不肯说"变坏了"是什么意思。在访谈中，她又回忆起当时的情景："在郊区的那段日子里，她真是个好母亲。"

南希非常讨厌谈论她的童年，这种不自在表现为她不停地抽烟，她还说这样的谈话使她"紧张"，而这些表现又让她觉得尴尬。南希说，她能记得那些事情，但不记得当时的感受，并补充道："这太奇怪了——我小时候似乎很依赖母亲，所以我应该记得对她的情感。"她不仅有意阻断与这些童年排斥有关的情感，就连在讲述这些事件时也表现得毫不在意。事实上，她在回忆这些经历时流露出的情绪卷入和"紧张"，让她感到非常懊恼。在随后的两次访谈中，她始终保持着谨慎的姿态，并下定决心不再流露任何真情。

显然，读者可以看出，南希对童年的描述是自相矛盾的。这个矛盾主要关涉她对母亲的态度，具有重要的意义。一方面，南希觉得自己小时候受到排斥，这是确有其事的，而且这种排斥使她非常痛苦；另一方面，她又倾向于将母亲和自己的部分成长背景理想化。在讲述这些回忆时，她反复提到"郊区的幸福之家，有一条棕色小道通向它"，接着她便会说"那时的母亲真是个好母亲"。我认为"郊区的幸福之家"这一浪漫表述，是她与母亲关系理想化的一个象征。当南希谈到她童年的一些不愉快时，她会加上一句模糊而强烈的希望："我的母亲本可以成为一位好母亲。"这句话就像一个原始人的护身符，像一句带有魔力的咒语，能够为她驱除邪恶。

可以确定的是，即使是住在郊区的那段日子，母亲也经常把南希一个人留在家里，只是没有之前或后来那样频繁。不管怎样，她对母亲有时"好"（在"稳定"的意义上）有时"坏"的看法，并没有多少客观性。这一说法本身就表明，她母亲的行为极不稳定。我们可以得出结论：不管是

"好"母亲，还是"快乐"童年，都是南希自己臆测的，是因为她无法面对这一现实：她受到母亲的排斥，同时她对母亲还有感情。在访谈中，每当南希觉得谈论童年受排斥经历太过痛苦而无法继续时，她便会反复提到"母亲本可以成为好母亲"，这便说明了，她将母亲理想化来掩饰母女之间的真实关系。

南希对待罗夏墨迹测验的态度同样过于谨慎，在我看来，这种态度似乎也是为了争取他人的认可。测验记录显示，她是一个聪明、有原创性的人，带有明显的焦虑神经症，这种人接受了对生活的"焦虑态度"，并且很好地将其系统化，所以她在人际关系中展现出"成功"的表象。[1]南希测验的显著特点是，对微小细节的反应占比极高（36）。事实上，她通常会沿着墨迹的四周，对每一个细节做出反应，但她会很小心地沿着墨迹边缘，避免进入大块墨迹，唯恐失去方向。形象地说，这就像一个人认为自己行走在悬崖的边缘，必须小心翼翼地踩着每一块石头，以防自己摔下去。南希在罗夏墨迹测验中的反应，与戈德斯坦研究的患者行为有些类似。不过，戈德斯坦的患者病情更加严重，他们只会把

---

[1] 整体反应为41：6 *M*, 3 *FM*, 1 *K*, 22 *F*, 7 *Fc*, 1 *C'*, 1 *CF*；常规反应5，原创性反应8；*W%* 10，*D%* 41，*d%* 24 ½，*Dd%* 24 ½，（*H plus A*）：（*Hd plus Ad*）是12：13；所有彩色卡的反应百分比为29%。基于罗夏墨迹测验的智力评估：效能 115，潜能125。

自己的名字写在纸张的一角，任何偏离明确界限的举动都被视为严重的威胁。南希的反应内容主要是面孔，这再次表明，南希的焦虑与别人如何看待她有很大关系。

测验记录还表明，她性格孤僻，几乎没有什么外显的情感反应。虽然她有许多"内在的"活动，但是内在刺激的本能方面仅居次位。这便证实了她本人的说法，即导致她怀孕的那段性关系，并非出于"爱"或"性趣"。在少数几个反应中，南希确实有大量情感卷入，然后她紧抓细节不放的模式被打破了，随之而来的便是大量焦虑。因此，这种情感约束的功能之一是，保护自己远离因情感卷入而引发的焦虑情境。当色彩鲜艳的"II卡"出现时，她受到刺激而给出了一个少有的整体反应，但这是一个严重不安的反应，她立即跳过这张卡片，换到了下一张。还有一个不太明显的类似反应，出现在全彩的"VIII卡"上。

她的巨大野心在测验中彰显无疑，具体表现为强迫性地做出大量反应、想要囊括一切（好像必须涵盖卡片上的每一个细节，才能呈现她的全部体验）、追求完美、展示原创性。她的完美主义部分是为了获得安全感——通过一丝不苟地准确把握细节，但也是为了得到测验者的接纳和肯定。她的野心并不在于凌驾他人之上（像海伦一样），而在于获得他人的认可，如"如果我做得好，如果我很'有趣'，我就不会被排斥"。她在罗夏墨迹测验中的焦虑评分——深度为

3，广度为5，处理能力为1——使她在所有参与研究的未婚妈妈中排名最高。

南希在填写焦虑量表时，同样小心翼翼，仔细考虑每个选项（"我不勾选它们，除非我很确定"），在勾选后还会重新考虑并修改。在焦虑程度上，她的童年焦虑量表得分为"高"，当前焦虑量表得分为"较高"，而未来焦虑量表得分为"低"。这三份焦虑量表所显示的焦虑领域，主要是工作中的成败和同龄人对她的看法。

她在填写焦虑量表时有一个奇怪的现象，这可能部分解释了为什么未来焦虑量表的得分低于其他两个。这些量表上的每个选项都让南希进退两难，她说自己对每一项都要苦思冥想。她很难把自己从焦虑中分离出来，以弄清自己是否对某个选项感到焦虑。她的标准似乎是：如果她能控制这个选项唤起的焦虑，她就会把它勾选为"非"焦虑源，尽管她的控制方式通常涉及明显的焦虑。而"未来的"焦虑还无法被证明是不可控的，所以大多属于"非"焦虑源。

南希的焦虑程度总体为高。她展现了这样一种焦虑神经症，其特征是对生活采取"焦虑的态度"，这使得她所想所做的一切都是由焦虑驱动的。她这样做不是为了避免焦虑；相反，是为了牵制焦虑。她的特征还有持续的不祥感，以及努力维持不稳定的人际关系以免发生灾难（在南希看来，就是被排斥）。我们可以说，这个案例不是说明"一个人有焦虑"，而是"焦虑占据了这个人"。

避免焦虑和牵制焦虑之间的区别似乎令人有些困惑。但一个真正的区别在于，在南希的焦虑神经症中，"焦虑的态度"已经成为个体评估每一个刺激、适应每一次体验的一部分，以至于她无法将自己从焦虑中分离出来，无法理解避免焦虑或摆脱焦虑的目标。南希所追求的是，能够小心翼翼地踩实每一块石头而不摔下去，她根本就没有想过有没有可能不站在悬崖边上。

在客观层面上，南希牵制焦虑的系统化方法是，安抚他人、避免任何矛盾、尽职尽责地工作。采用这些方法是为了被接受和被"爱"，只有在这种状态下，她才得到暂时的安全感。这些方法非常成功，因为她确实得到了大家的喜欢；但是她获得的安全感非常短暂，她坚持认为自己明天就会被排斥。

在主观层面上，南希牵制焦虑的方法是，避免情感纠葛、压抑与童年排斥及焦虑有关的情感、将焦虑情境理想化。[1]然而，南希避免情感纠葛的方法并不成功，因为她的安全感几乎完全依赖于别人对她的看法。这是一个悖论：你无

---

1 这不仅体现在她对母亲的态度上，也体现在她的当前处境中：她说每当自己感到莫名的担心时，只要一想到未婚夫和"我们的美好未来"，许多烦恼就被抛诸脑后了。

法一面避免与他人发生情感纠葛，一面又完全依赖于别人对你的看法。[1]

归根结底，在主观层面上，南希并没有有效的保护措施来应对焦虑情境。她阻止焦虑的唯一方法便是"焦虑"，也就是说，一直"小心翼翼"地活着，时刻处于准备的状态。

我们还发现，南希身上同时存在着高度焦虑和母亲的高度排斥。但她并没有将来自母亲的排斥视为客观事实。相反，母亲的排斥总是与她对母亲的理想化憧憬同时存在。例如，我们可以看到，每当南希处于焦虑的状态，她就会反复念叨那句护身咒。因此，母亲的排斥导致了她的主观冲突。受排斥感和对母亲的理想化憧憬，虽然看似对立，却彼此强化。正因为南希感受到母亲的排斥，她才更强烈地渴望被母亲接受；也正因为她对母亲"原本形象"的理想化憧憬，这种排斥才让她更加痛苦。与受排斥有关的情感被她压抑了，并因此变得更强烈。

南希的案例说明了一个事实：受排斥作为神经质焦虑的一个来源，其重要之处在于孩子如何解读它。就对孩子的影响而言，作为客观经验的受排斥（不一定会导致孩子的主观冲突）和作为主观经验的受排斥，两者存在根本的区别。从

---

1 在这一点上，可以比较菲莉丝的情况，她以人格贫瘠为代价，避免与他人的情感接触，从而避免焦虑。

心理学上说，重要的问题是孩子是否感到自己被排斥了。南希确实感觉自己遭到了强烈的排斥，这一点很明显。尽管客观地说，与下面讨论的其他女孩（路易丝、贝茜）相比，她受到排斥的程度要轻得多，但其他女孩对自己受排斥并不那么在意。在我看来，南希对母亲的理想化，可以解释她为何在主观上对受排斥如此在意。

南希神经质焦虑背后的潜在冲突，可以被描述为期望与现实之间的落差。这种冲突的长期存在形式是：一方面，她需要完全依赖他人（特别是需要别人接受她、喜欢她），以此作为自己的安全机制；另一方面，她又潜在地认为别人不可靠，会排斥她。在她对母亲的态度中，我们可以观察到这种冲突的原初形式，而它现在也表现在她对未婚夫及其他同龄人的态度中。

要想更具体地阐述南希的冲突，就必须对她的无意识模式进行心理分析，但这是上述方法无法做到的。然而，一个如此依赖他人却又觉得他人都不可靠的人，其人格模式必然隐含着大量的敌意。对于像南希这样焦虑的人来说，这种敌意会被彻底地压抑，这是完全可以理解的。

阿格尼丝：与敌意和攻击有关的焦虑

阿格尼丝现年18岁，自14岁离开父亲后，一直在夜总会做舞女。第一次访谈那天，她显然花了好几个小时打扮自己，这让我有些吃惊。她有一头乌黑的长卷发和一双湛蓝的眼睛，这让她看起来颇有异国情调。但是她的面部表情盖过了她的外表：尽管她控制得很好，但在第一次与我以及社工的访谈中，她似乎带着明显的恐惧。她的眼睛睁得大大的，姿态扭曲而紧张，偶尔会冷笑几声，但从不微笑。

在最初的几次访谈中，阿格尼丝似乎有意或无意地预感会遭受攻击。这种对攻击的预感，也以恐慌性焦虑的形式出现在她的一些行为中：每当护士给她阿司匹林片时，她都会仔细查看，以防自己被毒害。后来，在向我讲述这些以及其他恐惧时，她才意识到其中的非理性。她说，当她待在"胡桃屋"的房间里或者地铁上时，经常会"幽闭恐惧症"发作，因为这些场合让她联想到儿时的创伤经历，当时继母"打我打累了，把我锁在了壁橱里"。

阿格尼丝的生母在她1岁时就去世了。她与父亲和继母——他们都是天主教徒——生活在一起，直到她13岁时继母去世。在照顾了父亲一年后，她便离开了家，因为父亲酗酒，而且用她的话说，他"完全不关心我"。她心里有些怀疑他们是不是自己的亲生父母，"胡桃屋"的社工也有同样的疑虑，因为他们找到的出生资料非常有限。她没有兄弟姐妹。在阿格尼丝8岁时，父亲和继母收养了一个男孩，但由于她强烈反对，这个男孩又被送回了孤儿院。她住进"胡桃屋"时，梅毒检验的结果是+4，医生认为她患有先天性梅毒。

我们很难界定阿格尼丝的社会经济阶层。她的父亲没有稳定的工作，目前在一家餐馆当厨师。她在"胡桃屋"期间的职业目标是辞掉演艺工作，考上艺术院校，成为一名商业艺术家。基于她的目标，以及她朋友的社会经济地位，我们认为她属于中产阶级。

让她怀孕的是一个比她大很多的已婚男人，也是她演艺工作的同事。她说，当时她很爱他，自愿跟他交往，这段关系大概维持了半年。

她与"胡桃屋"的其他未婚妈妈相处时，总是流露出公开的敌意和蔑视，丝毫没有友好相处的意思。于是，其他女孩也对她怀有敌意，经常取笑她，而阿格尼丝对此假装不屑。她平时在"胡桃屋"不是闷闷不乐，就是乱发脾气。

有许多证据表明，阿格尼丝一直想尽办法追求权力，企图凌驾于他人之上。她说自己非常崇尚力量，尤其是男人的力量。她鄙视自己的父亲，因为他酗酒成性；也鄙视夜总会里的男人，因为他们张口闭口就是"我的妻子不理解我"。她对鲍勃（让她怀孕的那个男人）的态度，总体上是咄咄逼人的：如果鲍勃在她怀孕期间不资助她，她会"请个律师毁了他"。然而，当她与鲍勃直接交往时，她会用"女人是弱者"的策略来掩盖这种攻击性：她会有预谋地在电话里哭泣，让他相信她的"无助"，并扮演她所谓的"殉道者角色"（"看看我为你受了多少苦"）。但是，当鲍勃定期给她寄支票时，她就会暂时对他满怀深情，并说自己错怪了他。同样，她也会利用自己异国情调的女性魅力来达成这种攻击性：当她要和鲍勃共进午餐（或要和我面谈）时，她会花好几个小时把自己打扮得精致迷人。这一奇怪的举动看起来就像是在"备战"。分娩之后，因为漂亮的外表在商场里引起轰动，她享受到相当大的成就感。这些特定的证据表明，她为凌驾他人而进行的攻击性斗争符合施虐—受虐的人格模式，我们也将在她的罗夏墨迹测验中看到这一点。

一开始，阿格尼丝拒绝接受怀孕这一事实。显然，这让她觉得自己很脆弱，成了受害者，无法再利用自己的魅力作为攻击的武器。但是，她很快就把这个孩子纳入了她的施虐—受虐模式：她开始不停地谈论自己作为母亲的责任（在这点上，其他未婚妈妈称她为"圣母"），她还将出生后的孩子当作一个"珍宝"，当作她自己的延伸，并强调自己终于有了归属。伴随这种态度而来的是，她对孩子的未来完全没有现实的规划。孩子现在也成为她对付鲍勃的武器，她声称，孩子是值得"奋力争取"的东西。

很明显，阿格尼丝感受到来自父母的高度排斥。除了怀疑他们是不是自己的亲生父母外（这具有象征意义，也很可能是真实的），大量的事实还证明，她与继母之间的关系既冷淡又敌对。父亲对她及她的能力，一直也是漠不关心。即使到现在，阿格尼丝仍在竭力打破他的冷漠。分娩之后，她到另一个城市看望父亲，表面上是去拿她的出生记录，但实际上是为了让他关心一下自己。她希望父亲能象征性地给她一点钱，以此表达对她的关心。我之所以说这笔钱是个"象征"，是因为阿格尼丝当时并不特别需要钱，而且她想要的数额（5美元）也没有太大的现实意义。她在出发之前坚决表示，父亲不会"实现"她的心愿，即对她表达实质性的关心。回来后，她告诉我们，父亲很喜欢向同事炫耀他有一个漂亮迷人的女儿，但除此之外，他对她一如既往地漠不关心。在访谈中，阿格尼丝不断地谈到自己的孤独："我从来没有过归属感。"尽管她的孤独感有夸大的成分，但我们仍有理由相信，她一直是个非常孤独的人。我们将她归入受到父母高度排斥的行列。

她的罗夏墨迹测验的主要特征是大量的攻击性和敌意。[1]

---

1 整体反应为13：6 M, 2 FM（5个额外的m），2 F, 1 Fc, 2 CF；常规反应3，原创性反应7；$W\%$ 62, $D\%$ 30, $Dd\%$ 8。基于罗夏墨迹测验的智力评估：潜能120，效能110。

每一个与"人"有关的反应，内容几乎都是人类搏斗或半人怪兽。这些怪兽是在"性"的背景下出现的，她把"性"与对她的野蛮攻击联系在一起。虽然她内在那种想象力的刺激得到了充分表达，但她的本能刺激却受到了压抑——为了避免成为被攻击的对象，"性"的刺激被压抑下来了。罗夏墨迹测验表明，她觉得自己被大量的敌意和攻击倾向（潜在的和实际的）所驱使，如果不压抑其中的一部分，它们会变得无法控制。这里包含了大量的情绪亢奋，尤其以自恋形式为主。

总的来说，她的罗夏墨迹测验呈现出一种施虐—受虐的模式。为了回避自己的攻击性和敌意，她诉诸幻想、抽象化和道德论的方式，如将攻击视为"善与恶"之间的斗争。她的聪明才智被用于攻击性的野心，目的是获得对他人的控制。她的敌意和攻击性中包含了大量的焦虑，主要是因为她总觉得别人会攻击她或对她有敌意，而这在很大程度上其实是她自身攻击性和敌意的投射。她试图控制焦虑的主要方法就是凭借报复性的攻击和敌意。

她在罗夏墨迹测验中的焦虑评分是：深度为2.5，广度为4.5，应对程度为4.5。与其他女孩相比，她属于高度焦虑群体。在童年焦虑量表上，阿格尼丝的焦虑程度为较低；但在未来焦虑量表上，她的焦虑程度为较高。她的主要焦虑领域是野心和恐慌性不安。

从阿格尼丝的案例中，我们了解到的最主要的东西，是她的焦虑与敌意及攻击性之间的相互关系。首先，她习惯将某些情境解读为别人对她的公然攻击，而焦虑正是她对这些情境的特定反应。这似乎是她在"胡桃屋"首次面谈时感到恐惧的主要原因。因此，她对这些威胁的焦虑反应伴随着反向的敌意和攻击，这是完全可以理解的。但她并没有将其投射到我或"胡桃屋"的社工身上，而是转移到了其他的未婚妈妈身上。其次，她的焦虑是对受排斥和被孤立等威胁的反应。这种焦虑反应伴随着敌意和攻击性，就像我们会对那些使自己孤独和焦虑的人感到愤怒一样，是一种常见的模式。

但是，阿格尼丝表现出的第三种情况就不太常见了，即她会以敌意和攻击来避免焦虑。一般而言，其他未婚妈妈都是以退缩、安抚或顺从来避免焦虑的。她们焦虑发作的时候，大多是她们攻击性最弱的时候，这样才不会疏远自己所依赖的人。然而，阿格尼丝的做法是通过攻击他人来迫使他们不要排斥她，不要使她焦虑。

进一步观察她对孩子父亲的行为，可以更清楚地看到这一点。她对孩子父亲的总体态度是："他排斥我，因此，他和所有男人一样，是个骗子。"每当他确实排斥她时（例如，没有给她寄支票），她就会极为焦虑和愤怒："我绝不允许他欺骗我。"但是，当孩子父亲接了她的长途电话并给她寄钱时，她便感到如释重负和心满意足，尽管那笔钱微不足道，几乎没有什么实质性作用。问题并不在于钱本身（阿格尼丝可以从"胡桃屋"得到补贴），而在于他必须表现出对她的关心。在阿格尼丝与鲍勃或父亲的较量中，金钱成为关心的象征，这一点本身就很有趣。在她心目中，"爱"就是放弃一些东西，而她让别人"关心"自己的方式，就是从他们身上拿走一些东西。

阿格尼丝的案例可以让我们了解施虐—受虐情况下的焦虑现象，也就是说，为了缓解焦虑，不仅将自己与他人捆绑在一种共生关系中，而且要控制、战胜他人，让他人屈从于自己的意志。如果一个人只有通过强行扭曲他人的意志，才能得到暂时的解脱，那么这种减轻焦虑的方法必然是攻击性的。

在阿格尼丝的案例中，我们可以看到，她的高度焦虑与父母的高度排斥同时存在。她目前的焦虑模式与早期的亲子关系有多方面的联系：其一，她的恐慌性焦虑与她和继母之间的相互敌对和攻击关系密切；其二，她与孩子父亲相处的模式，很像她和自己父亲相处的模式。需要强调的是，阿格尼丝和南希、海伦一样，并没有接受被父亲排斥这个事实。不管怎样，她在父女关系上的立场始终是矛盾的，她的主观期望与她所知道的现实情境之间存在矛盾。我们之后会讨论这种期望与现实之间的落差。她跑去看望父亲并迫使他对自己表示关心，便清楚地表现了这一点，尽管她心里知道父亲不会有任何改变。

阿格尼丝还展示了焦虑与感受到敌意及攻击之间的相
互关系。阿格尼丝焦虑是因为总觉得别人对她有敌意或要攻
击她（例如，恐惧的表现），而这种焦虑反过来又让她将自
身的敌意和攻击投射到别人身上。这种模式可以有无数种微
妙的形式。敌意和攻击在阿格尼丝身上表现为一种施虐—受
虐的人格模式，这涉及她将焦虑情境解读为自己受他人伤
害。因此，她将敌意和攻击作为一种逃避的手段，一种避免
受伤害的方式。但无论在她的生活中，还是在这个世界上，
这种逃避都是行不通的。

因此，阿格尼丝对抗焦虑情境的主要防御措施便是敌意
和攻击——努力战胜他人，成为胜利者而不是受害者。就这
一点来说，她会把别人的排斥解读为他们战胜了她；而把她
努力与别人维持共生关系，解读为她战胜了别人，让他们屈
从于她的意志。这种模式无疑会带来大量的焦虑，因为她总
是觉得别人会"以牙还牙"。她在第一次访谈中透露出的害
怕，以及在"胡桃屋"期间无处不在的恐惧，都体现了她内
心的这种巨大焦虑。

更进一步的问题出现了：在阿格尼丝的案例中，哪些
特定因素让她决定使用敌意和攻击来避免焦虑呢？为什么一
个人会无意识地选择这些武器？我认为，在阿格尼丝的案例
中，这种方法表明她的童年经验中存在某个方面的过度保

护。她相当强烈的自恋符合这一假设。此外，她父亲的行为也支持这个假设：父亲以她漂亮的外表为傲，但在其他方面却排斥她。当然，父母过度保护孩子同时又排斥他们，或者在某些方面过于溺爱而在其他方面排斥他们，这种情况并不罕见。过度保护和排斥有时是相互作用的，如果父母确实排斥孩子，他们可能会在其他方面"溺爱"孩子，以弥补自己的排斥。

有证据表明，阿格尼丝从小在家中就很有影响力：她的反对迫使父母放弃收养那个男孩。如果上述假设是正确的，那就可以解释为什么在她与父母的关系中，这种攻击性方法——强迫别人不要排斥她，让他们屈从于她的意志——在某种程度上会成功，并且因此得到强化。这个假设也可以解释，为什么阿格尼丝将排斥解读为对她的攻击，就好像别人没有满足她的期望，没有将"爱"指向她，就是在"背弃协议"。她早已学会将这种关注视为她的"权利"，因此，如果别人没有给她关注，那就是在剥削她。

"胡桃屋"的诊断书上写道：阿格尼丝的人格模式已经固化，几乎没有心理治疗可以彻底帮到她。在分娩后第三周，她进行了第二次罗夏墨迹测验。此时，她已经从那种无法展现女性魅力的无助感中解脱出来，因此不再觉得自己是被攻击的受害者，而她本身固化的人格模式也有所松动。但是，它在本质上仍然是一个以强烈的敌意和攻击行为为特征的施虐—受虐的人格模式。

阿格尼丝离开"胡桃屋"一个月后寄来一封信，这是我们最后一次听到她的消息。这封信上说，她依靠一个比自己大很多的男人生活，用巴赫和贝多芬的音乐养育她的孩子。

路易丝：被母亲排斥却不焦虑

路易丝24岁，出生于工人阶级家庭。在她12岁那年，母亲去世了，此后，她就一直给人当女佣。父亲曾是炼钢厂工人，但在她13岁时也去世了。她唯一的姐姐，在她记事之前就夭折了。让路易丝怀孕的是一个比她大11岁的男人，那是她唯一爱过的男人，也是唯一与她有过性关系的男性。当医生告知她已有3个月身孕时，她曾有过自杀的念头，但后来她做了自我调整，她打电话给求助热线，询问"像我这样落魄的"女孩该去哪儿。

路易丝的童年经历表明，母亲对她极为排斥，经常用残忍的手段惩罚她。用她的话来说：

> 我母亲总是打我。就连我父亲都看不下去，问她为什么要这么做，然后她会打得更凶……她手上有什么，就拿什么打我。她打伤过我的肘部、背部和

鼻子。隔壁的邻居经常想要报警，但最终还是没有插手。我母亲经常会说："滚过来！要不我就杀了你。"有时候，我被打得遍体鳞伤，觉得要是有人捅我一刀，也挺好的……我的叔叔婶婶想带我走，但她不让。我不明白为什么她如此恨我，却不放我走。

路易丝在讲述童年的受罚经历时，几乎没有什么情绪或表情。我的感觉是，她可能经常讲这个故事（可能是讲给她做帮佣的家庭主妇听），为了打动听众，其中或许有夸大的成分（例如，肘部和背部"断裂"的细节，听起来并不令人信服）。尽管她的说法有些夸张，但仍有种种迹象表明，她在小时候遭受过身体虐待和严重排斥。虽然这些童年经历造成了重大的客观创伤，但重要的是，无论是小时候还是成年后，路易丝都能够避免主观创伤。她觉得父亲对她很友好，这显然缓解了她的痛苦，但这仅仅是表面上的而不是深层的（例如，她在罗夏墨迹测验中看不到男人）。

如果说路易丝压抑了与母亲有关的所有情感，这样的假设似乎站不住脚。因为在访谈中，她确实流露了大量的情感——当谈到对母亲的怨恨时，她哭了。但是，这种恨意只是一个纯粹的事实，没有迹象表明伴随着心理冲突，也没有证据表明她对母亲潜藏着普遍的怨恨。

作为一个孩子，路易丝想要逃避挨打的痛苦是理所当然的，但除此之外，她最担心的是别人可能会像她母亲一样恨她，她也不明白母亲为什么如此敌视她。她儿时曾想过，也许她不是母亲的亲生女儿。路易丝并没有假装或试图掩盖母女之间的真实关系。当母亲在外人面前要求路易丝表达对她的爱时，路易丝总是拒绝这样做，即使她知道第二天会因此受到惩罚。路易丝将自己童年所遭受的排斥和惩罚都归为"运气不好"（hard luck）。简而言之，路易丝似乎很现实地接受了母亲的排斥，将其当作一个纯粹客观的事实。

路易丝的罗夏墨迹测验显示：她的个性相对平平，智力一般，仅有一些原创性。[1]记录中没有任何动作反应，这表明她内在活动的贫乏和对本能刺激的压抑。她对外在刺激表现出轻松、快速的适应，但这是一种虚假的反应，暗示了她在人际关系上的调整是肤浅的。值得注意的是，她无法从卡片上看出人形（这种情况经常出现在那些与父母关系不好的人身上）。她给出的最接近人形的反应是"一个女人的后脑勺"，她暗示这是指"这个女人不理睬我"。在这个反应中，她将女人的头置于空白处，而不是放在墨迹上，这也意味着她对女性的反对倾向。我们可以合理地推测，这些与女性有关的反应在根本上都指向她与母亲的关系。

---

1 整体反应为22：1 *K*，11 *F*，4 *Fc*，1 *c*，3 *Fc*，2 *CF*；*W*% 45，*D*% 55；常规反应2，原创性反应4。基于罗夏墨迹测验的智力评估：潜能100，效能100。

路易丝在罗夏墨迹测验中几乎没有表现出明显的焦虑。某些潜在焦虑可以从她缺乏动作反应而推断出来：虽然这种内在刺激的缺乏，一方面是她性格未分化的标志，但另一方面是因为压抑了本能刺激，特别是与男人的性接触，因为她不想让自己那么脆弱。她在罗夏墨迹测验中的焦虑评分是：深度为3，广度为2，应对程度为1。与其他未婚妈妈相比，她的焦虑程度较低。路易丝能够避免可能引发焦虑的人际关系，而这一回避机制似乎没有给她带来任何深层的冲突。

在填写童年焦虑量表时，路易丝意味深长地说："小时候不懂忧愁，总是随遇而安，也没觉得受苦。"虽然她在童年焦虑量表上的得分为高，但她在当前焦虑量表上的得分是所有未婚妈妈中最低的。[1]她在填写后一份量表时说："我几乎从不担心任何事。"她焦虑的主要领域是同龄人的排斥和恐慌性不安。在与竞争野心有关的焦虑方面，她的得分也是所有未婚妈妈中最低的。

在面对心理学家、社工或我的时候，路易丝的行为和态度总是毕恭毕敬的，她很抱歉耽误了大家的时间，并觉得我

---

1 童年焦虑量表上的焦虑程度，似乎部分与路易丝的尽职尽责，以及她想讨好心理学家的强烈愿望有关，她希望能配合心理学家的研究（她会对那些她所认为的"上级"表现出谦恭、顺从的性格，我们会在随后讨论这一点）。她在社工面前填写的当前焦虑量表，似乎更能反映出她的焦虑程度。

们对她感兴趣是很不寻常的。在访谈中，虽然她畅所欲言，但给人的印象（特别是她经常耷拉着眼皮）是，她准备好了要挨骂。她极力想要讨好所谓的"上级"，并在"胡桃屋"表现得尽职尽责。但与这种顺从行为相反的是，她似乎看不起其他未婚妈妈：她经常向女舍监抱怨这些人，因此她们也不喜欢她。但这似乎并不会困扰她，她说，对于相处不来的人，"避开她们就好了"。她唯一的乐趣就是每天独自散步，这样做除了自娱自乐之外，还能让她远离那些女孩，帮助她在晚上睡觉，而不是"躲在床上闷闷不乐"。

路易丝从未想过不要这个孩子，她计划将孩子放在寄养家庭，直到自己赚够钱成家或结婚时，再把孩子领回来。在分娩之前，她就非常喜欢照顾其他未婚妈妈的宝宝，可见孩子对她来说有多重要。

当婴儿胎死腹中时，路易丝伤心欲绝。在医院的头几天，她哭得很厉害，回到"胡桃屋"休养了三个星期，她还是一言不发。然后，她去了乡下的一家疗养院，在那里才逐渐走出悲伤和抑郁。关于路易丝的近况，我们是从她写给"胡桃屋"某位护士的信中得知的，她与这位护士建立了亲密而深厚的友谊。

总体而言，路易丝的焦虑程度为低，受母亲排斥的程度为高。由此而来的一个问题是：一个人遭受了严重的排斥，为什么没有出现神经质焦虑呢？这直接反驳了我原来的假设：母亲的排斥是神经质焦虑的根源。

这种焦虑的缺失，是因为她的人格尚未分化，还是因为对情感的压抑呢？这个问题必须分两个方面来回答。从某种程度上说，路易丝是一个"正常"意义上相对简单、缺乏个性的人（也就是说，她缺乏个性不是因为当前的主观冲突）。她在罗夏墨迹测验中对内心刺激的压抑指涉的是性刺激，但这并不能解释为什么她被母亲排斥而没有产生神经质焦虑。至于她在人际交往中的反应贫乏，在多大程度上是因为母女之间缺乏感情，我们无从得知，唯一能确定的是这两个因素之间存在重要关联。但我们不能因为她没有神经质焦虑，就认为她缺乏或压抑了所有的情感。这可以从下列事实看出来：①她在谈到对母亲的怨恨时确实流露出感情；②她对即将出生的宝宝有着强烈的感情；③她能与"胡桃屋"的护士建立深厚的友谊。

路易丝将母亲的排斥视为客观事实，而不是主观冲突的根源。在我看来，这是她摆脱神经质焦虑的关键所在。母亲对她的恨意和惩罚被她客观地认为是"运气不好"。按照她自己的说法，小孩子只会逆来顺受，因此不会感到痛苦（就神经质焦虑的体验而言），这似乎相当准确地描述了她对自身的理解。虽然排斥和惩罚给她带来了客观的创伤和巨大痛苦，但在她身上却看不到因母女关系造成的主观创伤和冲突。母亲恨她，她也恨母亲，但恨过就算了，并不会持续地影响她。

值得注意的是，路易丝并没有假装还爱着母亲：与南希相反，路易丝并不指望母亲原本是或将会成为一个"好"母亲。同样，路易丝对待母亲的态度也没有任何伪装，正如她宁愿被打一顿，也不愿在外人面前表达对母亲虚伪的爱。与本研究中的其他一些女性（南希、海伦、阿格尼丝等）相比，路易丝对父母的期望和现实情境之间没有落差。她的案例表明，如果一个人对父母的态度没有主观上的矛盾，那么来自父母的排斥就不会引发神经质焦虑。

就本案例中的某些要素而言，如果它们表现得比我们在路易丝身上看到的更极端，那么当事人就有发展成精神病的可能。这类精神病患者从小被家人完全排斥，以至于丧失了未来人际关系的基础，所以也不会产生神经质焦虑（参见劳蕾塔·本德的观点）。但我认为，路易丝显然不属于这类患者。

我们注意到，路易丝对各种创伤事件的调适，其特征不是神经性冲突，而是客观地看待问题，并且"置身事外"。这可以从她想要逃离母亲的愿望，以及她对待"胡桃屋"某些未婚妈妈的态度中看出来。如果路易丝面临无法承受的创伤，这种"置身事外"的态度就会以病态的形式出现。在得知自己怀孕后，她首先想到的是自杀——尽管后来做了简单的调适。她童年也有过自杀的念头，每当母亲的毒打让她无法忍受时，她便觉得自杀是唯一的出路。虽然我无法详细证实，但在我看来，路易丝所经历的难以忍受的创伤，可能会导致她发展出精神病，而不是严重的神经质冲突。然而，我认为这并不违背上述关于她为什么没有神经质焦虑的陈述。

贝茜：被父母排斥却不焦虑

贝茜是本研究中唯一一个因乱伦怀孕的未婚妈妈，她才15岁，出生于一个工人阶级家庭。她的父亲在一艘货船上工作，该货船经哈德逊河往返于奥尔巴尼和纽约之间。家中有八个兄弟姐妹，贝茜排行老五，家里的生活条件很差，居住环境十分拥挤。她怀孕的时候，正在一所职业高中读二年级，学习操作纺织机器。

在进"胡桃屋"前的一个夏天，她怀上了自己父亲的孩子。贝茜的母亲为了减轻自己的家务，习惯让孩子们去船上过暑假。贝茜知道有个姐姐曾被父亲性侵（姐姐此时也怀了父亲的孩子），因此她极力抗拒去船上，甚至以喝碘酒来抗议。但她最终不得不屈从于母亲的命令。在船上，贝茜和父亲及哥哥同睡一张床。那年夏天，父亲性侵了她三次，并威胁道，如果她拒绝他，或者告诉别人，他就会杀了她。

当母亲后来得知贝茜怀了自己丈夫的孩子，她将一切过错都归咎于贝茜，还狠狠打了她一顿，并威胁说，如果她留在家里，就要杀了她。贝茜先被安置在"防止虐待儿童协会"，后来才转移到"胡桃屋"。在此期间，她父亲被姐姐以强奸罪告上法庭，并被判入狱。

虽然贝茜很难谈及自己怀孕一事，但除了有些害羞和不安外，她基本上有问必答，也极为坦诚。在访谈中，我和社工都觉得她是一个外向、合作、有责任心的女孩。

贝茜的母亲不仅对她极度排斥，在她怀孕期间还对她百般刁难。起初，母亲坚决不要这个孩子，但当贝茜决定将孩子送给别人收养时，母亲又坚持让她把孩子留下，并带回家。既然这是"贝茜的错"，就应该由她本人来照顾孩子。而且出于控制贝茜母子的目的，母亲还说，既然自己丈夫是孩子的父亲，这孩子就是她的亲生骨肉。但很明显，正如贝茜姐姐向社工指出的那样，母亲的真正动机是惩罚：她希望贝茜和孩子能留在家里，这样她就可以随时以怀孕的事斥责贝茜了。每当贝茜有自己的计划时，母亲就会跟她对着干。她强烈反对贝茜在分娩后和姐姐住一起，也反对她住到寄养家庭。这些迹象都表明，她母亲是一个十足的虐待狂。

对贝茜来说，要反抗母亲并不容易，同样她也很难用言语表达对母亲的敌意。但重点是，贝茜在每件事上都能无视母亲的要求或压力，独立地做出现实的决定。用她自己的话来说，贝茜的态度是"我母亲就是那样的人——我根本不用在意她说什么"。每次贝茜回家，母亲都会像往常一样数落她，而她只会淡淡地说"我回家是来玩的，不是谈事情的"，然后就离开屋子。

贝茜的罗夏墨迹测验显示她是一个智力中等、不安分、有主见的人，但她的人格特质却有点贫乏和发展不良。[1]我所说的"发展不良"是指记录中的迹象表明，她的贫乏并不完全是分化不足的结果，还因为她倾向于让自己保持在相对简单的情绪发展水平，以避免在与他人的关系中遇到困难（即复杂化）。在她的罗夏墨迹测验中，与人有关的反应往往是骷髅或照片，再加上记录显示她能够直接和轻松地对人做出反应，这就意味着，她试图将自己的活力保持在人际关系领域之外。记录中唯一表现出明显焦虑的是三个"风景"（FK）反应，但它们在记录中的出现比例相对平衡，这表明她能够充分和直接地应对冲突。

那些在罗夏墨迹测验中出现且她予以直接应对的特定冲突，都是关于"性"的，而且似乎直指她与父亲之间的问题，

---

1 整体反应为20：1 M，5 FM，3 FK，7 F，2 Fc，2 FC；常规反应4，原创性反应2；W% 50，D% 40，S% 10。最后三张卡片的反应比是25%。基于罗夏墨迹测验的智力评估：潜能115，效能100（这个记录与贝茜在"胡桃屋"期间儿童法庭给她做的心理测试结果相符，所得智商为101）。

也间接指涉她与母亲之间的不和。其中有两个"风景"反应是公园里的场景，这其实是有意义的，因为据贝茜所言，当父母虐待她时，她经常逃到附近的公园里。记录显示她可能有某种潜在的精神分裂（从使用颜色的单调可以看出）。这一点并不明显，它的重要性主要在于表明贝茜在面对无法承受的压力时，可能会发展成什么样子。从测验结果来看，虽然她的焦虑总体上并不严重，但有迹象表明，某些深藏不露的焦虑，只有在贝茜面临严重危机时才会显现出来。她在罗夏墨迹测验中的焦虑评分是：深度为3，广度为2，应对程度为1。与其他未婚妈妈相比，她的焦虑程度处于较低水平。

贝茜的童年和当前焦虑量表都没有显示多少焦虑。她的童年焦虑在所有未婚妈妈中程度最低，而当前焦虑也排在倒数第三。[1]她的焦虑领域包括：工作成败、家人的看法，以及同龄人的看法（由于每一类型被勾选的项目都很少，因此不用太过重视）。

贝茜与她的兄弟姐妹相处融洽。显然，贝茜之所以难以与母亲抗衡，不仅与母亲是一家之主有关，也与兄弟姐妹之

---

1 在这些案例中，我们会多次注意到，案主在量表上所勾选的项目数，似乎部分是出于服从倾向（也就是说，她受自己的信念驱使，觉得勾选得越多，越能取悦我这位心理学家）。贝茜所勾选的选项不多，证明她不会一味地顺从他人，而是有自己的主见，也不觉得需要去取悦他人。

间的羁绊有关——这个家庭对她来说意义重大。不过，我想说明的是，贝茜难以反抗母亲是因为现实因素，而不是因为神经质因素。待在"胡桃屋"和寄养家庭的那段时间，贝茜在主观和客观上都没有屈从于母亲的要求。

不论在过去还是现在，这些兄弟姐妹之间都有颇深的感情，完全不同于他们和父母之间的情感。他们之间不会去竞争父母的爱，因为他们明白这是永远得不到的。他们觉得自己的父母就是独裁者和虐待狂。面对来自父母的排斥，贝茜能够与兄弟姐妹建立亲密的感情，无疑与她相对摆脱了神经质焦虑有关。

贝茜被父亲排斥这一点，除了体现在她所遭受的性侵上，她的童年故事中也有一段发人深思的序曲。每当父亲和其他孩子玩耍时，只要贝茜一走近，父亲就会立刻停下来。贝茜一直想不通父亲的这种行为，只能把它归结于自己的出生不是父亲所期待的——父亲原本想要的是个男孩。但重要的是，即便在这些场合，贝茜也不会噘着嘴生气地走开。"我若无其事地"加入其中，和兄弟姐妹一起玩耍，无视父亲的排斥。显然，贝茜将父亲对她的排斥视为客观事实，既不会因此引发主观上的冲突和怨恨，也不会因此改变自己的行为。

贝茜在"胡桃屋"期间表现出的焦虑，也多半与现实情境有关。她非常害怕在父亲受审时出庭，也害怕后来的庭审不允许她去寄养家庭而是要她留在母亲家。一审时，她主要害怕见到父亲；二审时，她担心要在法官面前做证。[1]对于放弃肚子里的宝宝，她有过一场现实的冲突，但最终得出结论，她可以去照顾已婚姐姐的孩子。根据社工和心理学家的判断，贝茜在这些情况下的焦虑是情境性的，而不是神经质的。也就是说，这不是主观冲突的结果，她能以客观和负责的态度去处理。

她与"胡桃屋"其他未婚妈妈和工作人员的关系都很好。她笑称自己是"胡桃屋"里的捣蛋鬼，但她的戏弄都是友善的，其他人也都欣然接受。她从照顾其他未婚妈妈的孩子中收获了许多自然的快乐，她说："我照顾过的孩子都很喜欢我，我也喜欢他们。"事实也正是如此。离开"胡桃屋"之后，她被安置在寄养家庭，她说自己很幸福，寄养妈妈也说她是个性格很好的可靠女孩。

贝茜的焦虑程度为较低。她的冲突主要是情境性的，而且她能够非常现实和负责任地处理。对于无法控制的压力，人们倾向于退缩，这种倾向是可以理解的。这种退缩通常采取现实的（也就是"正常的"）形式，如她为了逃避父母的

---

1 结果她并不用在父亲的审判中出庭，而且在社工和寄养妈妈的陪同下，她成功地完成了二审。

虐待而躲到公园。如果这种压力大到无法承受，个体就有可能出现精神分裂。但事实是，面对乱伦怀孕的严重危机，贝茜并没有出现这种极端的倾向。因此，我们不妨得出这样的结论：她的神经质焦虑程度相对较低，而且她应对焦虑的方式也是相对健康的。

贝茜遭到了父母双方的高度排斥。这就像路易丝的案例一样，再次向我们提出一个明显的问题：为什么父母的严重排斥没有导致被试的神经质焦虑？在贝茜的案例中，父母的排斥似乎并没有引起她主观的内在冲突。她与父母之间的问题也没有内化为自我谴责或持续怨恨的来源。她坦然接受了父母的排斥，将其当作客观事实，这种接受是基于她对父亲的切实评价；而且尽管她母亲仍然会给她找麻烦，她对母亲的评价同样是现实的。因此，贝茜是在意识层面上处理父母的排斥，她没有将排斥与自己对父母的期望相混淆。她的行为基本上没有因为这种排斥而改变：在她有趣的童年插曲中，尽管父亲公然拒绝她，但她仍然能和其他孩子一起玩耍。她能够与兄弟姐妹、同龄人，以及其他各年龄段的人建立亲密关系。

在此，我尝试性地提出：能够对受排斥进行调适而不产生内在冲突，也就是主观期望和客观现实之间没有落差，是贝茜相对摆脱了神经质焦虑的关键要素。

多洛雷丝：严重威胁下的焦虑恐慌

多洛雷丝是一名14岁的波多黎各白人女孩，信奉天主教，在进行访谈时，她来纽约已有三年。她属于工人阶级，父亲是波多黎各一家工厂的非技术工人。多洛雷丝因儿时患腿骨结核而有点跛足。她有四个兄弟姐妹——两个哥哥、一个姐姐和一个弟弟，他们都在波多黎各。多洛雷丝5岁时，母亲生病了，因此她不得不休学六年，在家照顾母亲。

母亲去世后，多洛雷丝被一位膝下无子的姨妈带到纽约。这位姨妈给"胡桃屋"社工的印象是，她之所以想要多洛雷丝，是为了满足自己的情感需求。在最初的几个月里，姨妈对多洛雷丝非常热情，后来突然就变得冷淡了，并频频殴打她，还故意排斥她而偏爱另一个亲戚家的孩子。

我们从多洛雷丝那里得知，有个不认识的男人把她推进地窖里，然后强奸了她。在六个多星期的时间里，多洛雷丝一直坚持关于怀孕的这个解释。我们所能知道的，只有她这个含糊其词、没有说服力的故事。在这段时间内，多洛雷丝非常顺从且认命，总是毕恭毕敬地回答问题，就像服从权威的指示一样，但在其他方面却明显地退缩。我们观察到，当她认为没有人注意自己时，似乎会很警觉，而一旦觉得有人在看她，她就会蜷缩着身子，呈现出"封闭"的姿态。这个案例的重要性在于，它揭示了一个人在强烈且持续威胁下的焦虑恐慌和心理固着。

在第一次罗夏墨迹测验中，她只给出了三个反应，并拒绝回答其中的七张卡片。测验记录清楚地显示了一些非常严重的干扰。她在要进行测验时突然头痛，但最后还是决定接受测验。头痛通常是冲突引起的身心症状，而她的头痛后来被认为很符合当时的处境。她在做测验时虽然沉默却极为努力。她会拿着一张卡片研究三到五分钟，然后默默地盯着测验者，或抬头看着天花板。显然，她正在经历一场强烈的主观冲突。由于她给出的三个反应都是最常见的回答，这排除了她患有精神病的可能。[1]

从她做测验的表现来看，多洛雷丝倾向于认为权威拥有极大的权力（一个例子是，她对测验者在记录她的反应产生明显怀疑），但同时她又服从于权威。我们只能假设，多洛雷丝处于极度严重的情绪冲突中，以至于她在测验时心理瘫痪了。我们当时还无法确定冲突的内容，但有迹象表明这场

---

1 她对卡片I的反应为：$W\text{-}F\text{-}A\text{-}P$；对卡片II的反应为：$W\text{-}M\text{-}H\text{-}P$；对卡片VIII的反应为：$D \rightarrow W\text{-}FM\text{-}A\text{-}P$。在极限测验阶段，她透露自己可以毫不费力地运用色彩和墨迹细节。这个测试环节证实了上述假设，即她的忧虑不是精神病性的，也不是由于器质性病变，而是严重的心理冲突。多洛雷丝在使用英语方面有轻微的障碍，但这对她的测验没有实质性影响，因为她给出的反应，以及她对测验者的回答，都是完全清晰的。

冲突与上述她归咎于权威的权力有关。她在罗夏墨迹测验中的焦虑评分是：深度为5，广度为5，应对程度为3。

在第一个月内，多洛雷丝被带到诊所做了三次例行产检。前两次去的时候，她毫无预警地站在那里一动不动，拒绝接受任何检查。后来有人告诉她，如果她再不配合，"胡桃屋"可能就不管她了，她终于同意接受检查。但当她再次来到诊所并躺上检查台后，她突然变得歇斯底里、肌肉僵硬，以至于医生无法继续进行下去。于是，我们推测她的冲突与怀孕有关。在接下来两次与社工进行的访谈中，多洛雷丝被保证不会受到姨妈的伤害后，才透露了自己怀孕的全部情况。

原来，多洛雷丝是被她的姨父强奸而怀孕的。姨父趁她睡熟后，爬上了她的床，在她还没来得及反抗之前，就结束了这个过程。多洛雷丝把这事告诉了姨妈，但姨妈不停地威胁她，其中之一便是：如果她敢把怀孕的真相告诉别人，她就会被送进精神病院，每天遭受毒打。

现在一切都清楚了，她之所以极度抗拒检查——显然，她把罗夏墨迹测验和产检都看作检查——是因为她极其害怕怀孕的真相会暴露。这样她就会受制于姨妈的威胁，被杀死或被关进惩教机构。她的冲突具体表现为：一方面是来自社工、罗夏墨迹测验者和医生的权威；另一方面是来自她姨妈的权威，而后者还带有特定的惩罚性威胁，分量就更重了。我们注意到，她很乐意服从心理学家、社工和医生的"权威"——例如，她会来做罗夏墨迹测验，每次去诊所也没有异议——除非她对这些"权威"的服从与姨妈的权力发生了直接冲突。

当这种冲突得到缓解后，多洛雷丝的态度和行为发生了根本性的变化。在与其他未婚妈妈以及"胡桃屋"工作人员相处时，她变得友好又外向。不同于之前百依百顺的样子，现在的她表现出相当的独立性，会主动在"胡桃屋"发起活动，并发展自己的爱好。多洛雷丝待在"胡桃屋"的后期出现了一个小问题，她对一些未婚妈妈显露出挑衅甚至攻击的态度。我认为这种行为是她对权威顺服的反面，而顺服是她早期对我和社工的主要态度。我们或许可以假定，这种顺从—反抗的模式，尤其是多洛雷丝对权威的信仰，是她性格结构中的一个突出部分。

第二次罗夏墨迹测验是在冲突澄清几个月后进行的，结果也出现了巨大的变化。[1]她的病理性障碍不见了。[2]这次测验所呈现的画面不再是压倒性的冲突，而是智力中等、相对未分化却非常健康的人格。其中有一些迹象表明，她有保

---

1 理想的情况是，在其"自白"后立即进行罗夏墨迹测验，但这在当时不可行。我们认为，她的行为已经充分证明了，在她说出怀孕真相的那一刻，根本性的变化便发生了。

2 整体反应为15：2 *M*，4 *FM*，8 *F*，1 *FC*；常规反应4，没有原创性反应；*W%* 33，*D%* 60，*d%* 7；总用时14分钟，而第一次罗夏墨迹测验用时35分钟。无法依据第一次记录估测智商，但是这一次可以，智力评估为：潜能110，效能90—100（她在纽约学校上五年级时所做的智力测验显示，智商为80，但鉴于其语言障碍，我们认为该记录不可靠）。

护自己避免情感卷入的需要，以及在性方面也有问题——例如，她在卡片上看不到男性。在"IV卡"上，其上半部分常常会令人联想起"男人的性器官"，她则看成"大猩猩"。考虑到她所经历的性创伤，她对男性的回避，以及将"性"与可能的攻击联系起来，都是可以理解的。有趣的是，第一次测验时她拒绝回应"VI卡"（这张卡片也经常引起"性"反应），但在这次问询中，她将其看作"一只会说话的鹦鹉"。这让我们立刻想到，她已经能够谈论自己在性方面的问题以及怀孕的原因。她在第二次罗夏墨迹测验中的焦虑评分是：深度为2.5，广度为2.5，应对程度为2。与其他未婚妈妈相比，她的焦虑程度属于较低的一类。

多洛雷丝在童年焦虑量表上得分为较高，而在当前和未来的焦虑量表上得分均为高。因为最后一次测量是在她冲突缓解后进行的，所以她的高度焦虑不能解释为冲突的结果。我认为，她在这些量表上勾选的项目相对较多，是因为她对权威的顺从，正如上述事例所表现的那样，她觉得自己必须勾选每一个可能感到担忧的项目。[1]恐慌性焦虑是她的主要焦

---

1 值得注意的是，她在强烈的冲突期间所做的前两份量表，显示出了相当高的反应程度（即勾选了大量项目），而在同一时期，她却拒绝对罗夏墨迹测验做出反应。合理的解释似乎是，人们知道自己在量表上回答的是什么，不存在无意中泄露秘密的风险。因此，焦虑量表没有对多洛雷丝构成威胁。

虑领域。

关于受父母排斥这一点，考虑到多洛雷丝与姨妈、母亲、父亲之间的关系，我们得到了不同的图像。很明显，她遭到了姨妈的极端排斥。但是，我们对她与母亲之间更关键的早期关系却知之甚少，必须在很大程度上依赖推断。多洛雷丝曾笼统地提到，她与母亲的关系很亲密。但事实上，从多洛雷丝5岁起，母亲就一直生病，尽管家里还有两个哥哥和一个姐姐，但她仍不得不放弃自己渴望的校园，而留在家里照顾母亲。这意味着多洛雷丝在家里可能受到一些歧视，而且她受到的排斥要比自己承认的更多。

她对童年往事的叙述清楚地说明了父亲对她的排斥。自从母亲生病以来，父亲就一直和别的女人住在一起，很少回家。在谈话中，多洛雷丝提到，小时候父亲从不带她玩，只带弟弟玩。当我问她是否对此感到遗憾时，她十分惊讶地抬起头，好像这样的问题从未在她脑海里出现过。在我看来，她随后的否定回答甚至不如这一反应令我印象深刻，她不仅从来没有认为这是一个主观问题，而且她很惊讶竟然会有人提出这样的问题。

我们认为，多洛雷丝受父亲排斥的程度为较高。由于资料的缺乏——特别是与她母亲相关的资料——我们将多洛雷丝受排斥的程度总体评定为较高，同时意识到她也可能被归为较低的一类。

多洛雷丝的案例表明了威胁之下的严重冲突，它会导致接近恐慌程度的焦虑，表现为极端退缩和部分心理瘫痪。多洛雷丝展示了一个人是如何真正被"吓僵"的。当多洛雷丝摆脱了姨妈的威胁，能够说出怀孕的真相时，她的冲突就消失了。但当她置身其中时，这种冲突的力量则会渗透到每一件事上，让她感觉自己必须隐藏的秘密将被揭露出来。就此而言，产检似乎被她赋予了非理性的"魔力"，会揭穿她怀孕的真相。

多洛雷丝会把控制自己的力量归咎于权威，同时又有顺从于这些力量的倾向，这对于理解她的冲突为何如此严重很重要。例如，我们可以假设，如果她不坚信姨妈能够对她造成威胁，而自己又没有力量反抗，她的冲突就不会如此显著，她也不会一口咬定那个捏造的故事。另一方面，如果多洛雷丝不觉得社工和医生同样大权在握，她的冲突也不会那么严重。根据这一假设，我们不难想象，在不那么"受困"的情况下，她会继续掩盖怀孕的真相。在冲突期间，多洛雷丝的焦虑程度非常高；但在冲突缓解后，她的焦虑程度为较低。[1]

我们初步评定多洛雷丝的受排斥程度为较高。然而，

---

1 根据多洛雷丝的第二次罗夏墨迹测验，以及她在冲突解除后的行为，我们认定她的焦虑程度为较低，这个评级是我们在第十章将多洛雷丝与其他女孩进行比较的依据。

重要的一点是，像路易丝和贝茜一样，多洛雷丝并没有把受排斥理解为一个主观问题。最明显的例子就是，当有人问她是否为父亲从不陪她玩而感到遗憾时，她感到惊讶不已。她把受排斥默认为一个客观事实，而不是产生主观质疑和冲突的原因。基于这一推理，即使母亲对多洛雷丝的排斥程度再高，她也不会这样去理解或者报告。

菲莉丝：人格贫瘠却不焦虑

菲莉丝现年23岁，是一个中产阶级家庭的长女。她有两个妹妹，一个17岁，一个12岁。她的父亲是新教徒，母亲是天主教徒，菲莉丝跟随母亲的宗教信仰长大。她怀孕时在一家银行当会计员。在中小学和商学院（以及她人生的其他阶段），她一直都被认为安静、勤奋、高效和细致。同样，她每次来面谈前都会精心打扮自己。她孩子的父亲是军队里的一名医生，是菲莉丝在美国劳军联合组织担任女招待时认识的。菲莉丝和她母亲都为他的职业和少校军衔感到骄傲。在菲莉丝和这个男人的关系中，她不仅非常天真，而且对他过于理想化，反复强调对方"聪明""没有缺点"。

菲莉丝说她的童年"一直很快乐"，她经常听从父亲的建议（"我们永远不会反对他"），并顺从母亲的意愿

（她母亲是一位非常专横的人）。在"胡桃屋"的访谈中，菲莉丝总是安静地坐在一旁，由母亲抢着替她做关于婴儿的决定。菲莉丝只记得童年跟父母顶过一次嘴，那是在她8岁时全家自驾旅游的途中。在她顶嘴后，她的父母立刻将她赶下车，把她独自留在路边好一会儿。很明显，自那之后，她再也不敢跟父母作对了。菲莉丝没有同龄的朋友，但她并不感到遗憾，因为她觉得"不需要其他人，自己一个人就很开心"。她更喜欢和年纪大的人待在一起。她"理想中的美好时光"是加入母亲的桥牌俱乐部，但这从未实现过。

菲莉丝和她母亲最关心的是，她在怀孕期间是否能得到专业的医疗护理。她一再强调，她要去城里最好的妇产医院。现在，她在这家医院产科主任那里接受治疗。菲莉丝在这家医院的就诊经历，让我明白了她高度重视医疗护理背后的动力。在该院产检期间，一名助理医师曾告诉她可能要剖宫产。根据菲莉丝的说法，那位助理医师后来被产科主任叫到一边，并被告诫"不要告诉任何会让我（菲莉丝）紧张的事情"。每当菲莉丝向产科主任询问她的情况时，她得到的回复都是："你很好，我们不和病人聊天。"

当菲莉丝谈到这件事时，她满意地笑了笑。很明显，将自己交到权威手中，并对自身状况一无所知，在她看来似乎是一个理想的境地。我想，这种"鸵鸟策略"，或者对"不知情"的积极评价，是有其动机的。事实上，我认为这是她消除忧虑、冲突或焦虑的手段。在分娩前一周，菲莉丝一度非常焦虑，生怕自己会死去。但她很快就打消了这一念头，并对自己说："现在科学很发达，没有必要担心。"她强调自己"完全相信科学，而且只相信科学"。

菲莉丝的罗夏墨迹测验表明，她的人格是高度封闭的、分裂的、"贫瘠的"，很少有内心活动，也缺乏与他人建立情感联系的能力。[1] 她表现出过分的谨慎，将自己的反应局限于细节，唯有如此，她才可以确保反应准确无误，并成功地避免情感卷入。从测验记录来看，她几乎没有冲突或紧张，也很少有焦虑。显然，这种拘谨和谨慎的行为已经内化于心，使她全然接受了这种贫瘠的反应模式，没有任何特别的主观问题。她在罗夏墨迹测验中的焦虑评分是：深度为2，广度为2，应对程度为2。与其他未婚妈妈相比，她属于低度焦虑的类别。在童年焦虑量表上，她的焦虑程度为较低，但在同龄人的看法、工作成败以及家人对自己的态度等方面，她的得分是最高的。在当前焦虑量表上，她的焦虑程度为高，对分娩的焦虑是增加其焦虑的主要因素。

尽管菲莉丝对未来的分娩确实有一些焦虑（这种不安主

---

1 整体反应为39∶2 *M*，1 *FM*，2 *K*，18 *F*，13 *Fc*，1 *c*，1 *FC*，1 *CF*；*F*区的整体百分比为80；W% 15，D% 59，d% 5，Dd% 21；（*H plus A*）∶（*Hd plus Ad*）是9∶14；常规反应5，原创性反应3。基于罗夏墨迹测验的智力评估为：潜能115，效能110。

要集中在剖宫产这件事上），但我们怀疑，当前量表上所呈现的高度焦虑，至少部分代表了她母亲对分娩的巨大不安，而不是她自己的。这一假设与菲莉丝的一贯表现是一致的，即她几乎事事都以母亲的态度为准。总之，当前量表上的高度焦虑是单独存在的，所有其他条件都表明菲莉丝的焦虑很少。

在访谈中，她对母亲只流露出些许不易察觉的反抗。其中之一涉及她对骑马的热爱，在怀孕前，她曾不顾母亲的担心和劝阻，一直坚持骑马。但在每一件大事上，比如对这个婴儿的计划，菲莉丝都遵从母亲的意愿。她们留下这个婴儿自己抚养，也是由她母亲最终决定的。于是问题来了，菲莉丝未婚先孕在某种程度上是否对母亲的反抗，特别是在反抗母亲对她的阻挠和压制？可惜没有资料证实这一假设。现有的资料，例如菲莉丝在两性关系上的天真和她对男性的理想化，表明这次怀孕是她顺从模式的产物（也就是说，她因顺从男方的欲望而发生性关系），而不是对顺从模式的反抗。

菲莉丝表示想在产后回家，并再也不离开了。就在分娩前，她母亲的控制欲到了近乎残忍的地步：在"胡桃屋"，她晚上一直守在菲莉丝的房门外，直到护工勒令她离开；她还向菲莉丝大发雷霆，以发泄自己的极度焦虑。但是，菲莉丝平静地接受了母亲的这些行为。

产后两周，菲莉丝和母亲把婴儿带回家，不久婴儿却死于肺炎。后来，菲莉丝再来"胡桃屋"的时候，总是穿着黑色的衣服。她向我们展示了一幅由她和母亲订购的大型彩绘，画的是躺在棺材里的婴儿。但是，除了这些夸张的悼念方式之外，她并没有流露出什么特别的情感。在后续的访谈中，菲莉丝说她已经放弃骑马，并以已婚为由拒绝与男人约会。某位社工提到，菲莉丝看起来像一个端庄、爱依赖人的小女孩，几乎完全按照"母亲最清楚"的理念行事。

从菲莉丝这样一个低度焦虑的人身上，我们观察到一种顺从型的人格特征。她通过情感上的贫瘠来摆脱情绪纠葛，并以放弃个人的自主性为代价，毫无主观斗争地屈从于母亲。她被一位专横的母亲"成功地"束缚住了。从母亲的角度来看，这种束缚是"成功的"，因为菲莉丝没有反抗。而对菲莉丝而言，它也是"成功的"，因为她向母亲屈服，并限制自己的发展，从而避免了冲突、紧张和焦虑。菲莉丝没有觉得自己受到排斥（除了童年被赶下车那次，这对她来说反而证明了顺从是必要的）。她对母亲的反抗从来没有到公然受排斥的地步；而母亲的隐性排斥（例如，母亲在她分娩前所爆发的敌意和愤怒）也没有被她做如是解释。据推测，菲莉丝的束缚模式源于她童年时期的一种策略，目的是避免与母亲发生冲突的焦虑情境。她现在的做法是屈服于权威——母亲、理想化的性伴侣、专业的医疗护理——从而避免担忧、冲突和焦虑。我们前面提到的"鸵鸟策略"、不要了解自身状况，以及"现在科学很发达，没有必要担心"所透露的非理性信念，都是她束缚自己的组成部分。

我所谓的"对科学的非理性信念"，不是指医疗护理本身（在其他人看来，这显然是应对焦虑的合理方法），而是指菲莉丝对她所说的"科学"（我称之为"科学主义"）的使用。对菲莉丝来说，秉持"科学主义"显然是避免焦虑的一种方式，如对死亡所产生的焦虑，这种焦虑可能有许多起因，而不仅是对死亡本身的恐惧。这种"对科学的信念"其实是一种迷信，与默念咒语或摇转经筒属于同一心理范畴，对菲莉丝而言，这种信念起到的心理作用与她服从母亲的权威是相同的。她的案例表明，人格贫乏确实具有避免焦虑情境的功能，但代价是丧失了个人自主性、责任感，以及与他人建立有意义的情感联系的能力。

菲莉丝的情况生动地证明了克尔凯郭尔、戈德斯坦等人的理论，即焦虑是伴随着个人成长和发展的可能性而产生的，如果个人拒绝面对这些可能性，就可以避免焦虑情境。但同时，这个人也就失去了心理成长和发展的机会。我从心理治疗的角度可以说，焦虑的出现将是菲莉丝人格中最积极的预后迹象。

当然，最有趣的问题是：从长远来看，菲莉丝会怎么样？一个人有可能会受到如此严重的束缚，却不陷入抑郁或激起反抗吗？[1]虽然每个人都会根据自己对人性的预设来回答这个问题，但我肯定会说"不可能"。我相信，这种"完美的"调适迟早会崩溃。当然，它可能会以"认命"的形式发展成一种慢性抑郁，然后被人们称为"常态"。这个问题涉及了"盲从"的动力机制、对社会规范的调适，以及不加选择地接受权威会发生什么。

弗朗西丝：束缚与创造冲动

弗朗西丝是一名职业踢踏舞者，现年21岁，在一个中产阶级的收养家庭中长大。这个案例有意思的地方在于，弗朗西丝试图束缚自己的人格以避免焦虑，但与菲莉丝相反，她没有获得成功。当这种束缚模式崩溃时，焦虑便出现了。

她对自己与养父母关系的描述带有理想化的色彩。她说自己的童年"无比满足"，她的养父"很完美"，养母"很温柔"，他们总是回应她的需要和愿望。但这些描述通常被概括为一些笼统、含糊的话语，比如"你知道吧，母女之间是可以推心置腹的"，而且没有任何可靠的迹象表明，她与养父母之间的积极关系并非流于表面。在她还小的时候，养

---

1 我个人在整理这些临床笔记时都有种要爆发的感觉。

母曾将她被收养的事编成"童话"告诉她，就像讲其他睡前故事一样。在后来的日子里，养母还建议弗朗西丝通过收养机构打听她的亲生父母，但弗朗西丝拒绝了这个提议，因为她"想保留一份童话色彩"。在访谈中，她提到的梦境中有一些迹象表明，在她与养父母表面的积极关系之下，她明显感受到孤独和敌意，因为她不知道亲生父母身在何处。我们似乎可以合理地推论：无论是童话意象，还是对养父母的理想化，都是为了掩盖她对养父母的敌意，而她将男友理想化也如出一辙。

让弗朗西丝怀孕的是她谈了四年的男友，在恋爱期间，她逐渐将男友理想化了，因为他"既绅士又可靠"。但在她意外怀孕后，他并没有向她求婚，甚至拒绝为她备产提供帮助，弗朗西丝因此突生恨意。她坦然表达了这种态度，并说自己现在"憎恨所有的男人"。据我推测，她将男友理想化是为了对抗自己对他潜在的怀疑和敌意，而她的态度突变表明，这种压抑的情绪一直存在。理想化和态度突变的共同之处，正如罗夏墨迹测验中表明的模式，即她避免对人际关系进行现实的评估。分娩后，她对男性的态度（在访谈和第二次罗夏墨迹测验中均有体现）由避免接触变为避免情感卷入。她的说法是："我不再憎恨男人，但我害怕他们。"她计划与男性重新建立联系，尤其是在教会里认识的人，但绝不能有情感纠葛。

从表面上看，她的罗夏墨迹测验显示出较高的人格僵化和束缚，但记录中的多样性和原创性、色彩对她产生的冲击，以及这种束缚在测验中经常失效的事实，这些均表明束缚并不是她人格贫瘠的标志。[1]当她与那些对她怀有恶意和敌意的人发生情感纠葛时，这种束缚就变得尤为明显。她内心对别人也有敌意，但都被她压抑了。她努力束缚自己的主要方法是，把自己的反应保持在"常识""实用"和"现实"的层面。当这一机制在罗夏墨迹测验中屡次失效时，焦虑也就出现了。她竭力抑制自己的感官刺激，但也只是偶尔生效。

罗夏墨迹测验中一个非常有趣的现象是，她的原创性倾向于破坏她的束缚模式。有迹象表明，当她能抑制自己的原创性时，她就能避免大量的焦虑；但当她的原创性真的出现时，束缚模式就会被打破，焦虑也随之产生。她的罗夏墨迹测验出现了这样一幅图景：一个人试图约束自己，以免受焦虑情境的影响，但这种束缚策略不断失效，蔓延的焦虑便随之而来。她在罗夏墨迹测验中的焦虑评分是：深度为4，广度为3.5，应对程度为2。与其他未婚妈妈相比，她属于高度焦虑

1　整体反应为37：2 M，4 FM，1 k，4 K，21 F，3 Fc，1 c，1 CF；F区的整体百分比为65；常规反应6，原创性反应7；　VIII卡、IX卡和X卡的反应百分比为51；整个记录中只有一个H反应；连续性僵化；$W\%$ 16，$D\%$ 68，$d\%$ 8，$Dd\%$ 8。基于罗夏墨迹测验的智力评估为：潜能125，效能110。

类别。根据童年、当前和未来焦虑量表，她的焦虑程度分别为较低、较高和高，而她的主要焦虑领域是野心。

在与社工和心理学家的访谈中，她总是把话题局限在"实际""现实"层面，并不断拒绝处理潜在的情绪问题。对"现实主义"的过分强调，似乎是她掩盖真实感受的一种手段。她有点意识到"实用"对自己的保护作用，承认她觉得表达自己的真情实感或原创性是危险的，原因之一是人们会认为她"愚蠢"。因此，与罗夏墨迹测验不同，她在访谈中能够有效地维持束缚模式，并回避大多数会引发焦虑的话题。她与"胡桃屋"其他未婚妈妈的关系，一方面表现得直率而随和，另一方面又经常怀疑和敌视她们，这有时会在"胡桃屋"造成相当大的问题。

在评估弗朗西丝的受排斥程度时，我们遇到的难题是：她的口头声明——否认自己受到排斥——与潜在迹象之间存在矛盾。因为弗朗西丝的束缚模式和她回避问题的策略在访谈中难以被打破，并且我们有足够的证据（例如，她对养父母的理想化和童话意象）证明，她与养父母的关系并不像她说的那样，因此我们判断她的受排斥程度是基于某些潜在迹象。我们假设她的受排斥程度为较高，因为她的罗夏墨迹测验反应从不涉及"人"，她对别人又有潜在的怀疑和敌意，甚至极力避免与他人接触或产生情感纠葛。

我们发现，弗朗西丝的焦虑程度为较高。她本身就是一个因不成功的束缚模式而引发焦虑的实例。她试图束缚自己以避免焦虑情境，尤其是回避与人交往。这种束缚产生于两个主要机制：一是她努力将自己的所有反应都维持在非常"现实""实际"的层面；二是将他人理想化。因为她的人格本身并不贫瘠，且她的理想化背后隐藏着大量的敌意，甚至她的"现实主义"和理想化是相互矛盾的，所以她的束缚模式经常被打破。一个人不能同时持有两种矛盾的信念，这样的矛盾迟早会瓦解。正是在这些时候，弗朗西丝表现出了焦虑。不管是对原创性的压抑，还是对性和敌意冲动的压抑，都是她努力束缚自己的一部分。

当她在罗夏墨迹测验中表现出原创性时，焦虑也随之出现，这一点很重要。我们注意到，在菲莉丝的例子中，她凭借束缚成功地消除了焦虑。而类似的束缚和避免焦虑之间的关系，也出现在弗朗西丝的案例中。当弗朗西丝能够束缚自己时，她没有感到焦虑；但当她的束缚模式失效时，她便感到极度焦虑。

夏洛特：以精神病逃避焦虑

夏洛特，现年21岁，来自一个农业社区的中产阶级家庭。她有一个比她大1岁的哥哥，还有两个弟弟，一个17岁，一个12岁。体检显示她患有先天性梅毒，最近还感染了淋病。

在"胡桃屋"的行为和罗夏墨迹测验的结果，都显示夏洛特有明显但温和的精神病倾向。她在罗夏墨迹测验中出现了若干在理性上扭曲的反应，其特征是阴影冲击、反应时间长和大量的阻断。[1]她在测验中付出了很多努力，经常为自己的反应道歉，但她的努力多半是无用的，没有什么影响。她的表现虽然有些呆板，但并不是重度精神病的那种极端表现。在测验中，她常常对我露出讨好而又空洞的微笑，眼神中还透着一股茫然。从诊断上看，罗夏墨迹测验表明她有轻度的精神分裂症，可能属于青春型（hebephrenic）。她几乎没有什么焦虑，尽管她应对焦虑的效果很差。她在罗夏墨迹测验中的焦虑评分是：深度为1.5，广度为3，应对程度为4。与其他未婚妈妈相比，她属于低度焦虑的类别。

在"胡桃屋"期间，夏洛特总体上表现得亲切、温和、友好，但有时也会突然暴怒。怀孕这件事对她的影响很小，

---

1 在夏洛特的罗夏墨迹测验中，虽然关键要素是在理性上扭曲的反应，但我们仍会对她的测验结果进行量化，因为我们在其他案例中也是这么做的。整体反应为36：9 M，4 FM，4 FK，9 F，3 Fc，4 Fc，3 CF；平均反应时间为1分45秒；常规反应8，原创性反应7；W% 44，D% 42，d% 3，Dd% 11。

相应地，她对分娩和婴儿也明显缺乏实际的计划。

她的背景同样表明她有严重的心理障碍。在她的社区，她有时很受人尊敬，经常去教堂做礼拜，被镇上男孩称为"万人迷"；有时却又很冲动、目中无人，在社交上异常"狂野"。20岁那年，她在冲动之下嫁给了一个刻板、过分认真的年轻人，按她的话说，这是"弥补自己的不足"。她结婚可能是为了避免精神病发作，好让自己振作起来。但那个年轻人后来在军队中精神崩溃了。她去军营看望他，他们一致认为这段婚姻是个错误，并决定终止婚姻。她形容自己那时"非常混乱，什么都不在乎"。

之后她有一段滥交期，并在此期间怀了孕。据她所言，是与一位不知道姓氏的军官发生性关系导致她怀孕的，而且她形容自己是被迫的，但"我对此无能为力"。也许她怀孕前后的行为表明，她当时处于轻度精神分裂状态（或精神分裂的初始状态）。

尽管夏洛特在访谈中畅谈自己的童年，但她从不谈论目前的烦恼。对她来说，目前似乎不存在什么问题。当话题涉及当下可能的焦虑来源时，她会摆出一副愉快的姿态，或是一脸茫然，长时间地沉默。一些不经意的话语暗示她内心有大量的罪疚感，如"我犯了错，我要为此付出代价"，但她丝毫没有表现出内疚的样子。她在童年焦虑量表上得分为较高，主要是"对黑暗的恐惧"（"因为它代表着未知"），以及其他的恐慌性不安。但她在当前和未来焦虑量表上分别得分为较低和低。如果这些量表显示的焦虑程度可以从字面意思来理解，这就意味着她在精神病发病前经历了大量的焦虑，正如我们在前面（第三章）讨论焦虑和精神病的关系时所预期的那样。但是，这种焦虑现在被她的轻度精神分裂状态所掩盖了。

夏洛特的低度焦虑说明，精神病的发展有效地掩盖了个人的焦虑。说到焦虑的问题，许多形式的精神病可以被理解成冲突和焦虑的最终结果，因为这些冲突和焦虑不仅让个体难以承受，而且无法在任何层面上得到解决。在这种情况下，巨大的焦虑通常会在精神病发作前显现出来。对夏洛特而言，这可能发生在她同意终止婚姻后的那段时期。精神病的发展本身可以作为一种手段，以避免难以应对的冲突和焦虑，但代价是放弃对现实的适应，像夏洛特便是如此。我们并不知道夏洛特的精神病是如何形成的，但很明显，在她身上，焦虑和冲突在很大程度上被精神病状态"掩盖"或"消除"了。[1]

---

1 当然，我们这里所说的只是心因性的精神病——其根源在于主观的、心理上的冲突，而不是器质性的损伤。一般来说，这些精神病的特征是焦虑缺失，而这与焦虑存在于某些偏执狂的形式中并不矛盾，后者是一般模式中的不同结构。

海丝特：焦虑、反抗和叛逆

海丝特现年17岁，是一个中产阶级家庭中唯一的女孩。她有两个哥哥，分别比她大2岁和4岁，还有一个比她小5岁的弟弟。她的父亲是一名室内设计师，在她7岁时因醉酒而溺水身亡。她中学时就读于一所中上阶层的私立教会女子寄宿学校，在那里她以叛逆、脾气暴躁、聪明但"懒惰"而闻名。她怀了一个水手的孩子，而那人和她只是泛泛之交。

在罗夏墨迹测验中，她表现出大量的情绪冲动和幼稚行为，有点爱出风头，还有种反抗权威的强烈倾向。[1]她的性冲动大多是为了迎合这种反抗。她在测验中唯一看出的人形是小丑。她的焦虑主要随着罪疚感而出现，而反过来，这种罪疚感又是她反抗的结果，尤其是她将性冲动作为反抗的形式。她在罗夏墨迹测验中的焦虑评分是：深度为3，广度为3，应对程度为3。与其他未婚妈妈相比，她的焦虑程度属于较高的类别。她在童年和当前焦虑量表上的得分为高，她焦虑的主要领域是同龄人的看法、恐慌性不安，以及对自己在

---

1 整体反应为22：1 *M*, 6 *FM*, 1 *K*, 3 *FK*, 5 *F*, 1 *Fc*, 1 *FC*, 4 *CF*；常规反应6，原创性反应4；*W*% 50，*D*% 50。基于罗夏墨迹测验的智力评估为：潜能120，效能110。

学校和工作中竞争地位的焦虑。

在她童年的家庭氛围中，父亲和兄弟们经常以嘲弄为乐，其中不乏虐待的成分。母亲是他们嘲弄的主要对象，尽管海丝特本人也常受到嘲弄。她觉得自己小时候和父亲的关系相当亲密，但从她讲述的故事中可看出，父亲的嘲弄比她所承认的更让她痛苦，而且父亲的行为中包含了某种明确的排斥。例如，她小时候和父亲一起去钓鱼，在回去的路上，她被带刺的铁丝网钩住了。父亲（表面上是"开玩笑"）便把她晾在那里，独自开车离开，绕着街区转了一圈才回来。海丝特将自己的叛逆行为归咎于父亲很早就过世了。"如果我有个父亲可以和我谈谈，所有这些麻烦（包括怀孕）就不会发生了。"在"胡桃屋"的访谈中，她的母亲表现得非常被动。除了一直把海丝特视作麻烦，并被迫对海丝特在学校和其他地方的困窘表示关心之外，她似乎从未对女儿表现出多大的兴趣或多深的理解。

一位相当熟悉这个家庭的亲戚也在"胡桃屋"接受了访谈。她说，海丝特的母亲总是忙着为孩子们提供物质和社会资源，以至于无暇顾及他们，而只有在海丝特最困难时才会注意到她。有趣的是，这位亲戚认为，如果母亲再多点"权威"，情况会更好些。在某种程度上，这意味着母亲对海丝特有更多的回应，在海丝特的环境中变得更真实、更直接，甚至偶尔惩罚自己的女儿，因此我们有理由相信，海丝特会从她的家庭中得到一些必要的心理指导。正如我们在下文中假设的那样，她强烈的叛逆行为是为了博得母亲的关注，而这样一来就没有多大必要了。尽管海丝特觉得自己很崇拜母亲，但她也说过母亲冷漠而难以接近，她直言自己经常邀请母亲一起玩游戏，但母亲总是拒绝。根据海丝特的描述，在童年时期，每当兄弟姐妹之间发生争吵，母亲总是站在男孩那一边。

海丝特的反抗和叛逆似乎或明或暗地指向母亲，在访谈中有迹象表明（与罗夏墨迹测验的结果一致），她的性冲动便属于此类。她的第一次性经验发生在13岁那年——她离家出走，搭便车到一个遥远的城市，然后再回来。种种迹象表明，她的怀孕既是一种反抗，也是迫使母亲关心她的一种手段。海丝特缓解焦虑最常用的方法是"一笑而过"——在这种背景下，这种行为也可以被视为一种反抗（例如，"我不在乎"）。

我们发现，海丝特的焦虑程度为较高，受排斥程度也为较高。她的当前焦虑源于对自己反抗和叛逆行为的罪疚感，而她的性冲动（可能还有怀孕）是被用来服务这类行为的。她受到的排斥主要是由于母亲对她缺乏关心和兴趣，而她的反抗和叛逆似乎是为了迫使母亲去爱她。她焦虑的源头大概为最初与母亲之间的隔离感，父亲的离世或多或少加剧了这种隔离感。因此，海丝特陷入了一个恶性循环：她试图用反抗和叛逆来克服最初的焦虑（隔离感），但这种做法却引发了更多的焦虑。

莎拉和艾达：两名黑人女性的焦虑

（一）莎拉

莎拉是一个20岁的无产阶级黑人女性，出生在美国南部，父亲是一名矿工，母亲是家庭主妇。在她4岁的时候，莎拉去了南部边陲，和叔叔（也是矿工）、婶婶住在一起，因为他们很喜欢小孩，但自己没有孩子。在她的五个兄弟姐妹中，还有两个和她一起住到了叔叔婶婶家。高中毕业后，莎拉来到纽约，她怀孕时正在一家工厂当焊工。

莎拉给我和社工留下的印象是，她是一个稳重、独立、适应性很强的人，能够客观地接受和处理自己的问题。她为孩子的出生和抚养做了现实的计划（在孩子出生后，她最终能够独自养活孩子）。她确信自己不愿接受政府的救济，更愿用自己的积蓄来支付她在"胡桃屋"的费用。她很爱孩子的父亲，曾经想过要和他结婚。但在她怀孕后，孩子父亲的态度和行为变得越来越不可靠。当她在"胡桃屋"的时候，她既不想嫁给他，也不想接受他的经济援助，但她确实做了很大努力，希望他同意孩子随他姓。当他一再拒绝后，莎拉虽然很失望，但也接受并适应了这个现实。

　　莎拉的野心（这在她的焦虑量表上很明显）并没有表现为攻击性的竞争形式。事实上，她在上学的时候，就给自己定了一个理想："既不拔尖，也不落后，做个'中不溜儿'就好。"[1]她很满意自己的工作，显然上级对她的评价也很高，因为他们为她保留了岗位，直到她产后复工。

　　莎拉在"胡桃屋"唯一有问题的情况是，她的独立有时会表现为抗争的样子，主要围绕着种族问题。由于她和艾达是这一群人里仅有的两个黑人，而且有些白人女性还有种族偏见，因此莎拉一开始就习惯了保持孤立，大部分时间都待在自己的房间。她的对策就是，"如果你远离人群，你就可以避免麻烦"。她对一名工作人员表现出公然的反抗，因为她觉得那个人"专横"。她报告说，当她去探望父母时，她并不喜欢留在南方，因为那里"有太多的规矩和限制，对跟自己差不多大的女性还要用尊称"。莎拉的抗争有时比实际情形更加极端（她承认有一些冒犯是无意的）。但是，她并不会不分青红皂白地抗争，只有当她觉得对方的态度存在种族问题时，才会极力抗争。然而，总的来说，对于一个生活

1　她的罗夏墨迹测验中的W%并不高，这也佐证了她的野心不具有攻击性这一说法。

在白人群体中的黑人来说，她特殊的敏感性和带有抗争的独立性，是完全可以理解的。尤其是在怀孕的情况下，许多女性都倾向于更具防御性。从这个意义上说，我认为莎拉的抗争倾向在很大程度上是一种有意识的调适，而不是神经质模式的表现。这似乎是完全站得住脚的假设，即这种有意识的抗争起到了积极的作用——这是莎拉发展出来的一种适应种族问题的技巧，既不会削弱她的能力，也不会让她丧失心理自由。

　　莎拉的罗夏墨迹测验显示，她是一个有原创性、有点天真、性格外向的人，她的智力高于平均水平。[1]在与人交往时，她有一些顺从和谨慎的倾向，但这些特征不是神经质的——顺从和谨慎是有意识地适应环境，而不是自我压抑的机制。她表现出相当高的独立性，有明确的迹象表明她知道自己想要什么，不想要什么。她采取了一种对生活不要太认真的技巧，保持了一种随遇而安的态度，避免因交往过深而带来麻烦，但这些特征表现得并不过分，也没有让她的能力变得贫乏。总的来说，这是一种独特但并不复杂的人格特征。她身上几乎不存在冲突或神经症问题的迹象。她在罗夏墨迹测验中的焦虑评分是：深度为1，广度为1，应对程度为

1　整体反应为40：1 *M*，6 *FM*，1 *FK*，14 *F*，10 *Fc*，2 *FC'*，6 *FC*；*W*%
　　20，*D*% 70，*Dd*% 5，*S*% 5；常规反应5，原创性反应15。基于罗夏
　　墨迹测验的智力评估为：潜能110，效能110。

1。与其他未婚妈妈相比，她的焦虑程度属于较低的类别。相应地，她在童年和当前焦虑量表上的得分分别为低和较低。她焦虑的主要领域是野心，以及朋友和家人对她的看法。

莎拉的成长经历中没有明显的受排斥迹象。她说，无论在自己家还是在叔叔婶婶家，她都度过了一个快乐的童年，她对叔叔婶婶和兄弟姐妹的感情，就像对待父母的态度一样，充满了爱意。她父母所在城市的社会服务机构的一份报告中指出，他们都是工作努力、负责任、富有同情心的人，由此推断，她小时候在两个相对健康的家庭中长大。她不希望父母或叔叔婶婶知道她怀孕了，想等分娩后再告诉他们，因为她觉得他们会在经济上帮助她，即使他们负担不起。但因为社会机构的疏忽，莎拉的父母在她分娩前就知道了她怀孕的事。莎拉很生气，因为这件事违背了她的意愿（回想前文提到的，她会对那些"专横"或凌驾于她之上的人表示抗争）。不过在父母随后的来信中，他们表达了对她的理解，没有进行任何谴责。

莎拉的焦虑程度为低，同时没有明显的受排斥经历。她的问题是客观和现实的，没有涉及主观冲突；唯一可能的例外就是，她对种族歧视特别敏感，并由此引发抗争。但是，考虑到她作为黑人女性的现实文化处境，这同样可以被当作"正常的"而不是神经质反应。我们可以得出结论：莎拉的神经质焦虑相对较少，这是因为无论是童年还是现在，她在家庭圈子里都没有经历心理上的排斥。但是，莎拉的案例中还存在着文化因素（另一个黑人女性艾达也是如此）：与白人女性的文化环境相比，未婚先孕在莎拉和艾达成长的黑人社区里，并没有那样令人焦虑。因此，我们可能并没有让莎拉处于真正的焦虑情境。不过，这个因素可以解释为什么莎拉很少焦虑，但无法解释为什么她没有神经质焦虑。如果存在神经质焦虑，无论受试者是否处于客观的焦虑情境中，罗夏墨迹测验多半都会将其揭示出来。

（二）艾达

这项研究中的另一个黑人女性叫艾达，现年19岁，天主教徒，大部分时间都生活在纽约郊区。自从她4岁时父亲去世后，她和弟弟（比她小2岁）就与母亲相依为命，依靠政府的救济金过日子。艾达上的是天主教小学，但后来在一所公立学校读高中。在她17岁高中毕业后，母亲"因过度劳累而精神崩溃"，然后去了南方投靠亲戚。艾达和弟弟则被送到纽约的一位姨妈家里。

艾达最初想当一名护士，但因为怀孕，她决定去工厂做工来养活孩子。我们很难确定艾达的社会经济阶层：她的背景中有无产阶级的成分，但她当护士的初衷，以及她的许多态度（下文将讨论）似乎又属于中产阶级。我们认为，她处于无产阶级和中产阶级的分界线上。

让她怀孕的是一个和她同龄的男子，他们从高中起关系就很亲密。根据她的描述，这个男人对她一直有很强的"占有欲"，嫉妒她的其他朋友，而她显然也顺从于他的支配倾向。尽管这位男子承认他是孩子的父亲，但他拒绝和艾达结婚。艾达告诉我们，她已经"把他忘得一干二净了"。她的体检显示感染了梅毒，是那个男人传染给她的。

艾达的罗夏墨迹测验显示，她是一个非常刻板、一味顺从的人，缺乏原创性，智力也一般。[1]这份记录的主要特点是，她为自己设定了很高的标准，但这些标准却缺乏确定的内容。这就好像她有想要有所成就的强烈需求，但她没有想要有所成就的目标或感受。按照传统的说法，这个人拥有一个强大的超我。她坚持高标准的动机是，这样她就能符合别人对她的期望，也能符合她自己的内在期望。因此，她的自发性和内在本能（性和敌意）几乎完全被压抑了。她对别人有大量潜在的感官或其他形式的反应，但这些反应让她感到焦虑，因为它们无法符合自己的高标准要求。我们记得，她从来没有说过自己发生性关系的动机。根据罗夏墨迹测验，我们假设她的动机是因为自己的性需求，以及她需要满足那个男人的期望。后一种动机可能更为重要，因为对艾达来

---

1 整体反应为12：1 *M*，5 *F*，2 *Fc*，2 *FC*，1 *CF*，1 *C*；常规反应4，没有原创性反应；*W*% 67，*D*% 33。基于罗夏墨迹测验的智力评估为：潜能100，效能100（或更少）。

说，为了克服自己强烈的性压抑，她有必要在性关系上表现出顺从倾向。

当某个反应（卡片VII）让她联想起在医院的阴道检查时，一种普遍的不安便被唤醒了，并贯穿在她余下的卡片测验中，几乎引起了一种"无中生有"的倾向。这表明了，如果她未能达到自己的标准（怀孕对她来说便是失败），她在与自己、他人的相处中便会深感迷失，并且会产生许多焦虑。她在罗夏墨迹测验中的焦虑评分是：深度为2.5，广度为4.5，应对程度为3。与其他未婚妈妈相比，她属于高度焦虑的类别。

艾达在童年焦虑量表上的得分为较高，在当前和未来焦虑量表上的得分均为较低。她焦虑的主要领域是工作的成败，以及家人和代理父母对她的看法，其中让她最焦虑的是老师或母亲的斥责。

在访谈及她的行为中，艾达不断表现出上述的顺从性和高标准。她认真地回答了所有的问题，但从不主动表达自己的想法或感受。在"胡桃屋"，她一直被大家信任，可以帮大家跑腿，也可以配合做些不需要主动性的工作。因为她既不像莎拉那样独立，也没有反抗的倾向，所以她和这里的白人女性相处得挺好。在她的求学生涯中，她的成绩一直很不错。她表示很满意自己的学校："所有的东西都灌输给你，这样你可以学到更多。"

－ 435

艾达对自己严格要求的根源，可以从她对母亲及母女关系（其次是她与姨妈的关系）的描述中看出。虽然艾达笼统地说，母亲在她的童年记忆中是个"快乐"的人，但事实上，母亲"精神崩溃"的主要症状是她"总是忧心忡忡"，这表明她可能是个神经紧张和刻板的人。母亲刻板的一个更明显的迹象是，她对孩子们非常严格；艾达说，母亲经常抽打儿子，因为"她喊他的时候，他没有及时出现"。艾达还说，她本人并没有经常受到惩罚。事实上，她觉得母亲对她太宽容了。然而，这种说法可能只是表达了艾达自己的"高标准"（她觉得自己应该受到更多的惩罚），而不是对童年处境的客观描述。艾达小时候非常听话，总是顺从母亲的意愿，只是偶尔对母亲有轻微的敌意。艾达称，她早已学会独自平息、"克服"这种愤怒。艾达的母亲和她后来同住的姨妈都是虔诚的天主教徒，艾达自己也是。

艾达形容这位姨妈也非常严格。在"胡桃屋"的某次访谈中，姨妈向我们解释说，她有意识地向艾达灌输高标准，并且一直以艾达为荣。虽然她没有因为未婚先孕而惩罚艾达，但她不希望艾达怀孕后还跟她住在一起，因为这将意味着她无法以原先的标准来管教自己的两个孩子。如果我们把姨妈的态度看作艾达成长的家庭系统的代表，我们就可以形象地表达出艾达心理模式背后的成人准则：①这些成年人试图向她灌输"高标准"；②他们为她遵守这些标准感到骄傲；③他们威胁她，如果不遵守这些标准，就会排斥她。

在艾达身上找不到明显的受母亲排斥的感觉。她觉得在青春期前，自己和母亲虽然不亲近，但一直相处得很好。很明显，从童年起，艾达就很好地接受并遵从了母亲的"高标准"，适应了她所处的环境，她从未给过母亲公然排斥她的理由。在"胡桃屋"期间，艾达一直无法将怀孕的事告诉弟弟，因为她确信弟弟会排斥她。她犹豫了好几个月才写信给母亲，告知母亲自己怀孕的事。当母亲最终得知这件事后，她显然接受了艾达，并打算和她一起抚养孩子。

艾达的焦虑程度为较高。她受排斥的程度因人而异：姨妈对她的排斥程度为较高；她觉得弟弟对她的排斥程度为高；在她与母亲的关系中，由于她以前完全遵从母亲的意愿，我们很难评估她受排斥的程度，但有迹象表明，艾达相当害怕被母亲排斥。因此，我们可以假定这段关系中有潜在的排斥。

但理解艾达焦虑动力的关键是，她在面对自己的"高标准"时感受到了排斥。这些标准不是与生俱来、自我选择的价值观，而是艾达母亲和家庭环境的期望的内化。因此，她当前受排斥的重要形式是自我排斥，她的自我取代了父母的权威。当艾达觉得自己没有达到这些内在期望时，就会出现一种严重的心理迷失（在罗夏墨迹测验中有过最形象的表现），主观冲突和大量焦虑也随之而来。

母亲接受了艾达怀孕的事，并不代表她不会潜在或隐蔽地排斥艾达。事实上，正如莎拉的情况一样，这些黑人女性受排斥的问题显然与"胡桃屋"里其他女性有所不同。在艾达和莎拉的案例中有许多迹象表明，未婚生子对黑人社群来说并不像对白人女性来说那样严重或不光彩。在艾达的案例中，那些受排斥的体验——例如，姨妈不希望她回来同住、她担心被弟弟排斥，以及艾达对自己的排斥——似乎并非因为她要未婚生子的事实，而是因为导致她怀孕的种种行为。在这些行为中，我们很难界定哪些是不被认可的，因为被违反的仅仅是形式上的"标准"，而没有具体的内容。在我看来，艾达面对的排斥以及她焦虑背后的心理迷失，其根源在于这一事实：除了遵从她母亲或母亲代理人的期望之外，艾达还遵从了其他的权威和期望（如男友的期望和她自己的性冲动）。艾达对发生性关系或怀孕本身没有表现出任何罪疚感，这便暗示了上述观点的正确性。她的焦虑似乎直接源自一种心理上的迷失，而反过来，这种迷失又源自她没有遵从母亲的期望。

我们之前就已经指出，神经质焦虑背后的冲突，可以说是一个人的期望和现实之间的落差，最初与父母的态度有关。就艾达的情况来看，她的焦虑背后显然存在落差，但形式却有所不同，那是她对自己的内在期望和现实情境之间的落差。[1]艾达的焦虑并不是因为性关系或怀孕本身而产生的罪疚感，是直接源于她所经历的心理迷失，因为她遵从了母亲以外的权威和期望。

有人可能会假设，如果艾达遵从了母亲的期望，即使是内化的期望，她就可以免于焦虑了。但这种免于焦虑的方式是无效的，这在艾达的案例中得到了充分证明。若要在此基础上摆脱焦虑，她就永远不能随心所欲地做自己，也不能顺从母亲以外的任何人；但由于她与其他人的相处方式都是顺从，她的心理模式必然会不断遭到破坏。这个案例说明了一个人的困境：他摆脱焦虑依赖于服从某种权威，但这种权威并非植根于他的自主性。

比较莎拉和艾达两人的情况，便能说明上述神经质焦虑的动力机制。对这两位黑人女性来说，未婚先孕的事实并没有像对白人女性来说那样令人焦虑。她们两人都表现出顺从性：在莎拉身上，顺从是一种有意识的调适，尤其是在种族问题上，但每当她觉得顺从会威胁到她的独立时，她就会以有意识的反抗来保护自主性和自我感受；对艾达来说，顺从既是有意识的，也是无意识的，她的自我感受和自我接纳取决于她有多遵从别人（通常是母亲）的期望。莎拉很少或根本没

---

1 我假定艾达的内在期望和她母亲的权威性规则与标准是一样的。

有被父母排斥的感觉；而艾达有一种强烈的被排斥感，这是她面对内化的标准而产生的自我排斥。莎拉几乎没有主观冲突和焦虑；而艾达的内在期望和现实情境之间有着强烈的主观冲突，从而导致了明显的心理迷失和较高程度的焦虑。

艾琳：焦虑、过度谨慎和害羞

艾琳现年19岁，从小被一对年长的中产阶级夫妇收养。他们一直住在乡下，由于没有兄弟姐妹，艾琳在高中以前一直比较孤单。让艾琳怀孕的是她的未婚夫，他们从高中起便开始交往。艾琳说，她的养父母没有公开反对他们订婚，但也没有同意，因为未婚夫的父母是卖酒的。她和未婚夫发生过几次性关系，是在她高中毕业后计划结婚前。

艾琳的罗夏墨迹测验显示，她的主要特征是极度尽责、与人接触会有明显的害羞和退缩倾向、过度的控制、单调的兴趣（可能与她儿时的孤独有关），同时具有相当高的原创性。[1]在测验中，她会有很长时间的停顿，认真地研究卡

---

1 整体反应为23：3 *M*，6 *FM*，5 *F*，6 *Fc*，3 *FC*；*A*% 70；常规反应6，原创性反应6；*W*% 39，*D*% 61；平均反应时间为2分17秒；最后三张卡片的反应百分比为48。基于罗夏墨迹测验的智力评估为：潜能125，效能110。

片，好像在默默地思考并过滤一些反应，这是由于她在自我表达上有文化障碍，但也证明了她的强迫性尽责。这种追求完美的强迫性会消耗大量的精力，反而明显地抑制了她的生产性。

虽然她很容易接受内在刺激，但在人际关系方面，她对情绪刺激的反应表现得异常谨慎。她的害羞、退缩和谨慎，可以部分理解为表达和反应上的文化障碍——她自己把这些特征与"我只是个乡下女孩"联系起来。但在更深的层次上，这种谨慎是为了避免因情绪卷入而产生焦虑，这种焦虑主要表现在她的过度尽责上。她仿佛觉得，除非努力追求完美，达到某种很高的标准，否则就无法与人交往。然而，当她能够突破害羞和谨慎，并对罗夏墨迹测验中不相干的刺激做出反应时，她的焦虑和过度尽责便都减少了。这意味着她的过度尽责是对焦虑情境的一种防御。她在罗夏墨迹测验中的焦虑评分是：深度为4.5，广度为2，应对程度为2。与其他未婚妈妈相比，她的焦虑程度属于较高的类别。

她在童年和当前焦虑量表上得分均为低，但正如罗夏墨迹测验所示，这无疑是由于她在表达上的障碍。在童年焦虑量表中，对工作成败的焦虑明显占主导地位，其次是恐慌性不安；在当前焦虑量表中，焦虑的主要领域也是工作成败，其次是家人对她的看法。

很明显，艾琳的强迫性尽责是她一直以来的性格特征。

她告诉我们，在她的不懈努力下，她以优异的成绩从高中毕业，然后经历了短暂的"精神崩溃"。另一个例子是，她说自己一直很谨慎，不跟比自己"社会地位低"的人交朋友。在访谈中，她也表现出了谨慎和强烈的取悦倾向，但这种行为似乎不是为了获得我的认可，而是为了达到她自己的某些行为标准。

她的养父母在宗教和道德上都非常保守，从来不跳舞、抽烟或看电影。然而，他们允许她在这些方面享有自由。艾琳加入了一个更自由的教会，还参加了上述娱乐活动，并没有和养父母发生明显的冲突，但正如我们下面将看到的，他们之间可能有大量的隐性冲突。她形容养母总是"忧心忡忡"。在"胡桃屋"的一次访谈中，养母称艾琳是"妈妈的小女孩"，她自己和艾琳都承认，他们一直试图过度保护和"溺爱"女儿。养父母对她的怀孕既伤心又惊讶，但他们还是接受了这件事，并全力配合艾琳的计划。然而，他们的态度还是大人照顾孩子的态度。

她的家庭背景的特点是明显的情绪真空：养父母对争吵有所顾忌，无论是彼此之间还是与艾琳之间。他们从来没有打过她，但在她小时候犯错时，他们会跟她讲道理，让她安静地坐在椅子上反省。艾琳说："在这个时候，我快要爆炸了。"我们可以合理地推断，由于缺乏情感上的互相迁就，孩子没有任何情绪出口，再加上养父母恪守严格的标准，为艾琳大量罪疚感的发展奠定了基础。这些罪疚感可能是艾琳过度尽责的一个重要动机。她说自己小时候一直很孤独，接着又为自己的说法道歉，她声称自己与两条宠物狗很亲近，比她与养父母之间更亲近。她从来没有觉得自己和养母之间有过相互理解，也从来没有与养母亲密地交谈过。

她与养父母不认可的对象订婚并发生性关系，似乎是因为她对养父母（尤其是养母）压抑的敌意，以及她想要弥补家庭关系中缺乏的温暖和理解。在后来的访谈中，艾琳对养母表达出相当大的敌意和怨恨，主要是针对养母溺爱她却对她缺乏理解和信任。

艾琳能够建设性地利用"胡桃屋"的治疗机会。几个月后的随访显示，她在大学里适应得很好，并对生活充满热情。

虽然艾琳没有遭受身体上的排斥（如体罚），但有确凿的证据表明，她经历了大量情绪上的排斥和长久的孤独；因此，我们认为她受养父母排斥的程度为较高。根据她明显的焦虑症状——过度尽责、退缩、谨慎和害羞——她的整体焦虑程度也为较高。

虽然在表面上，这些行为特征与她孤独的经历有关，但在更深的层次上，她的退缩、尽责和谨慎，似乎代表着她在努力适应家庭关系中的焦虑情境。她的退缩和害羞似乎是为了保护自己不受家庭情感冷漠的影响，而她的过度尽责则是为了努力适应这样一个事实：除非达到养父母的严格标准，否则她是不会被接受的。家庭内的情绪真空和不真实感，同样为艾琳焦虑背后的主观冲突提供了土壤。养父母不仅明显地压抑了他们自己的攻击性，而且不给她任何机会来反抗他们（例如，跟她"讲道理"、让她坐在椅子上反省，这相当于以某种权威来压制她的怨恨和敌意）。我在前面已经指出，尽管养父母表面上允许她自由选择，但有证据表明，在做出这些选择的过程中，以及在她压抑敌意的状态下，艾琳有相当大的罪疚感。从某个角度来看，她的强迫性尽责可以说是由这种罪疚感引起的。

顺便说一句，我们可以观察到，艾琳心理的主观冲突和罪疚感更为强烈，因为她从未被允许对养父母产生有意识的敌意。与遭受父母惩罚的路易丝和贝茜相比，艾琳找不到一个客体来发泄她的罪疚感。

第十章　案例研究拾遗

无意识中非理性因素的威胁，解释了为什么人们害怕感知自己。因为谁也不知道，幕后可能有什么东西，所以人们对意识之外的因素，"虽信其有，但小心审视"。

——荣格

在前两章的案例研究中，我们探究了哪些关键问题？我们从中又能得到什么来帮助我们理解焦虑呢？

潜藏在恐惧下的焦虑

在第八章的案例中，布朗对自己罹患癌症的恐惧，被他说成是一种"现实的"和"理性的"恐惧。他否认这种恐惧和任何潜在焦虑有关。但我们注意到，这种对癌症的恐惧通常是他焦虑发作的前兆。此外，只要癌症恐惧仍然是他关注的焦点，有意识的焦虑就不会出现；但当焦虑的梦和有意识的焦虑出现时（经常在几天后出现），他对癌症的恐惧也就消失了。因此，我们不可避免地得出结论：对癌症的恐惧既是焦虑发作的最初征兆，也是一种以理性和现实的威胁来掩盖潜在焦虑的手段。

正如我们所说，对癌症的恐惧是焦虑的最初迹象，而这种焦虑通常与布朗神经质焦虑背后的某些冲突有关，也就是他与母亲之间的冲突。如果他能一直盯着自己的癌症恐惧（或者假设他真的得了癌症），他潜在的冲突与焦虑便会被消除。因为这样他就可以继续待在医院，受到照顾而不会感到内疚，同时他还可以报复母亲，因为母亲不得不去养活他。因此，尽管癌症恐惧与母子冲突在内容上千差万别，但我认为前者（神经质恐惧）和后者（潜在的神经质焦虑）之间，存在某种逻辑上和主观上一致的关系。从象征意义上说，这个母子问题不就是布朗的"癌症"吗？

在海伦的案例中，我们假定她对分娩的恐惧是她潜在焦虑的客观化，而这种焦虑源于一种被压抑的罪疚感，跟她的未婚先孕有关。我认为，这是有事实依据的。只要她的不安可以与分娩时可能出现的痛苦联系起来——这在海伦看来是"合理的"恐惧，她就不用面对潜在罪疚感这个更难的问题。即使承认了这些罪疚感，她整个的心理保护机制也会受到威胁，并且她也会陷入更深的冲突中。

这些案例表明，恐惧是潜在焦虑的具体化和客观化。神经质恐惧由于其背后的神经质焦虑而变得夸张。我们还需要注意的是：①特定的神经质恐惧的内容并不是主体偶然或无意选取的，而是与主体的潜在冲突和神经质焦虑有着一致性和主观上的逻辑关系；②神经质恐惧的作用之一是掩盖焦虑背后的冲突。

在未婚妈妈的案例研究开始时，我便提出：神经质恐惧会随着个体面临的实际问题和困难而变化，但神经质焦虑会相对保持不变。如前所述，第二次罗夏墨迹测验和产后焦虑量表测试的目的之一，就是确定患者的焦虑在婴儿出生后是否发生了变化。但这一假设的数据支撑比较有限。对于海伦、阿格尼丝、夏洛特、弗朗西丝、多洛雷丝这些案例，在她们分娩后，我们进行了后续研究和第二次罗夏墨迹测验，结果表明：①神经质焦虑略有下降；②特定的焦虑模式没有变化。但也有证据表明，某些被试的焦虑有轻微变化。例如，海伦的分娩焦虑基本上消失了，而她对异性关系的焦虑却略有增加。弗朗西丝对异性关系的焦虑也有所变化，从僵化的防御状态（收缩）转变为更愿意接受这些关系的可能性，但伴随着更明显的焦虑迹象。只是在这个研究中，支持这一假设的相关数据较少。

布朗的案例说明了为什么在对未婚妈妈的研究中，我们无法获取更多关于神经质焦虑发生变化的数据（除无法研究大量的产后妇女之外）。在对这个案例长达两年半的研究中，我们发现，焦虑源的变化是非常明显的，可以清楚地证明上述假设。然而，我们注意到一个有趣的现象：在布朗严重的焦虑发作后，通常会出现一至几周的缓和期，尽管在这期间，他的潜在冲突并没有比焦虑发作时更接近彻底解决。

在经历严重的焦虑之后，尽管潜在冲突并没有得到彻底改善，但会有一段缓和期，这一现象显然提出了一个令人困惑的问题。有一种解释是，焦虑中夹杂着罪疚感。根据我的观察，神经质焦虑背后的内心冲突通常涉及大量的罪疚感，这些罪疚感非常细微但无处不在。在布朗的案例中，当他的焦虑情境是自己的成就时，他会对母亲感到愧疚；当他的焦虑情境是自己的依赖性时，他便对自己感到内疚。现在，如果一个人承受了这种痛苦的焦虑，他的罪疚感也许会暂时减轻，而由罪疚感引发的焦虑也会暂时得到缓解。就好像这个人在说："我已经付出了代价，现在我得到了一丝安宁。"

过了这段缓和期，神经质焦虑又会重新出现，通常会围绕着新的焦虑源。所以，也许是因为我们对这群未婚妈妈的研究周期太短，所以才未能发现新的焦虑。例如，当她们重新投入职场或交了新的男朋友时，就可能会出现新的焦虑源。我们可以得出结论：目前的研究数据倾向于支持这一假设，即神经质恐惧的焦点会发生转移，而潜在的神经质焦虑模式没有变化。不过，由于这些数据还不够充分，我们无法完全证实这一点。

这些案例表明，焦虑与敌意（隐性或显性）是同起同落的。当患者（如布朗和阿格尼丝）的焦虑相对严重时，他们会表现出更多隐性或显性的敌意；而当焦虑减轻时，敌意也随之减轻。

我们观察到，这种互动关系的一个原因是，焦虑所带来的强烈痛苦与无助，会激起个体对他人的敌意，他会认为正是这些人使他陷入这种状态的。此外，这种互动关系背后的另一个原因是，敌意（尤其是被压抑的敌意）会导致焦虑。如果布朗将他对母亲压抑的敌意表达出来，就会与他所依赖的对象变得疏远，因此这种敌意的存在会产生更多的焦虑。当患有神经质焦虑的人产生敌意时，这种敌意通常会受到压抑，并可能会采取一种更加努力取悦和安抚他人的反应形式。这一点在南希身上表现得淋漓尽致，她是这项研究中焦虑程度最高的女性，她非常细致地培养自己的性格，以取悦和安抚他人。

然而，在阿格尼丝的案例中（她的性格结构是施虐—受虐狂），敌意和攻击是用来防御焦虑情境的重要手段。她试图以敌意和攻击行为来迫使男朋友不要抛弃她，这样她才不会更加焦虑。

冲突：焦虑的源头

在上述案例中，只要出现神经质焦虑，便会发现主观冲突。[1]从表面上看，两者似乎有一种显而易见的关系。在没有明显神经质焦虑的案例中，比如在贝茜、路易丝、莎拉、菲莉丝、夏洛特的例子中，便没有任何形式的主观冲突。但更有趣的问题是："冲突究竟与什么相关？"

冲突的形式依据个人情况而定，这里仅举三个例子来说明。布朗的主观冲突在于：一方面他需要获得一定的自主

---

1 这些案例有布朗、海伦、南希、艾达、阿格尼丝、海丝特、弗朗西丝和艾琳，最夸张的是多洛雷丝。

性，并行使自己的力量；但另一方面他深信，如果他真的动用了自己的力量，他就会被母亲杀死。因此，他的行为表现为对母亲（或母亲代理人）的极大依赖，同时又对她怀有敌意。每当这种冲突被激活时，深刻而广泛的自卑感、无助感以及伴随而来的焦虑便会出现，行动能力也会随之瘫痪。对海伦来说，她的冲突一方面是因为罪疚感，另一方面是因为想表现出"超道德"和智力上的成熟（她的自尊有赖于此）。南希的冲突则在于，她需要完全依赖他人来获得安全感，但同时她又觉得任何人都不可靠。

对这三个人来说，他们内心的冲突便是引发焦虑的情境。我们看到，布朗既想依赖母亲，又想有所成就；海伦因未婚先孕而产生罪疚感；而南希与未婚夫的关系不理想。在这些案例中，内在冲突总是伴随着明显的焦虑，而正是因为冲突被激活了，才会出现神经质焦虑。

此外，个人预期的威胁与冲突之间的关系，也是个问题。一般认为，无论是正常的还是神经质焦虑，总是夹杂着某些预期的威胁，这一说法与我们的研究并不矛盾。在正常的焦虑与恐惧中，对威胁的描述相当全面地说明了不安的存在。对死亡的焦虑便是一个例子。我们曾经区分过焦虑与恐惧：当威胁的是核心价值时，呈现的反应是焦虑；当威胁的是边缘价值时，呈现的反应是恐惧。

但在神经质焦虑中，有两个条件是必要的：①威胁必须是针对某种至关重要的价值；②这个威胁必须与另一个威胁同时出现，这样个体就不得不选择其一。在神经质焦虑的模式中，对个体存在至关重要的几种价值是相互矛盾的。如果布朗动用了自己的力量，他就会遭受死亡的威胁；但如果他继续依赖母亲，代价便是持续的无价值感和彻底的无助，这种威胁几乎和被杀死一样严重。再比如，南希所面临的威胁，要么是被她认为不可靠的人（母亲和未婚夫）拒绝，要么是因为没有这些人的照顾而无法生存。神经质焦虑中"受困"的本质是，个体无论面向哪个方向，都会受到威胁。因此，研究神经质焦虑患者所预期的威胁的性质揭示了这样一个事实：威胁存在于冲突的双方中。

上述案例还提出并阐明了一个必然的推论，即神经质焦虑的情境（occasion）和成因是有区别的（这里"情境"一词是指引发焦虑的事件）。据观察，布朗的神经质焦虑经常发作于那些他能够处理也确实处理得当的情境之中，比如完成他的学术任务。因此，我们不能把类似这样的焦虑情境等同于患者的焦虑成因。我们还记得，布朗的焦虑越严重，他就越坚持焦虑与当时的情境无关，并说自己"害怕一切""害怕生活"。虽然经布朗的回忆证明，引发焦虑的特定情境与其焦虑有着心理上的一致性，但他坚称情境和成因不同也有一定的道理。在神经质焦虑中，情境的重要性在于，它引发了潜在冲突，而焦虑的成因便是这个冲突。正如布朗身上所呈现的那样，无论这些情境在客观上看起来多么重要，它们在主观上总是与个体的特定内在冲突有着逻辑上的关系。也就是说，这些情境对个体的焦虑意义重大，因为正是它们而不是其他情境，引发了个体特定的神经质冲突。

在我看来，可以做出这样的假设：焦虑体验越接近正常，焦虑情境（引发焦虑的事件）和成因就越一致；而焦虑越是神经质的，焦虑情境和成因就越不同。例如，在潜艇出没的海域，船上的乘客担心乘坐的船被鱼雷击中。这样的焦虑便是现实的，与实际情况相符，而当时的情境——被鱼雷击中的威胁——也相对充分地解释了乘客的焦虑。但另一个极端是，严重的神经质焦虑患者可能会因为熟人无心的一句话、街上没人打招呼或一段短暂的记忆，而陷入焦虑状态。因此，焦虑越神经质，就越难以用客观情境来解释，我们就越要了解个体是如何解释情境的，从而找到充分的焦虑成因。这类焦虑通常与情境并不相称。它虽然与情境不相称，但它与成因——因情境所激活的内在冲突——却是极为相称的。在我处理过的最严重的焦虑病例中（比如边缘性精神病患者），从客观上说，他的焦虑情境完全不足以解释他为何如此焦虑，他的焦虑成因几乎全部是主观的。

以上我所谈的主要是神经质焦虑及其背后的冲突。然而，我们难道不是到了不能区分正常焦虑和神经质焦虑的地步了吗？我们每个人不是都或多或少地有这些冲突吗？难道所有的冲突不是在某个时刻都会变成不可调和的矛盾吗？总而言之，一切焦虑都来自冲突，其根源是存在与非存在之间的冲突，是个体的存在与威胁其存在的事物之间的冲突。我们所有人，无论是"正常的"还是"神经质的"，都会体验到期望与现实之间的落差。因此，这种区分已经不再重要，我认为必须把所有的焦虑都视为人类境况的一部分，最好不要贴上特殊的标签。

父母的排斥与焦虑

　　本节要探讨的问题以13位未婚妈妈的研究为基础。在这些访谈中，我们特别探究了她们被父母（尤其是母亲）排斥的程度与其神经质焦虑程度之间的关系。根据访谈结果，我们绘制的焦虑—排斥对照表呈现出以下两种现象：①对大多数女性来说，排斥与焦虑之间存在明显的对应关系；②对某几位女性来说，两者之间没有任何对应关系。

　　有9个案例——南希、阿格尼丝、海伦、海丝特、弗朗西丝、艾琳、艾达、菲莉丝、莎拉，她们的焦虑程度与受排斥程度基本一致。在这一组中，患者只要有被父母排斥的迹象，就会出现程度相当的神经质焦虑。这些案例的指标与传统的假设一致：父母（尤其是母亲）的排斥容易使个体患上神经质焦虑。但在路易丝和贝茜这两个案例中，却呈现出截然不同的画面。这两位年轻女性遭受了父母强烈且普遍的排斥，但她们没有相应程度的焦虑。多洛雷丝也属于这一组，尽管她受到的排斥并没有另外两位那样严重和难以释怀。

焦虑程度	
南希 阿格尼丝	高
海伦 海丝特 弗朗西丝 艾琳 艾达	较高
多洛雷丝 贝茜	较低
路易丝 菲莉丝 莎拉	低

受排斥程度	
南希 阿格尼丝 贝茜 路易丝	高
海伦 海丝特 弗朗西丝 艾琳 艾达 多洛雷丝	较高
菲莉丝 莎拉	低

要想解决这个困惑却又迷人的问题，关键在于探究被排斥的心理意义。因此，我们先参照那些因排斥而焦虑的女孩，再来看那些受排斥而不焦虑的案例，然后提出以下问

题：她们在主观上是如何看待被排斥的？她们对生活的期望与现实之间是什么关系？

那些符合传统假设的被试，其主要特征是，她们对父母抱有太多的期望，并总是据此来解释为何自己受排斥。她们对待父母的态度，呈现出我所说的期望与现实之间的矛盾。她们永远无法客观、现实地看待并接受排斥这件事。例如，南希前一秒还在说她的母亲如何狠心地将她独自丢在家里，指责她"更关心去酒吧，而不是她的孩子"，但下一秒又说，"她本可以做一个好妈妈"。此外，南希需要不断地暗示自己，母亲在她小时候曾对她很"好"，即便客观迹象表明，她母亲对孩子一直是不稳定和不负责任的。在南希身上所呈现的特点，同样适用于其他案例，即理想化的期望与受排斥的感觉是相互强化的。对南希（或其他未婚妈妈）来说，理想化的特定作用便是掩盖受排斥的事实，但在理想化期望的衬托下，受排斥的感觉只会令人更加痛苦。

我们在其他年轻的未婚妈妈身上，也看到了期望与现实之间的矛盾。海伦提到母亲对她"不忠"，暗示她希望母亲本可以不这样，或者应该有所不同。弗朗西丝将她的父母理想化，描述他们既"完美"又"甜蜜"，她将这个理想披上"童话"的外衣，并努力压抑自己对父母的强烈敌意，以及作为一个领养小孩的孤独。此外，这些年轻的未婚妈妈对自己与父母的关系呈现出所谓的怀旧之情，她们沉迷于想象：

如果父母不是这样，事情"可能会是"什么样子。这份怀旧之情似乎既是对父母理想化期望的一部分，也是逃避与父母现实关系的一种方式。海丝特所表达的怀旧之情略有不同："如果我父亲没死，我就不会陷入这些困境了。"

更有甚者，这些未婚妈妈期许自己能够改变父母，纵使这完全是异想天开。海丝特不断地做出叛逆的举动，以此吸引母亲的注意。虽然阿格尼丝知道父亲过去从未真正关心过她，也知道期望父亲现在改变是不现实的，但她还是忍不住去看望他，心中隐隐地期盼他会有所不同。这些未婚妈妈与父母之间古老的战争似乎仍在持续上演。

总而言之，在这些符合传统假设——受排斥与焦虑明显相伴随——的案例中，我们发现了某种特定的现象：受排斥这件事从未被客观地看待并接受，而是与对父母的理想化期望同时存在。这些年轻的女孩无法现实地评价父母，而总是把实际情况与自己想象中的父母形象混为一谈。[1]

我们现在要问，这种主观冲突的根源是什么？例如，我们看到，南希焦虑背后的冲突是：一方面她需要完全地依赖未婚夫的爱，另一方面又始终怀疑他的爱是否可靠。这和

---

1 虽然布朗的案例并没有出现在这一节的问题研究中，但值得注意的是，他同样无法意识到他母亲的控制狂性质，反而把她的控制解读为"爱"的举动。其中涉及的冲突可以从他的梦中清楚地看到，他在深层的梦境里，实际上已察觉到她的专横与暴虐倾向。

她早年与母亲之间的冲突是一样的。我们还看到，弗朗西丝在对待男友的态度上，一方面满怀憧憬，另一方面又压抑着敌意，就像她以往与父母的相处方式一样。这里就不再一一举例了，我们可以发现，她们在日后的过度焦虑中出现的冲突，基本上就是她们与父母之间一直存在的一般性冲突。[1]

在这些案例中，与父母最初的冲突被内摄、内化（成为主观冲突），从而导致了未婚妈妈内心的创伤，使她们在对待自己和他人的态度上出现根本的心理迷失。这不仅是她们对父母持续怨恨的根源，也是她们习惯性自我谴责的根源。或许可以说，这些未婚妈妈与父母之间的原始冲突，在她们日后的极度焦虑中被重新激活了。更准确而全面地说，与父母有关的原始冲突决定了个体在人际关系方面的性格结构，而个体则以这种性格结构为基础面对未来世界。例如，个体如果分不清自己与父母间的现实关系和假想关系，那么很显然也无法现实地评估自己未来与他人的关系。因此，她会经常性地陷入主观冲突以及随之而来的焦虑中。

在那些受排斥但神经质焦虑并不明显的未婚妈妈身上，

---

1 这是假设父母的排斥（通常发生于童年期）与个体当前的神经质焦虑倾向之间存在因果关系。这种假设背后的先验推论连同临床数据一起，在前几章讨论沙利文、霍妮、弗洛姆的观点时已经给出。事实上，自弗洛伊德以来，几乎所有的精神分析学者都支持此观点。上述的所有推论都是以个体性格结构的连续性为前提的。

也就是在贝茜、路易丝以及大致符合条件的多洛雷丝身上，我们看到了一种截然相反的情况。在对自己被排斥这件事上，这组女性的反应和前一组之间的差异，从多洛雷丝露出的惊讶之情便可看出，她很诧异心理学家会问她：是否遗憾小时候父亲不陪她一起玩？这个问题对前一组任何一位女性来说，都是合情合理的，而且大多数女性都会把这个问题当作跳板，借机发泄对父母的不满。然而，对多洛雷丝来说，她显然从未想过这个问题。这组未婚妈妈对父母没有理想化的期望，她们实事求是地评价父母。路易丝和贝茜都接受了她们的母亲就是那种爱打人、讨人厌的人。她们俩早就不抱任何期许，不会幻想母亲曾在某个时刻是"好的"，或者在某天会突然变"好"。路易丝和贝茜将被排斥这件事当作客观事实来接受，路易丝客观地称其为"运气不好"，贝茜则转而从父母之外的人那里获得爱。她们都不允许自己的行为被父母的排斥所影响。尽管贝茜在童年时遭到父亲的强烈排斥，但她还是与其他兄弟姐妹们一起玩耍；路易丝则从小就拒绝对没有爱的母亲虚伪地表达爱意。

在第二组未婚妈妈中，她们与父母的关系没有期望与现实之间的落差和冲突。这些女性对自己与父母或他人之间的冲突是有意识的，并且这一冲突是有客观依据的。她们能摆脱神经质焦虑的关键在于，她们不会把受排斥的经验内化，受排斥不会成为她们主观冲突的根源。因此，也不会使她们在评价自我或他人时产生心理上的迷失。

期望与现实之间的落差

虽然本研究支持以下假设，即神经质焦虑背后的冲突源于个体与父母的关系，但它并不支持受排斥本身会导致神经质焦虑的说法。相反，神经质焦虑倾向的根源在于，孩子与父母之间某种特定的关系，在这种关系中，孩子不能现实地评估父母的态度，也无法客观地接受被排斥的事实。用沙利文的话说，神经质焦虑不是因为孩子有一个"坏"妈妈，而是因为孩子永远不知道妈妈是"好"还是"坏"。[1]

如果观察父母对孩子的行为，便会发现神经质焦虑背后潜藏的冲突，正是由于爱和关怀的假象下所掩盖的排斥。在路易丝和贝茜的案例中，尽管父母对孩子严厉而残忍，但

---

1 有趣的是，1950年的这一洞见已经预见了贝特森在20世纪50年代中后期提出的双重束缚（double bind）理论。在那时，我就和贝特森讨论过这个问题。他将该情形比作达尔文和华莱士（Wallace）的故事——达尔文（贝特森）看到了新观念可被运用的广泛性，但是华莱士（我）则没有看出来。我当时确实没有意识到这个概念有被普遍运用的可能。事实上，当时的许多开创性思想都还处于"悬而未决"中，作为那个时代"集体无意识"的表达。这些观念或多或少出现在许多不同的思想家身上。我想，"天才"或许就是那些能够知道自己所钓到的鱼有多珍贵的人。

他们至少没有试图掩饰自己的恨意。当代精神分析学家梅利塔·施米德贝格（Melitta Schmideberg）曾经问道：当代父母在对待孩子一事上，明显比维多利亚时代严厉的父母更宽容，但为什么他们的孩子会比那时的孩子更加焦虑？她觉得原因在于，当代父母不允许孩子害怕他们，所以，孩子必须将恐惧和敌意转移到其他地方，并承受随之而来的焦虑。她补充道，如果父母无法克制自己打骂孩子的冲动，至少应该给孩子害怕他们的权利。[1]

施米德贝格医生强调让孩子现实地评估亲子关系，我们不需要探究不同时期焦虑的历史问题，或者其中复杂的因素，也能看出它是有道理的。就像路易丝和贝茜，她们坦然接受了这种明面上的排斥，而且我们看到，贝茜能够在别处寻找爱和肯定。因此，当路易丝和贝茜在童年之后被母亲排斥时，她们重要的基本价值并没有受到威胁，毕竟她们也不曾对父母有什么期望。正如路易丝所说："小时候不懂忧愁，只是逆来顺受，也没觉得受苦。"她想传达的是，如果你能像她那样，坦然地接受母亲的态度，你就不会遭受根本上的打击，也就是最基本的价值不会受到威胁。但是，对那些有主观冲突的未婚妈妈而言，这种排斥往往被理想化的期

---

1 梅利塔·施米德贝格：《焦虑状态》（*Anxiety States*），载于《精神分析评论》（1940，27：4），第439—449页。

望所掩盖（可能在孩子很小时，父母便开始了伪装），因此孩子永远无法如实地接受它。[1]

根据这些观察，我们可以大致区分出三种类型的亲子关系。第一种是母亲排斥孩子，但这种排斥是公开的，并且双方都承认了。第二种是母亲排斥孩子，但这种排斥掩藏在爱的伪装之下。第三种是母亲爱孩子，并基于爱的态度对待孩子。本研究的数据证实了第二种关系容易导致神经质焦虑。[2]

我们在此讨论的问题意义非凡，因此我希望引用安娜·哈托奇·沙赫特（Anna Hartoch Schachtel）在儿童研究中某些极为相似的发现。在沙赫特的描述中，某位母亲既排斥自己的孩子，又假装还爱着她，就连孩子在表达对祖母的爱时，她也会忍不住冒出强烈的占有欲和嫉妒心。沙赫特说："这个孩子生活在一种虚构的情境里，她不得不逃避自己不被爱的事实，她生活在一厢情愿的期许中，所有的兴趣、恐

---

1 参见卡迪纳在第七章中的观点，在西方人的心理成长模式中，正是父母在管教孩子时的不一致，为神经质焦虑的发展奠定了基础。
2 如果孩子被彻底排斥，也就是孩子在婴儿期与父母或父母代理人之间，不仅没有爱，而且连敌意都没有的话，那孩子便会出现心理变态。这种人格类型的特征还包括不会患有神经质焦虑。读者可能还记得，我们已经在路易丝与贝茜身上排除了这种可能性。有关这一点的精彩讨论，请参见劳蕾塔·本德在1945年6月4日发表于美国精神病理学协会研讨会上的文章——《失常儿童的焦虑》（*Anxiety in Disturbed Children*）。这篇文章收录于由霍克与祖宾汇编而成的《焦虑》一书。

惧、期盼和愿望都建立在这个摇摇欲坠的基础上。"这个孩子和我们刚才描述的第一组未婚妈妈十分相似。沙赫特还描述了另一个没有父亲的孩子，她在家里经常挨打，还被说惹人厌烦。"对她来说，她不被爱是个事实，但这丝毫不会削弱她爱的能力。"她是一个独立、坚强、可靠、有进取心且善于合作的孩子，她"不会无视或美化发生在自己身上的不幸与敌意"。我觉得这孩子很像贝茜。贝茜的遭遇也是如此，不管她的父母多么排斥她，她还是从朋友和兄弟姐妹身上找到了爱。沙赫特指出："对孩子来说，不被爱要好过虚假的爱。"就当前的研究结果来看，虚假的爱确实更容易引发焦虑。[1]

一般而言，焦虑能否用我们在这些未婚妈妈与其父母的关系中发现的东西来描述呢？换句话说，焦虑能否被描述为因期望与现实之间的基本矛盾所引发的主观迷失？这是一种根本上的迷失，使人无法让自己与世界建立联系，无法看清世界的本来面目吗？

这些问题超出了当前的讨论范围。但我认为它们是别有深意的假设，在心理学和哲学上兼具研究前景。唐纳德·麦金农对焦虑的描述，除了其拓扑学特征（这点值得商榷）

---

1 这些研究结果来自沙赫特的一篇未发表的论文《童年之爱的条件》（*Some Conditions of Love in Childhood*），1943年3月。

外，与上述假设类似：

> 被焦虑困扰的人……既把事情看得更好，也把事情看得更糟……他凭着自己的希望，把现实层面的结构做正向虚构的扭曲；同时凭着自己的恐惧，把它做负向虚构的扭曲……这意味着个体的心理基础已经摇摇欲坠，因为他生活空间的现实层面缺乏清晰的认知结构，它同时具有可能成功和可能失败的相互冲突的意义。[1]

神经质焦虑和中产阶级

最后一个问题来自以下事实：第一组患有神经质焦虑的未婚妈妈，都来自中产阶级家庭；而第二组那些被排斥但没有神经质焦虑的未婚妈妈，都来自无产阶级家庭。事实上，研究中的四个无产者——贝茜、路易丝、莎拉和多洛雷丝——都没有表现出明显的神经质焦虑。此外，沙赫特医生所描述的那个接纳自己被排斥的孩子，也出生于无产阶级

---

1 唐纳德·麦金农（Donald MacKinnon）：《焦虑的专题分析》（*A Topical Analysis of Anxiety*），载于《个性与人格》（*Character & Personality*，1944，12：3），第163—176页。

家庭。

这就提出了一个重要的问题：神经质焦虑倾向背后所潜藏的期望与现实之间的矛盾，是否西方中产阶级的专属特征？神经质焦虑是否主要是一种中产阶级现象？关于受排斥与神经质焦虑倾向的传统假设主要基于临床工作，而其研究对象几乎都来自中上层阶级。不管是弗洛伊德的患者，还是以后私人执业的精神分析师的多数患者，都属于这一阶层。因此，也许这个假设对中产阶级是适用的，但对其他阶级来说则不然。

神经质焦虑是否西方社会中产阶级的特有现象？关于这个问题的讨论，不仅有许多先验的理由，也有一些经验的证据。现实与期望之间的鸿沟，不管是心理上的还是经济上的，在中产阶级身上都表现得尤为明显。我们在第四章曾指出，在西方文化中，个人的竞争野心是中产阶级的主要特征，它与同时代的焦虑密切相关。在我们这项研究中，无产阶级女性的竞争野心明显低于中产阶级女性。例如，莎拉就想出了个巧妙的办法，好让自己的抱负没有竞争性："既不拔尖，也不落后，做个'中不溜儿'就好。"法西斯主义作为一个时代突出的文化焦虑症状，便始于一场中下阶层的运动。极权主义这个当今时代突出的文化焦虑症状，也是从中下阶层的运动开始的。焦虑的重负落在中产阶级的头上，他们受困于其中，一方面遵守着严格的行为准则，另一方面又意识到支持这些准则的价值观已不复存在。这对社会学家和心理学家来说，无疑是一个迷人的研究主题。

第三部分

焦虑的管理

第十一章　处理焦虑的方法

只有意识到自己是人类中的一员，才能免除焦虑地度过一生。

——阿德勒

焦虑是有其作用的。它最初的作用是保护穴居人不受野兽和野蛮邻人的侵害。如今，引起焦虑的情境已经大不相同——我们害怕在竞争中失败，感觉不受欢迎、被孤立或被排斥。但焦虑的作用仍是保护我们远离危险，而危险所威胁的还是同样的事物：我们的存在或我们所认同的价值观。这种正常的生活焦虑是无法避免的，除非以冷漠或麻痹情感和想象力为代价。

焦虑之所以无处不在，说到底是因为我们人类意识到这样一个事实，即每个人都是一个面对非存在的存在者。非存在是那些会摧毁存在的东西，比如死亡、重病、人与人之间的敌意，以及破坏我们心理根基的突变。不管怎样，当一个人面临自身存在或所认同的事物遭到摧毁时，焦虑就会随之而来。

我在这里不打算列出应对这种不安的各种方法。我想要阐明的是人们在面对焦虑时发现的有价值的基本原则。

焦虑无法避免，但可以减少。焦虑管理的问题，就是如何将焦虑降低到正常水平，然后将这种正常的焦虑作为刺激，以提高一个人的意识、警惕性和生活的热情。

换句话说，焦虑是一个信号，表明一个人的人格或人际关系出了问题。焦虑可以被视作一种要求解决问题的内在呼声。当然，问题可能会千差万别。它可能是老板和员工之间的误解，或者朋友之间、爱人之间的嫌隙，这些通常可以通过真诚的沟通来解决。正如沙利文一针见血所指出的，开放性的沟通可以解决令人惊讶的大量问题。在下面的诗句中，诗人威廉·布莱克谈到了愤怒，不过这些诗句也可以用来形容焦虑：

> 我对我的敌人很生气，
>
> 我藏住了愤怒，我的愤怒兀自增长。
>
> 我对我的朋友很生气，
>
> 我说出了愤怒，我的愤怒终于止息。

或者，问题可能出在我们对自己的某些期望上，这些期望在当前的发展阶段是无法实现的。正如通常情况下，当孩子们感到忧虑不安时，只有通过他们能力的成熟来克服焦虑。但在这样的时刻，这种焦虑至少可以被体验为冒险的感觉，因为新的可能展现在年轻人面前。或者，我们必须接受问题，把它作为生命本身的一部分，如某位幽默大师曾说过："我们都遭受一种疾病的折磨，那就是死亡。"又或者，我们之所以焦虑，是因为意识到人的生命的有限性——人的智力或活力的局限、不可避免的孤独，或者人类其他方面的局限。在后面提到的几种情况下，焦虑可能表现为轻微或巨大的恐惧。这些情境的强度当然会有所不同：恐惧可能只是一种潜在的不安，也可能是对氢弹战争的担忧，或是对自己接近死亡的幻想。

在这些焦虑情境中，所谓的问题可能只是人类命运的某个方面，是我们每个人都必须面对的人类境况的一部分。加缪的散文《西西弗斯》便阐述了每个人都面临的不可避免的局限性。从这个意义上说，处理焦虑的建设性方法便是学会与之共存。借用克尔凯郭尔的话来说，焦虑是我们的"老师"，教导我们如何面对人类的宿命。帕斯卡尔对此描述得非常优美：

> 人只是一根芦苇，自然界中最脆弱的一根芦苇，但他是一根会思考的芦苇。如果要消灭他，没有必要让整个宇宙武装起来：一股蒸汽，一滴水，就足以杀死他。但是，即使宇宙摧毁了他，人也比杀死他的宇宙更高贵，因为他知道自己会死，也知道宇宙相对于他的优势；而宇宙对此却一无所知。[1]

面对这些局限，可以激发我们的艺术创作力，就像它激发原始人从燃尽的火堆里抓起一块木炭，在洞穴的墙壁上画下那些奇形怪状的野牛和驯鹿一样。诗歌、戏剧、科学以及人类文明的其他表达，在某种程度上也是我们认识到自身

---

1 帕斯卡尔：《思想录》，罗林斯编译。

局限性的产物。对生命的渴望源于我们人类对死亡的焦虑。正是这一点，使我们更迫切地需要创造，并激活了我们的想象力。

大多数人会惊讶地发现，他们的日常行为多少都带着减轻或消除焦虑的需要。杂志和电视广告所呈现的就是大众想要看到的自己和生活，那些在广告中展现自信、微笑的人，好像每天都生活得无忧无虑。或者更准确地说，正因为购买了这样或那样的产品，他们才摆脱了所有的烦恼。想要说明人们缓解焦虑的日常行为，我们并不需要借助下面这个愚蠢的例子：特意绕到街道的另一边行走，以避免遇到那些打击自己自尊的人。人们用各种微妙的方式交谈、开玩笑、争论，其实都在表明他们需要通过证明自己能控制局面来建立安全感，避免可能会产生焦虑的情境。梭罗认为，大多数人都生活在一种平静的绝望之中，西方文化所接受的减轻焦虑的方式，在很大程度上遮掩了这种绝望。

这种对焦虑的回避是许多行为的目的，这些行为通常被称为"正常的"，只有在极端的、强迫的形式下才能被称为"神经质的"。"绞刑架下的幽默"（Gallows humor）在人们焦虑的时候尤为突出，而且就像所有的幽默一样，它能让人们与威胁保持一段舒适的距离。人们通常不会直截了当地说"我们放声大笑，就可以不哭了"，但他们经常是这么想的。在军队和战场上人们随时随地开玩笑，便是幽默的作用之一，它能使战士不被焦虑所压倒。演讲者会在演讲前讲一个笑话，因为他充分意识到笑声可以缓解观众的紧张情绪，这种情绪可能会导致观众因焦虑而抵抗他试图传达的信息。

在极端情境下

一项针对美国12名士兵的压力和焦虑的研究，生动地说明了人们应对焦虑的一些方法。[1]这些士兵驻扎在一个独立营地。这些人都有过战斗的经验，也接受过爆破和无线电操作等特殊技能的训练。这个营地位于敌对方控制的领土内，目的是在当地进行训练，并阻止敌对方运送武器。

来自敌军压倒性优势的威胁始终存在，但这种威胁随着季风的到来，又大大增加了。营地收到无线电通知：某日晚上，会有一场袭击。虽然这场袭击最终没有发生，但现实的压力导致这些士兵的焦虑不断上升，直到那日后才逐渐减弱。

这些士兵应对焦虑的方法对我们很有启发。第一，他们有极大的自信，他们认为自己"几乎无所不能"。他们相信自己刀枪不入，甚至近乎永生。第二，他们全身心地投入任

---

1 伯恩、罗斯与梅森：《尿17-羟皮质类固醇水平》，载于《普通精神病学文献》，第104—110页。

务。"他们面对环境威胁的反应是投入激烈的战斗，从而迅速化解了发展中的紧张态势。"[1]第三，他们对领导者的信心当然是非常重要的。而且很明显，宗教信仰对于抵御焦虑也发挥了重要作用。让我们来看该研究报告中的一段话：

> 这个小组中有一个研究对象的宗教信仰非常虔诚，他会开着吉普车在危险的丛林中行驶好几英里，以便让一个几乎不会说英语的当地天主教神父听到他的忏悔。通过频繁地体验这种险象环生的旅程，这个人愈加坚信自己得到了神灵的庇佑，并觉得战斗中没什么可害怕的。[2]

值得注意的是，小组中的两名军官既不能使用这些防御措施，也无法像士兵一样轻松处理额外的压力。他们一直与40英里外的基地保持着密切的联系，因此更清楚接下来可能会发生什么。而且，他们也比较年轻，为了获得对部下的领导权而不惜去冒险。最重要的是，他们对部下的安全和生命负有责任。这种责任，就像父亲对孩子的责任一样，会扩大

---

1 伯恩、罗斯与梅森：《尿17-羟皮质类固醇水平》，载于《普通精神病学文献》，第138页。

2 伯恩、罗斯与梅森：《尿17-羟皮质类固醇水平》，载于《普通精神病学文献》，第137页。

他们对潜在威胁的判定范围。

总而言之，这个小组应对焦虑的方法有：保持自尊、投入任务、信任领导人，以及信仰宗教。

很明显，在这种极端情境下，人类需要抵御焦虑。这些抵御是否可以不掺杂任何幻想，比如士兵相信自己刀枪不入？人们的希望需要靠这样的幻想来支撑吗？我在此仅提出这些问题，并不想刻意去寻求答案。不过有一点很清楚，在极端的情境下，一个人如果不抵御这种恐惧，就不可能生存下去，就像一个人在其一生中必须不时地与焦虑作斗争一样。

破坏性方式

应对焦虑的消极方式五花八门：从简单的行为方式，比如过度害羞，到各种神经症和心身疾病，再到极端的精神错乱。在极其严重的冲突情境下，比如"巫毒死亡"，个体只有放弃生命才能消除焦虑。这些消极方法只能减轻或避免焦虑，却无法解决焦虑背后的冲突。换句话说，这是逃避危险情境而不是解决它。

当任何活动变成强迫性的时，也就是说，当一个人觉得自己被迫去做某件事，因为它会习惯性地缓解他的焦虑，而不是出于任何内在意愿付诸行动时，"正常"和"神经质"

之间的界限就出现了。酗酒和强迫的性行为就是这样的例子。于是，动机不再是活动本身，而是活动的外在效应。在戏剧《培尔·金特》中，易卜生便描绘了酗酒和强迫的性行为。男主角培尔在前去婚宴的路上，因为自尊心受到打击，躲在灌木丛后面自言自语：

> 人们总是在你背后窃笑，
>
> 低声私语，把你伤得体无完肤。
>
> 要是我能喝点烈酒就好了。
>
> 或者不被注意到。（要是没人认识我就好了。）
>
> 还是喝一杯最好。这样笑声就不会伤人了。[1]

后来，培尔遇到了三个女孩，他向她们吹嘘：

> 培尔（突然跳进她们中间）：我是个三头巨魔，一个人可以对付三个女孩！
>
> 女孩们：一挑三？你行吗，小伙子？
>
> 培尔：试试看呗。[2]

1　易卜生：《培尔·金特》（Peer Gynt, New York, 1963），迈克尔·迈耶（Michael Meyer）译，第16页。

2　易卜生：《培尔·金特》，第34页。

某种行为是不是强迫性的，就看当个体被禁止实施该行为时，是否会出现严重的焦虑反应。

各种疯狂的活动都有助于缓解由焦虑唤起的机体紧张。强迫工作可能是美国人最常用的缓解焦虑的方式，它在美国可以被称为"正常的神经症"。努力工作通常综合了对焦虑的各种合理反应——工作是缓解焦虑的最便捷的方式之一。但努力工作很容易变成强迫性的。就像哈罗德·布朗在焦虑时语速也会变快一样，但这只是一种虚假的高效。

正如每个人或多或少都知道的，疯狂的活动既不会产生最佳效果，也不具有真正的创造性，更无法解决导致紧张的问题。关键在于，所进行的活动是否只缓解了紧张状态而没有解决根本冲突？如果是这样，那么冲突仍然存在，这项活动必定要反复进行。这可能便是强迫性神经症的开始。当然，这种说法过于简单化了，我在这里只是想说明，缓解焦虑的建设性方法和破坏性方法有着关键的区别。

思维僵化是另一种边缘性的特征。正如在宗教或科学的教条主义中所看到的，僵化是武装自我的一种方式，这样一个人就不会受到威胁。克尔凯郭尔讲了一个教授的故事：只有当字母是A、B、C时，他才能完美地证明某个定理；一旦字母换成D、E、F，他就不会证明了。僵化的思维可以提供暂时的安全感，但代价是失去发现新真理的可能性、排斥新知识、不能适应新情境。特别是在今天这样的转型时期，只要与进化和发展擦肩而过，这样的人就只能被困在岩石上。克尔凯郭尔补充道，相信宿命或必然性，就像迷信权威一样，是一种避免为自己的冲突承担责任的方法。因此，人们可以规避焦虑，但代价是丧失创造力。当个体需要保护的价值极易受到威胁（通常因为他们自身的内在矛盾），而他适应新环境的能力又相对较弱时，思维和行为的僵化也可能表现为强迫性神经症。

在本书的案例研究中，我们看到了许多避免焦虑情境的方式。这些方式从相对现实地适应困难情境——例如贝茜为了躲避母亲的虐待而逃到公园——到艾琳的过度害羞，再到海伦更为复杂的否认："不，我一点儿也不觉得内疚，我愿意忍受那些该死的折磨，把孩子生下来。"当这些方式变得越来越复杂时，便会产生压抑和形成症状。我不打算对这些行为模式进行分类，只想总结一下它们的共同特征。

我们已经看到，当一个人面临焦虑情境时，这些行为模式便会发挥作用。在海伦的案例中，我们注意到，她在罗夏墨迹测验的某些反应中呈现的焦虑越多，她个人独特的防御机制，比如不自然的笑声、否认和理智化，就表现得越频繁。同样，在阿格尼丝的案例中，她越是因为男朋友的忽视而感到焦虑，就越会表现出她特有的防御行为——攻击性和敌意。此外，我们还发现，当焦虑减轻时，防御行为也随之减少。这些现象背后的基本原理是显而易见的：当一个人面临焦虑情境时，他的防御机制便会被激活。因此，焦虑的出现与避免焦虑情境的行为模式之间有直接的关系。

但是，当行为模式以心理症状的形式出现时，造成焦虑的冲突在它进入意识层面之前，就被压制了。在这个意义上，症状可以被定义为一种内在的、结构化的防御机制，它通过自动的心理过程来消除冲突。以布朗的情况为例，只要他对癌症感到恐惧，并专注于头晕的心身症状，他就不能或不愿承认任何有意识的冲突或神经质焦虑。但当冲突和焦虑进入他的意识层面时，症状也就消失不见了。因此（这与前面的说法并不矛盾），有意识的焦虑和症状的存在成反相关。

我们都同意——尽管我不知道布朗是否同意——当他意识到自己的冲突时，他处于一种"更健康"的状态。我把更健康加上引号，是因为对布朗来说，这种状态肯定比他出现症状时更痛苦、更不舒服。但是相比之下，此时布朗可以去处理问题了，而以前他被困在僵化的症状中。概括其中的含义便是：有意识的焦虑虽然令人痛苦，但它可以用来整合自我。当布朗直面自己的焦虑时，他便摆脱了对癌症的恐惧；但现在他再也无法逃避摆在面前的困境了，即他对母亲的病态依赖。这一点印证了精神分析学家和心理治疗师的格言，即一个恐惧症患者如果想要克服恐惧，他迟早要去做他所害怕做的事。用拟人的话来说，只有捣毁焦虑的巢穴，才能真正战胜焦虑。我们希望，患者在与治疗师的互动中能够逐渐克服大量的神经质焦虑，这样即使要直接面对困境，也不会造成太大的冲击。

因此，在神经质焦虑中，防御机制、症状等行为模式的目的，是阻止内在冲突被激活。只要个人能成功运用这些机制，他就能够避免面对自己的冲突。如果南希能让身边的每个人都善待她，那么她的冲突——既需要完全依赖他人，又觉得别人不可靠——就不会发生了。如果海伦能够成功地否认，或者理智地对待她的罪疚感，那么她的冲突也就可以避免。尽管布朗的症状更为复杂，但还是可以看出同样的目的：如果他真的患有癌症或脑神经受损（或者他相信自己确实如此），他就可以住进医院，把自己交给权威，问心无愧地得到照顾。这样一来，他就不必再去做不胜任却又要负责任的工作；他还可以借此报复母亲，因为母亲将不得不在他生病期间养活他。因此，他冲突中的三个主要因素——他的被动性，他需要服从权威，他需要从罪疚感中解脱出来——将全部得到解决。

由于神经质焦虑的冲突是主观的，因此消除它的机制总是涉及某种形式的压抑，或者某种现实或态度的分裂。与贝茜跑出家门、跑进公园的客观行为相反，神经质焦虑患者试图逃离自己内心的某些元素。要做到这一点，就必须分裂这些元素，这便引发了内在的矛盾。海伦一方面试图彻底否认罪疚感的存在，另一方面她又花了大量的时间将这些感觉理智化。这两种消除罪疚感的方式是相互矛盾的：如果她真的相信自己没有罪疚感，她就不需要把它理智化。这就好像一位将军一边宣布没有战争，一边又召集军队去投入战斗。具体地说，海伦的行为模式就是以全盘否认来压抑自己的情感。但在更深的层次上，她又意识到这种压抑所包含的欺骗，因此另一种机制被激活了，也就是理智化。在努力减少主观冲突的过程中必然的分裂，导致了内在矛盾的建立，这解释了为什么减轻神经质焦虑的行为模式，只会产生一种岌岌可危的安全感。这些行为模式从来都不能持久有效地避免冲突。

在上述案例中，我们讨论了一种保护个体远离焦虑情境的模式，但据我所知，它还没有出现在任何关于焦虑的文献中。这种模式就是将焦虑本身作为一种防御，这一机制在南希的案例中表现得最明显。这位未婚妈妈除了保持谨慎与警觉之外，并没有其他应对焦虑的有效措施。换句话说，她的做法就是表现得极度焦虑，并向别人展示她有多焦虑。通过向别人展示她多么需要他们——如果他们对她不友好，她会受到很大伤害——她努力让别人对她永远保持善意（这样她就可以避免冲突）。这种行为可以总结为一句话："我已经这么焦虑了，不要让我更焦虑了。"如果焦虑或表现焦虑是为了抵御更多的焦虑，个体经常会通过展现软弱来避免冲突，仿佛她相信如果别人看到她焦虑不安，就不会攻击她、抛弃她或者对她期望太高。我将这种防御性的焦虑称为"假性焦虑"(pseudo-anxiety)。阿德勒看到了这种使用焦虑的方法，但他没有将此特别描述为防御性或假性焦虑，而是把所有的焦虑都归为这一类。但是，除非个体在更深的层次上经历过真正的焦虑，否则是不会使用这种防御性焦虑的。

在心理治疗中，区分假性焦虑与真正的焦虑是非常重要的。一个普遍接受的原则是，患者在放弃对焦虑的防御之前，焦虑必须得到缓解；但防御性的假性焦虑构成了一个例外。当假性焦虑在心理治疗中被尊重，或以其表面价值被接受时，潜在的冲突便无法得到澄清，因为这种焦虑（像其他防御机制一样）目的就是掩盖冲突。在这一点上，威廉·赖希的观点具有重要意义，他认为即使患者焦虑大肆发作，治疗师还是要攻击他的防御机制。[1]

建设性方式

前文说过，我们也可以建设性地对待焦虑，把它当作一

---

1 威廉·赖希(Wilhelm Reich)：《性格分析：实践与训练中的精神分析原则与技巧》(*Character Analysis: Principles and Technique for Psychoanalysis in Practice and Training*, New York, 1945)，沃尔夫(T. P. Wolfe)译。

种挑战和刺激，从而澄清并尽可能地解决潜在问题。焦虑表明一个人的价值体系中存在矛盾。只要能发现冲突，就能找到积极的解决方案。

就这个角度而言，焦虑可以说具有发烧的预警价值：它是人格内部不断斗争的信号，也是人格尚未发生崩溃的指标。我们在夏洛特的案例中看到，当一个人患上精神病时，焦虑可能会消失。而焦虑的存在，表明个体还没有精神错乱。

至于如何解决引起焦虑的问题，不同的心理治疗流派有两个共同的过程。这两个过程与我们对焦虑的研究也有逻辑关系。其一是意识的扩展：让个体看到是什么价值受到了威胁，并意识到自己诸多目标之间的冲突，以及这些冲突是如何发展的。其二是再教育：个体重新构建自己的目标，对价值做出选择，然后负责且务实地实现这些价值。很明显，这些过程不可能完美地实现——即便实现了，也未必是好事——确切地说，它们只是治疗过程的一般目标。

但是，鉴于解决神经质焦虑的挑战已成共识，在这个时代，我们往往会忽视正常焦虑也意味着某种可能性，并且可以被建设性地使用。在西方文化中，人们主要以消极的眼光看待恐惧和焦虑，认为它们是不当学习的结果。这种倾向不仅过于简单化，往往还意味着消除了建设性地接受和运用日常焦虑（这些焦虑并不能被认为是神经质的）的可能性。

杰罗姆·卡根赞同这一观点，他抨击了"焦虑迹象总是不好的，是精神病理的指标"[1]这一谬论。"心理健康就是活得无忧无虑"，这句话有其宝贵的理想意义；但当它被过度简化为人们通常所说的那样，即生活的目标就是完全没有焦虑，这种论断就具有欺骗性甚至是危险性了。

当我们处理的焦虑是人类的不确定性中所固有的，如随时可能降临的死亡、伴随个体发展而来的孤独等，我们的愿望就不可能是完全没有焦虑。一个在作战时不为部下担心的军官是不负责任的，在他手下服役也是危险的。更何况，在今天这样的历史时期完全不焦虑地生活，将意味着个体对我们的文化情境漠不关心，意味着个体对我们的公民职责麻木不仁。从法西斯主义在西班牙和德国的兴起中，我们可以举出许多例子：那些对社会危险毫无意识的公民，很快就成了崛起的独裁政权的傀儡。[2]

可以肯定的是，神经质焦虑是不当学习的结果，因为

---

1 杰罗姆·卡根（Jerome Kagan）：《儿童的社会心理发展》（*Psychosocial Development of the Child*），收录于弗兰克·福克纳（Frank Falkner）的《人类发展》（*Human Development*, Philadelphia, 1966）。

2 耶鲁大学的欧文·贾尼斯研究了医院里即将动手术的病人，发现那些"没有焦虑"的病人和过度焦虑的患者的情况都很糟糕。而表现最好的是那些适度焦虑的病人，他们充分展示出贾尼斯所说的"忧虑效应"（work of worrying）[参见《心理压力》（*Psychological Stress*, New York, 1974）]。

个体曾在某个时期内（通常是在童年早期）被迫应对威胁情境，而当时他还无法直接或建设性地处理这些经验。就这一点来说，神经质焦虑是一个人在早期经验中无法处理焦虑的结果。但正常的焦虑并不是不幸学习的结果。它来自个体对危险情境的现实评估。如果一个人在日常焦虑经验出现时，能够以建设性的方式应对，他就能避免人格上的压抑和退缩，而这些恰恰会导致后来的神经质焦虑。

因此，我们的问题是如何建设性地利用正常的焦虑。虽然这个问题在科学著作中没得到广泛研究，但克尔凯郭尔在一个世纪前就直接探讨过。克尔凯郭尔称焦虑是比现实更好的老师，因为个体可以暂时逃避现实，但焦虑是一种内在功能，除非压缩自己的人格，否则是无法摆脱焦虑的。克尔凯郭尔写道，只有在"焦虑学校"受过教育的人，也就是曾经面对和克服焦虑的人，才能够应对现在和未来的焦虑而不被击垮。在这一点上，有证据表明，那些在过去生活中经历过大量焦虑的士兵，以及在某些情况下"情绪过激"的士兵，比那些在战斗前没怎么经历过焦虑的士兵，能够更好地面对战斗中的焦虑体验。[1]

在我们这个时代，戈德斯坦等人探讨了如何建设性地利用焦虑的问题。让我们回顾一下在本书第三章中出现的戈德

---

[1] 格林克与施皮格尔：《压力之下的人》。

斯坦的观点：每个人在正常发展的过程中都会遇到频繁的焦虑冲击，只有对这些威胁做出积极的回应，个体的能力才能得以实现。戈德斯坦列举了一个简单的例子：一个健康的孩子学习走路，尽管在这个过程中，他不断地跌倒受伤，但他仍然会爬起来。

当从客观角度考虑建设性地应对正常焦虑时，我们注意到它的特征在于：个体直接面对焦虑情境，承认自己的不安，并带着焦虑继续前进。换句话说，个体穿越了焦虑情境，而不是绕过它们或退缩不前。有趣的是，这和培尔·金特学到的终极教训是一样的。易卜生把巨魔描述为到处绕路的生物。金特的性格变化出现在戏剧结尾处，当他听到巨魔唱着"回去！绕过去"，他喊道："啊！不！这次我要直接穿过去。"[1]我们再以"二战"中的士兵为例，他们最有建设性的态度就是：坦率地承认自己对战斗的焦虑或恐惧，但在主观上仍然义无反顾地继续行动。

作为推论，我们也已经指出，勇气不是没有恐惧和焦虑，而是即使害怕也能够继续前行。建设性地面对日常生活和危机中的正常焦虑，需要的是道德勇气而不是身体勇气（例如，心理治疗中自我发展的危机，往往与深刻的焦虑一起出现），并伴随着一种冒险的感觉。然而，当焦虑的情境

---

1 易卜生：《培尔·金特》，第126页。

更加严峻时，面对焦虑可能不会带来任何愉悦的感受。因此，只有借助最顽强的决心，才能顺利完成任务。

当我们主观地看待这个过程时，也就是说，当我们探究一个人内心发生了什么，使他能够直接面对危险，而其他人在同样情况下却可能逃离，我们会发现一些非常重要的资料。我们还是以士兵为例，前文指出，使士兵愿意面对危险的主观动机，是他们确信撤退带来的威胁大于继续战斗所面临的威胁。从正面来说就是，面对危险获得的价值大于逃避危险获得的价值。对许多士兵来说，共同的价值可能是战友们的期望——他不能让自己的部队失望。简单地说，就是不想在朋友面前显得"胆小"。在更成熟的士兵中，这可能被称为群体责任。有句老话是，一个人愿意面对并克服危险，靠的是某种"理由"，而不仅仅是为了抵抗威胁，这话说得没错。但有个问题是，只有那些成熟的士兵，才会将他们为之战斗的价值表达为更深刻的"理由"，比如爱国主义、自由或人类福祉。

我希望以上这段说明能为下面的概括奠定基础：当一个人确信（有意识或无意识）前行的价值大于逃避的价值时，他在主观上就准备好了建设性地面对眼前的焦虑。前文已经指出，当个体所认同的存在价值受到威胁时，焦虑便随之而来。让我们把焦虑想象成这样的冲突：一方面是威胁的情境；另一方面是个体所认同的存在价值。然后，我们就能够明白：神经症和病态情绪的出现，意味着前者（威胁）赢得了斗争；而建设性地对待焦虑，意味着后者（个人的价值）赢得了斗争。

对许多读者来说，"价值"这个词似乎是一个模糊的概念。在这里，我特意使用"价值"这个词，因为它是一个中性的术语，为每个人拥有自己目标的权利提供了最大限度的心理余地。因此，很明显，个体在面对焦虑情境时所依赖的价值因人而异，正如我们在那些士兵身上看到的。大多数人的动机可能来自他们从来没有说出来的基本价值观——维持生命的需要，或者追求"健康"的基本倾向。正如沙利文所说，这正是我们在心理治疗过程中经常提出的假设（并且有实际的证明）。

在其他层面上，社会声望当然是一种非常重要的价值，个体可以基于这一价值去面对危险。另一种价值是个体通过扩展自己的能力而获得的满足感（正如沙利文、戈德斯坦等人所强调的），它可能在孩童学步和其他发展性危机中发挥作用。例如，艺术家和科学家在创造新的艺术或提出全新的假说时，必然会经历许多关于存在的冲击，他们身上会出现千差万别的价值形式，但对于健康的艺术家和科学家来说，发现新的真理和冒险进入未知领域有丰厚的回报，值得他们不顾焦虑和孤独的威胁继续前行。从长远来看，如何应对正常的焦虑，取决于一个人对他自己和存在的价值的看法。

我们面对正常焦虑时所依赖的价值体系可以被称为——弗洛姆就是这么称呼它的——"信仰框架与奉献"（frame of orientation and devotion）[1]。从神学的观点看，蒂利希用"终极关怀"一词表达了这种价值。广义地说，这些价值反映了个体对生活的宗教态度，"宗教"（虔诚）一词是个体进行价值判断的基本前提。这种关于价值的假设，在弗洛伊德对科学尤其是心理学的奉献精神中得到了证明。众所周知，尽管弗洛伊德严厉地抨击了正统的宗教理论，但毫无疑问，他对自己存在价值（即他的"科学宗教"）的坚定和热情，使他以非凡的勇气在研究之路上十年踽踽独行，然后不顾诽谤和攻击，又继续研究了数十年。[2]

　　克尔凯郭尔对"无限可能性"（infinite possibility）的信奉，同样可以证明我们的观点。他坚信，除非一个人以内在的正直和不竭的勇气追求智识和道德洞见，将此作为他每日新体验的一部分，否则他就失去了作为一个人拓展的可能性和存在的意义。因此，克尔凯郭尔在某些方面与弗洛伊德并无不同，他能够不顾社会的误解、冲突，以及极度的孤独和焦虑，创造出令人惊讶的天才作品。

1　弗洛姆：《为自己的人》。
2　弗洛伊德对宗教的批判态度，以及他对科学成就、人类幸福的热情，体现在以下两本著作中：《一个幻觉的未来》和《文明及其不满》。

现在，我们可以更全面地理解前文提到的斯宾诺莎的观点：像恐惧和焦虑这样的负面情感，只有凭借更强大、更有建设性的情感才能最终克服。他相信，终极的建设性情感是个人"对上帝的理智之爱"。根据目前的讨论，斯宾诺莎所说的"上帝"可以被视为一种象征，代表了个人认为值得终极关怀的事物。

正如前面所指出的，人们应对焦虑情境所依赖的价值体系，包括了简单的物质生活保障，古典的享乐主义、禁欲主义和人文主义价值，以及传统宗教所提供的"信仰框架与奉献"。我的目的既不是暗示这些价值假设具有同等的效用，也不是要对它们做出评判。我在这里只是想表明，一个人建设性地面对正常的焦虑体验，是因为前行比退缩更有挑战，也会有更多的收获。我希望以上讨论停留在心理学层面，因为这些价值是因人而异、因文化而异的。而唯一内在的心理标准就是：在这些价值体系中，哪一个将最具建设性地成为个体面对焦虑的基础？换句话说，哪一种价值最能释放个体的能力，让他最大限度地发挥自己的力量，以及增进与他人的关系？

第十二章 焦虑与自我发展

……多么愚蠢啊

拒绝时间的安排

而且，忽视我们的生命，

哭喊——"可怜的邪恶的我，

多么有趣的我。"

我们宁愿被毁，也不愿改变

我们宁愿在恐惧中死去

也不愿爬上此刻的十字架

让自己的幻影破灭。

——奥登《焦虑的年代》

当一个人自愿或被迫去限制自己的人格，选择在自己周围筑起一道高墙，保护自己免受焦虑侵袭，那么会发生什么呢？例如，我有一个广场恐惧症患者，她不敢独自出门、购物或开车，也无法去参加她丈夫（他是个演员）的任何一场首映式。她每次来找我咨询，必须得有司机接送。她确实限制了自己的世界、活动范围，以及施展才能的竞技场。神经症可以说是对可能性的否定，会造成个体世界的萎缩。因此，自我的发展会在根本上受到限制。用蒂利希的话说，个体为了保存一点点的存在，被迫（或自愿）接受更大程度的非存在。

焦虑和人格贫瘠

菲莉丝的案例表明，人格的贫瘠可以阻断任何导致焦虑的冲突。菲莉丝完全屈从于她所处环境的要求（尤其是她母亲的要求），接受了由此带来的人格贫瘠，几乎没有表现出任何焦虑。我们在讨论她的时候（第八章）注意到，菲莉丝很高兴产科医生没有告知她病情，她对自己的"不知情"也很得意，并把非理性的"对科学的信念"当作减轻焦虑的咒语，就像有些人使用"转经筒"一样。她的情况说明了结构化的人格萎缩所带来的影响。她接受了束缚，并彻底限制自己的活动——与多洛雷丝和布朗不同——她扩张和发展的能力大大减弱了。对她来说，逃避冲突和焦虑所付出的代价是自主权的丧失、思维和感受能力的枯竭，以及交际能力的急剧弱化。

有趣的是，同样的做法在弗朗西丝身上却遭遇了失败，她试图约束自己的个性，压抑自己的情感与原创性，以此作为避免焦虑情境的手段。但她的原创性经常会突破这个限制的过程。当她成功压制住自己的原创性时，焦虑便不会出现。但是，当这些限制失败时——例如，当她的原创性浮现时——焦虑就会随之而来。

另一方面，严重的焦虑也会导致人格贫瘠。我们注意到，布朗的第一次罗夏墨迹测验是在重度焦虑状态下进行的，他表现出了较低的生产性，几乎没有原创性，很少使用感知或思维能力，反应的模糊性占主导地位，缺乏与现实联系的能力。这些特征可以被看作焦虑对他的直接影响。总的来说，这个人与自己和环境的关系是"模糊的"。他飞快的语速就像汽车引擎的"旋转"：噪声很大，转得很快，但没有产生位移或效率。后来，他在不焦虑的状态下进行了第二次罗夏墨迹测验，这次他表现出了较高的生产性、一些原创性、显著增强的思维和感知能力，以及更强大的处理现实的能力。他之前与现实的模糊关系消失不见了。

另一个案例是多洛雷丝，她的焦虑性恐慌使她在第一次罗夏墨迹测验中，几乎完全丧失生产性，同时也使她在很大程度上无法与"胡桃屋"的其他人建立联系。

这些例子表明，焦虑或多或少会妨碍个人在各个方面的生产性活动——包括思维能力、感知能力以及计划和行动能力。这种焦虑的削弱效应是"焦虑抵消工作"这一格言的基本原理。一个人与自我、他人，以及其他现实层面的"模糊"关系，便证明了我的观点，即焦虑会破坏个体现实地评估刺激或者区分主客体的能力。用戈德斯坦的话说，这相当于一种"自我消解"的体验，是自我实现的极端对立面。当然，正如我们在上一章所看到的，如果一个人能够富有成效地工作，那么反过来说也是正确的：工作往往会抵消焦虑。

还有一种避免强烈冲突的方法，它不仅涉及人格的贫瘠，还包括了对现实的扭曲。那就是精神病。我们注意到，轻度精神病状态下的夏洛特，看起来似乎没有任何问题。如果访谈中出现了涉及冲突的话题，夏洛特便故意插科打诨，或是沉默不语。在她身上，精神病的发展掩盖了任何可能的冲突。各种形式的精神疾病都是个体主观冲突的最终结果。这种冲突太过巨大而让人无法承受，同时又无法在其他层面上解决，精神病的发展便是摆脱冲突和焦虑的极端代表。在夏洛特这样的案例中，逃避冲突的代价是扭曲她与现实的关系，正如她对怀孕的态度，以及她在罗夏墨迹测验中的扭曲反应所显示的。我们已经指出，焦虑的存在表明病情还没有严重恶化。就目前的讨论而言，焦虑的存在意味着个体还没有在冲突中缴械投降。但是，夏洛特已经输了这场战斗。对她来说，想要获得健康的状态，就要重新焦虑起来。

因此，人格的萎缩和贫瘠，使个体可以避免主观冲突以及伴随而来的焦虑。但是，个体的自由、原创性、爱的能力，以及他作为一个自主人格的其他扩张与发展的可能性，都在这个过程中被迫放弃了。可以肯定的是，通过接受人格的贫瘠，个体可以暂时地摆脱焦虑。但是，这种"交易"付出的代价是，人类会失去自我的那些独特而宝贵的特征。

创造力、智力和焦虑

这个问题的另一个方面在于：更具创造力的人会更频繁地面对焦虑情境吗？我们已经看到，人格贫瘠的人很少有神经质焦虑。可反之亦然吗？克尔凯郭尔提出的一个观点是，既然焦虑来自一个人在自身发展以及与人交往中所遇到的各种可能性，而更有创造力的人会面对更多的可能性情境，因此，他们会更频繁地置身于焦虑情境。同样，戈德斯坦认为，更有创造力的人喜欢探索各种危险的情境，因此会更频繁地感到焦虑。在今天，保罗·托伦斯描述了富有创造力的孩子如何不断寻找焦虑情境，以求进一步的自我实现。[1]

针对这一问题，我将以本研究中的未婚妈妈为例，把她们的焦虑程度与各自的智力潜能、原创性和分化程度进行排序并加以比较。我完全明白这种方法还有许多不足之处，而排序必然是一种粗略的比较方法。此外，智力潜能、原创性和分化程度等因素，是否足以描述克尔凯郭尔所说的"创造性"，这也是值得怀疑的。克氏使用的是德文"Geist"（精神）这个词，意思是人类与动物有所区别，人类能够去构想并实现可能性。或者，正如戈德斯坦在脑损伤研究中所说的，这是一种基于"可能性"而超越当前具体情境的能力。尽管我们的方法存在缺陷，但我相信它至少可以产生一些提示。

乍看之下，焦虑程度和智力潜能的排序及比较显示，焦虑程度为高或较高的未婚妈妈，其智力潜能也都属于高或较高类别（除了艾达——两名黑人女性中的一个）。相反，焦虑程度为较低或低的未婚妈妈，智力潜能也属于同一类别（艾达再次是一个例外）。因此，上述迹象表明，智力潜能越高的女孩，焦虑程度确实也越高。

---

1 保罗·托伦斯（Paul Torrance）：《关于十二种亚文化背景下青春期前儿童的比较研究：幻想故事中的压力寻求》（*Comparative Studies of the Stress Seeking in the Imaginative Stories of Preadolescents in Twelve Different Subcultures*），收录于塞缪尔·克劳斯纳（Samuel Kalusner）主编的《为什么人要冒险：压力寻求的研究》（*Why Man Takes Chances: Studies in Stress Seeking*, New York, 1968）。

焦虑程度		智力潜能[1]	
南希 阿格尼丝	高	海伦（130） 南希（125）	高
海伦 海丝特 弗朗西丝 艾琳 艾达	较高	阿格尼丝（120） 弗朗西丝（120） 海丝特（120） 艾琳（120）	较高
多洛雷丝 贝茜	较低	贝茜（115） 多洛雷丝（110） 菲莉丝（115） 莎拉（110）	较低
路易丝 菲莉丝 莎拉	低	艾达（100） 路易丝（100）	低

　　我并不是说她们一定会表现出严重的焦虑，更聪明的人可能会发展出更有效的方法来管理和控制自己的焦虑。有些

1　这两项排序是由罗夏墨迹测验专家布鲁诺·克洛普弗博士完成的。智力潜能是以罗夏墨迹测验为基础的，目的是与智力效能有所区别。测量智力效能是否有助于解决当前的问题，这是非常值得怀疑的。我们在这里略过了夏洛特的案例，因为精神病的发展会带入不同的因素，最明显的就是个体会回避任何引发焦虑的冲突。我知道当前关于智力测验存在争议。"智力潜能"一词也可以换成"创造性潜能"，并不会改变我的主要观点。

读者更喜欢"潜在焦虑"的说法，但这个说法并不能改变上述观点。潜在的焦虑仍然是焦虑。[1]

当我们将原创性反应数量与焦虑程度进行比较时（如下表所示），我们注意到，除一个人之外，其他原创性反应数量为高或较高的未婚妈妈，其焦虑程度也属于这两个类别。这个例外便是另外一位黑人女性莎拉。

当我们将分化程度与焦虑程度进行比较时，莎拉又是唯一的例外[2]；而其他分化程度为高或较高的未婚妈妈，其焦虑程度对应的还是这两个类别。就目前的方法而言，研究结果支持这样的假设，即智力、原创性和分化程度越高的人，焦虑程度也越高。正如利德尔所说："焦虑和智力活动如影随形。"[3]我可以补充一句，焦虑与智力成正比关系。[4]

以下是根据罗夏墨迹测验中的原创性反应数量和分化程度进行的排序。

---

1 "我可能焦虑"只是在程度上没有"我焦虑"那么强烈。
2 关于莎拉的案例，我们在讨论中指出，未婚先孕对她来说并不像对白人女性来说那样令人焦虑。因此，在这些比较中，是否应该对她这个例外予以同样的重视，是值得怀疑的。
3 请参见第三章。
4 作为焦虑与智力关系的证明，阿门与雷尼森（E. N. Amen & N. Renison）对儿童恐惧的研究得出结论：越聪明的孩子，越能够生动地回忆起可怕的经历，并将它们作为未来潜在的威胁来源。阿门与雷尼森：《儿童游戏方式与焦虑之间关系的研究》（*A Study of the Relationship Between Play Patterns and Anxiety in Children*），载于《普通心理学月刊》（*Gen. Psychol.*，1954，第50期），第3—41页。

罗夏墨迹测验中的原创性反应数量		
海伦 莎拉	15 15	高
南希 弗朗西丝 阿格尼丝 艾琳	8 7 7 6	较高
海丝特 路易丝 菲莉丝 贝茜	4 4 3 2	较低
艾达 多洛雷丝	0 0	低

罗夏墨迹测验中的分化程度	
海伦	高
艾琳 弗朗西丝 南希 莎拉 阿格尼丝 海丝特	较高
贝茜	较低
路易丝 菲莉丝 多洛雷丝 艾达	低

总而言之，在我们研究的案例中，人格贫瘠与焦虑缺失是相关的。焦虑倾向于削弱和压缩人格，一旦这种削弱在人格中被接受并结构化，也就是说，一个人变得贫瘠了，主观冲突和神经质焦虑就会得以避免。克尔凯郭尔、戈德斯坦等人的观点，得到了本研究和许多其他研究的证实，即人格越富有创造性和生产性，它所面临的焦虑情境就越多。那些学习成绩特别好又很有天赋的学生，会有更多的焦虑，也就是说，会以焦虑来回应各种压力。相比之下，那些竞争力较弱的学生，则会以自责或责怪他人来应对糟糕的表现，从而减轻自身的焦虑。[1]

此外，焦虑可以抑制也可以促进表现，这取决于焦虑的强度和个人的创造潜能。极具创造力的人会比那些缺乏创造力的人，更能够在压力状态下完成认知任务。[2]许多心理学家认为，焦虑在一定程度上会促进表现，但随着焦虑上升，变得难以承受，就会削弱个体的表现。我们同意丹尼的看法：

---

1 克里斯汀·谢吕尔夫与南希·威金斯（Kristen Kjerulff & Nancy Wiggins）：《研究生如何应对压力情境》（*Graduate Students Style for Coping with Stressful Situations*），载于《教育心理学杂志》[（*Journal of Education Psychology*，1976，68（3）]，第247—254页。
2 约翰·辛波斯基（John Simpowski）：《压力与认知表现创造性的关系》（*The Relationship of Stress and Creativity to Cognitive Performance*），载于《国际论文摘要》[*Dissertation Abstract International*，1973，34（5-A）]，第2399页。

也许是任务本身的困难引发了能力较差者的焦虑。[1]而其他更聪明或更有创造力的人，则会通过焦虑来激发自己取得更优异的成绩。

同样，我们也可以从经常被嘲笑的老鼠实验中吸取教训。在《科学》杂志的一篇报告中，剑桥大学的研究人员指出，任何一般的唤醒，包括疼痛与焦虑，都能够刺激学习。[2]此外，研究还发现，关在拥挤笼中的老鼠（多半处于压力状态下），比那些关在较大空间的老鼠更能够抵御疾病（肺结核）。换句话说，当有机体鼓起勇气时，即使是由痛苦和不便唤起的，它也会有更好的表现。这项研究的结果可以简单地表述为：适度的焦虑对有机体有建设性的影响。换句话说，单纯的满足并不是生活的最终目的。我认为，像生命的活力、对价值的承诺、广泛的敏感度等，都是更合适的目标。或许，这就是为什么那些无法"免于焦虑"和真实体验过焦虑的跳伞员[3]和士兵，在各自的任务中会比那些没有焦虑

---

1 丹尼（J. P. Denny）：《焦虑与智力对概念形成的影响》（*Effects of Anxiety and Intelligence on Concept Formation*），载于《经验心理学杂志》（*Journal of Experience Psychology*，1966，第72期），第596—602页。

2 《心脑公告》（*Brain-Mind Bulletin*）〔1977年1月3日，2（4）〕。

3 芬茨与爱波斯坦：《跳伞员生理唤醒程度与跳伞的函数关系》（*Gradients of Physiological Arousalin Parachutists as a Function of an Approaching Jump*），载于《身心医学》（1967，第29期），第33—51页。

经历的人表现得更好。

现在，我想提出一个概念，它可能会把一些零散的焦虑理论综合起来。我们在本章前几节已经指出，神经质焦虑源于期望与现实之间的落差或矛盾，这种矛盾最初发生在个体与父母的早期关系以及对父母的态度中。我们现在需要强调的是，期望和现实的落差，既有神经质的形式，也有正常和健康的形式。

事实上，这种落差是所有创造性活动的条件之一。艺术家在他的想象中构思出一幕颇具意境的场景。这幕场景一部分来自他看到的自然风景，另一部分则是他自己的想象。他创作的画便是自己的期望（艺术构想）与眼前的现实相结合的产物。于是，这幅人为创作的画就要比入画的无生命的自然更丰富、更扣人心弦。同样，每一项科学探索都包含了科学家对现实施加的期望，也就是他所做出的假设，当这个过程成功时，他就会发现一些以前不曾被如此看待的现实。在伦理学领域，如果一个人用自己的期望——更理想的关系状态——引导自己当前与他人的关系，那么他的人际关系也会发生某种变化。

这种体验期望与现实的落差，以及将期望变为现实的能力，是所有创造性活动的特征。在我们看来，人类的这种能力就是处理"可能性"和做"计划"的能力。[1]在这种情况

---

1 请参见利德尔（第三章）。

下，人类可以被称为有想象力的哺乳动物。

无论我们如何定义这种能力，它既是焦虑的前提，也是创造力的条件。焦虑和创造力密不可分。正如利德尔所说，焦虑是智力的阴影，是创造力发生的环境。所以，我们的讨论又回到了原点。我们看到，人类的创造力和对焦虑的敏感，其实是同一能力的两个方面，这种能力是人类所独有的，即意识到期望和现实之间的落差。

但是，这种能力的神经质表现和健康表现之间存在根本的区别。在神经质焦虑中，期望与现实的落差以矛盾的形式出现。期望与现实无法结合在一起，因为没有人能承受这种落差导致的持续张力，个人因而会对现实进行神经质的扭曲。虽然这种扭曲是为了保护个体不受神经质焦虑的影响，但从长远来看，它会使期望和现实之间的矛盾更加僵化，从而为更严重的神经质焦虑埋下祸根。

另一方面，在生产性活动中，期望并不与现实矛盾，而是成为创造性地改变现实的手段。通过个人把期望和现实逐步统一，这种落差不断得到弥补。正如我们在本书中多次强调的那样，这是克服神经质焦虑的有效方法。因此，人类解决期望与现实之间冲突的力量——也就是我们的创造力——同时是我们超越神经质焦虑，以及与正常焦虑共处的力量。

自我的实现

"自我"（self）这个词被用在焦虑问题上有两层含义。从广义上说，"自我"指的是个人能力的总和，这是戈德斯坦的用法。从狭义上说，"自我"使人类有机体能够意识到自身的活动，并通过这种意识在一定程度上指导这些活动，这是克尔凯郭尔、沙利文和弗洛姆等人的用法。焦虑与这两个层面的自我的发展都息息相关。

只有当个体面对并经历焦虑时，自我实现——个人能力的表达与创造性运用——才有可能发生。健康个体的自由，就在于他能够利用新的可能性来面对和克服潜在的生存威胁。一个人只有经历过焦虑，才能寻求并部分达成自我实现。他扩大了自己的活动范围，同时突破了自我。这也是克服焦虑的先决条件。我们发现，脑损伤患者对焦虑的耐受力最弱，儿童的耐受力稍强，而富有创造力的成年人耐受力最强。

关于使用狭义的"自我"——对个人经验与活动的觉察功能，沙利文做出了重要贡献。他认为，自我正是在儿童的焦虑体验中形成的。婴儿在与母亲的早期关系中，学会了哪些活动会得到认可和奖励，哪些活动会遭到反对和可能的惩罚，而后者会引发焦虑。这种沙利文所谓的"自我动力机制"（self-dynamism）发展过程如下：引发焦虑的经验被排除在活动和意识之外，而被认可的活动则被纳入孩子的意识和行为中。从这个意义上说，自我的产生是为了保护个人的安全，使他免受焦虑的困扰。这个观点强调了焦虑在自我发展中的整合功能，并阐明了我们在前面多次提及的一个普遍现象，即以非建设性的方式处理焦虑经验，将会导致自我的萎缩。沙利文在谈到焦虑的建设性用途时指出，当一个人能够建设性地应对焦虑时，人格中的焦虑领地往往会转化为成长的重要阵地，这在心理治疗或良好的人际关系中不难看到。

现在，我们来谈谈自我的积极面——自由、扩大的自我意识和责任感。个人自由的出现与焦虑有着密切的关系。事实上，自由的可能性总是会引起焦虑，而个人如何去面对焦虑，将决定自由是被肯定还是被牺牲。孩子需要打破对父母的固有依赖，但这个过程往往伴随着焦虑。对于健康的孩子来说，他们可以基于更强的自我导向和自主性，通过与父母和他人建立新的联系来克服这种焦虑。但是，如果脱离父母会引发难以忍受的焦虑（比如，那些对父母怀有敌意或过度焦虑的孩子），而且因此要承受的孤立感和无助感过于沉重，孩子便会退回到新的依赖形式中。因此，个人不仅牺牲了扩大自我的可能性，还为后来神经质焦虑的出现奠定了基

础。这意味着，如果一个人要建设性地应对焦虑，那么独立
与自由的能力是必不可少的。

当一个人面对并经历新的可能性时，自我意识便会得
到增强。尽管婴儿最初的焦虑没有任何内容，但在自我意识
出现后，就会发生变化。克尔凯郭尔将这种自我意识的浮现
称为"质的飞跃"，在当代动力心理学的不同背景下，它被
描述为自我（ego）的出现。现在，孩子开始意识到，自由
包含着责任。这种责任不仅是对他人负责，更重要的是"做
自己"。这种责任的反面是罪疚感。如果一个人拒绝利用新
的可能性，拒绝从熟悉转向未知，设法逃避焦虑、责任和罪
疚感，他便牺牲了自己的自由，并压缩了他的自主性和自我
意识。

克尔凯郭尔言简意赅地说："冒险会导致焦虑，但不冒
险会失去自我。"利用自己的可能性，面对焦虑并接受其中
的责任和罪疚感，必然会带来更强的自我意识、更多的自由
和更大的创造力。

以世人的眼光来看，冒险前进的风险很大。原因
何在？因为个人可能会失败。放弃冒险或许是一个聪
明的选择，但是如果不去冒险，那么我们可能极易
失去那些在最艰难的冒险中也很难失去的东西，一
个冒险的人不管失去多少，也不会像不冒险的人那么

轻易、彻底地失去———他的自我。如果我的冒险有问题，很好，生活会以惩罚的方式指点我。但如果我根本不去冒险，那么谁能帮助我呢？如果连踏上完全冒险之旅的勇气都没有（完全冒险，恰恰是指自我意识之旅），即便获得一切世俗利益……但失去了自我！那有何用？[1]

一个人越有创造力，拥有的可能性就越多，也越有可能面对焦虑，以及随之而来的责任和罪疚感。或者，正如克尔凯郭尔所言："意识越丰富，自我越完整。"自我意识的增强意味着自我的丰满。因此，我们得出结论：当一个人面对焦虑、经历焦虑并最终克服焦虑时，自我的积极面也会随之发展。

---

1 克尔凯郭尔：《致死的疾病》，第52页。

致　谢

　　我要向下列作者和出版商表达谢意，感谢他们允许我从其出版物中引用材料。

　　感谢学术出版社允许我引用由查尔斯·施皮尔贝格尔主编的《焦虑与行为》（1966）中的内容，以及由他主编的《焦虑：理论与研究的当前趋势》（1972）中的两篇文章：尤金·莱维特的《论精神病学的重大突破》，理查德·拉扎勒斯和詹姆斯·埃夫里尔的《情绪与认知：特别提及焦虑》。

　　感谢美国图书公司允许我引用库尔特·戈德斯坦所著的《有机体：生物学的整体取向》（1939）。

　　感谢奥登先生允许我引用《焦虑的年代：一首巴洛克牧歌》（1947）中的内容，该书由兰登书屋出版。

　　感谢巴兰坦出版社允许我引用格雷戈里·贝特森所著的《走向精神生态学》（1972），该书版权由钱德勒出版公司享有。

感谢布莱基斯顿出版公司允许我引用R. R.格林克与S. P.施皮格尔所著的《压力之下的人》（1945）。

感谢克拉克大学出版社允许我引用由卡尔·默奇森主编的《社会心理学手册》（1935）一书中R. R. 威洛比所写的《魔法和同源现象：一个假设》。

感谢哥伦比亚大学出版社允许我引用海伦·邓巴所著的《情绪与身体变化》（1938），该书初版于1935年；以及允许我引用亚伯兰·卡迪纳所著的《社会的心理边界》（1945）。

感谢埃里希·弗洛姆允许我引用《逃避自由》（1941）和《为自己的人》（1947）中的内容，这两本书均由莱因哈特公司出版。

感谢格伦与斯特拉顿出版社允许我引用保罗·霍克与约瑟夫·祖宾主编的《焦虑》（1950）中的两篇文章：劳蕾塔·本德的《失常儿童的焦虑》，保罗·蒂利希的《我们文化中缓解焦虑的力量》（*Anxiety-reducing agencies in our culture*）。

感谢哈科特与布雷斯出版公司允许我引用卡尔·曼海姆所著的《重建时代的人与社会》（1941），以及理查德·托尼所著的《贪婪的社会》（1920）。

感谢哈佛大学出版社允许我引用库尔特·戈德斯坦所著的《精神病理学视野中的人性》（1940）。

　　感谢亨利·霍尔特出版公司允许我引用赫尔曼·黑塞所著的《荒原狼》（1947），译者为巴兹尔·克赖顿。

　　感谢思想史杂志社和保罗·蒂利希允许我引用《存在主义哲学》一文，该文收录于《思想史期刊》（1944），版权由杂志社享有。

　　感谢阿尔弗雷德·克诺普夫出版社允许我引用奥托·兰克所著的《意志治疗》（1936）。

　　感谢霍华德·利德尔先生允许我引用他于1949年6月4日在美国精神病理学协会"焦虑"专题研讨会上所做的演讲。

　　感谢利夫莱特出版社和西格蒙德·弗洛伊德版权有限公司允许我引用弗洛伊德所著的《精神分析引论》，1948年版。该书1920年版与1935年版，版权由爱德华·伯奈斯享有；1963年版、1964年版、1965年版，版权由詹姆斯·斯特雷奇享有。

　　感谢麦克莱兰与斯图尔特出版公司允许我引用汉斯·塞里所著的《没有烦恼的压力》（*Stress without Distress*，1974），版权由作者享有。

　　感谢麦克劳希尔公司允许我引用汉斯·塞里所著的《生活的压力》（1956），版权由作者享有。

　　感谢O. H. 莫勒先生允许我引用他各种已发表及未发表的文章和演讲。

　　感谢诺顿出版公司允许我引用以下作品：沃尔特·坎

农的《身体的智慧》，该书于1939年修订增补，版权由作者享有；卡伦·霍妮的《精神分析的新方向》（1939）、《我们时代的神经症人格》（1937）、《我们内心的冲突》（1945）；西格蒙德·弗洛伊德的《精神分析引论新编》（1933），版权由作者享有，以及《精神分析季刊》（*Psychoanalytic Quarterly*，1936）中的《焦虑的问题》一文。

感谢彼得·波佩出版社允许我引用帕斯卡尔所著的《思想录》，该书由G. B. 罗林斯编辑和翻译。

感谢普林斯顿大学出版社允许我引用克尔凯郭尔的两本著作：《恐惧的概念》（1944）和《致死的疾病》（1941），译者均为沃尔特·劳里。

感谢兰登书屋允许我引用罗伯特·杰伊·利夫顿所著的《历史与人类生存》，该书1961年版、1962年版、1965年版、1968年版、1969年版和1970年版的版权均由作者享有。

感谢莱因哈特出版公司允许我引用卡尼·兰迪斯与威廉·亨特所著的《惊吓模式》（1939），版权由作者享有。

感谢罗纳德出版公司允许我引用亨特主编的《人格与行为失调》（1944）中利昂·索尔所写的《情绪紧张的生理效应》。

感谢桑德斯出版公司允许我引用乔治·恩格尔所著的《健康与疾病的心理发展》（1962）。

感谢西蒙与舒斯特出版社允许我引用罗伯特·杰伊·利夫顿所著的《自我的生活》（1976），版权由作者享有。

感谢芝加哥大学出版社允许我引用保罗·蒂利希所著的《新教时代》（1976）。

感谢维京出版社允许我引用诺曼·考辛斯所著的《过时的现代人》，版权由作者享有。

感谢约翰·威利父子出版公司允许我引用欧文·萨拉森与查尔斯·施皮尔贝格尔主编的《压力与焦虑》中的作品：科茨等人的《生活事件变化与心理健康》，J. J. 格伦与J. 巴斯迪安的《心理社会压力、人际沟通、心身疾病》，理查德·林恩的《焦虑的国家差异》，约纳·泰希曼的《应对重要家庭成员所带来的未知压力》。该书第1册1975年版、第2册1975年版、第3册1976年版、第4册1977年版的版权均由半球出版公司享有。

感谢耶鲁大学出版社允许我引用恩斯特·卡西尔所著的《人论》（1944）和卡尔·荣格所著的《心理学与宗教》（1938）。

附录

焦虑量表一：童年焦虑

　　每个孩子都会有一些担心、恐惧或焦虑。请查看下面每一种情况，依据自己小时候的担心程度，勾选出最符合的一项（"从不""有时"或"经常"）。

	从不	有时	经常
1. 考试失败	_____	_____	_____
2. 父亲失业	_____	_____	_____
3. 挨老师骂	_____	_____	_____
4. 碰到意外	_____	_____	_____
5. 母亲离开我	_____	_____	_____
6. 食物不够吃	_____	_____	_____
7. 没有同性朋友	_____	_____	_____
8. 成绩落后	_____	_____	_____
9. 父母生病	_____	_____	_____
10. 晚上被人尾随	_____	_____	_____
11. 兄弟姐妹离开我	_____	_____	_____

12. 不受欢迎　　　　＿＿＿＿　＿＿＿　＿＿＿

13. 被车撞　　　　　＿＿＿＿　＿＿＿　＿＿＿

14. 在学校公开演讲　＿＿＿＿　＿＿＿　＿＿＿

15. 生病了　　　　　＿＿＿＿　＿＿＿　＿＿＿

16. 父亲责骂我　　　＿＿＿＿　＿＿＿　＿＿＿

17. 做噩梦　　　　　＿＿＿＿　＿＿＿　＿＿＿

18. 没有异性朋友　　＿＿＿＿　＿＿＿　＿＿＿

19. 找不到工作　　　＿＿＿＿　＿＿＿　＿＿＿

20. 自己快死了　　　＿＿＿＿　＿＿＿　＿＿＿

21. 不是成功人士　　＿＿＿＿　＿＿＿　＿＿＿

22. 兄弟姐妹欺负我　＿＿＿＿　＿＿＿　＿＿＿

23. 某天要赡养父母　＿＿＿＿　＿＿＿　＿＿＿

24. 母亲责骂我　　　＿＿＿＿　＿＿＿　＿＿＿

25. 收到的圣诞礼物太少　＿＿＿＿　＿＿＿　＿＿＿

26. 在学校演话剧（怯场）＿＿＿＿　＿＿＿　＿＿＿

27. 房子着火　　　　＿＿＿＿　＿＿＿　＿＿＿

28. 贫穷　　　　　　＿＿＿＿　＿＿＿　＿＿＿

29. 独自留在黑暗中　＿＿＿＿　＿＿＿　＿＿＿

30. 兄弟姐妹的圣诞礼物比我多　＿＿＿＿　＿＿＿　＿＿＿

31. 父亲离开我　　　＿＿＿＿　＿＿＿　＿＿＿

32. 我会不会结婚　　＿＿＿＿　＿＿＿　＿＿＿

33. 父亲惩罚我　　　＿＿＿＿　＿＿＿　＿＿＿

34. 母亲快死了 _____ _____ _____

35. 来月经 _____ _____ _____

36. 家里进小偷 _____ _____ _____

37. 我家不够漂亮 _____ _____ _____

38. 某个兄弟姐妹快死了 _____ _____ _____

39. 孤独 _____ _____ _____

40. 父母可能不关心自己 _____ _____ _____

41. 女巫或鬼来了 _____ _____ _____

42. 母亲惩罚我 _____ _____ _____

43. 父亲快死了 _____ _____ _____

44. 不够漂亮 _____ _____ _____

45. 不够健康 _____ _____ _____

46. 遇到电影中的恐怖形象
如科学怪人 _____ _____ _____

47. 外出时遇到闪电或雷雨 _____ _____ _____

48. 有人挑衅我 _____ _____ _____

49. 遇到蛇 _____ _____ _____

50. 遇到大型动物 _____ _____ _____

51. 拔牙 _____ _____ _____

52. 有人嘲弄我 _____ _____ _____

53. 从悬崖上摔下去 _____ _____ _____

54. 独自被关在房里 _____ _____ _____

焦虑量表二：当前焦虑

　　人们会对不同的事件感到担心或焦虑。请查看下面每一种情况，依据自己的担心或焦虑程度，勾选出最符合的一项（"从不""有时"或"经常"）。

	从不	有时	经常
1. 被车撞	_____	_____	_____
2. 对异性没有吸引力	_____	_____	_____
3. 去医院	_____	_____	_____
4. 能否在工作上有所成就	_____	_____	_____
5. 老得太快	_____	_____	_____
6. 母亲是否对我感到失望	_____	_____	_____
7. 我是否快乐	_____	_____	_____
8. 没有足够的钱生活	_____	_____	_____
9. 动手术	_____	_____	_____
10. 没有异性朋友	_____	_____	_____
11. 我的宝宝是否健康	_____	_____	_____

12. 医院里的人怎样说我 　　　＿＿＿＿　＿＿＿＿　＿＿＿＿

13. 被解雇 　　　＿＿＿＿　＿＿＿＿　＿＿＿＿

14. 兄弟姐妹怎样看我 　　　＿＿＿＿　＿＿＿＿　＿＿＿＿

15. 城市被敌机轰炸 　　　＿＿＿＿　＿＿＿＿　＿＿＿＿

16. 我将住在哪里 　　　＿＿＿＿　＿＿＿＿　＿＿＿＿

17. 梦魇或噩梦 　　　＿＿＿＿　＿＿＿＿　＿＿＿＿

18. 我会不会结婚 　　　＿＿＿＿　＿＿＿＿　＿＿＿＿

19. 被抢劫 　　　＿＿＿＿　＿＿＿＿　＿＿＿＿

20. 我的宝宝长什么样 　　　＿＿＿＿　＿＿＿＿　＿＿＿＿

21. 身材变形 　　　＿＿＿＿　＿＿＿＿　＿＿＿＿

22. 身体不健康 　　　＿＿＿＿　＿＿＿＿　＿＿＿＿

23. 闺密怎样看我 　　　＿＿＿＿　＿＿＿＿　＿＿＿＿

24. 自己快死了 　　　＿＿＿＿　＿＿＿＿　＿＿＿＿

25. 产前阵痛 　　　＿＿＿＿　＿＿＿＿　＿＿＿＿

26. 异性朋友怎样看我 　　　＿＿＿＿　＿＿＿＿　＿＿＿＿

27. 运气不好 　　　＿＿＿＿　＿＿＿＿　＿＿＿＿

28. 是否该留下宝宝 　　　＿＿＿＿　＿＿＿＿　＿＿＿＿

29. 父亲怎样看我 　　　＿＿＿＿　＿＿＿＿　＿＿＿＿

30. 该找什么样的工作 　　　＿＿＿＿　＿＿＿＿　＿＿＿＿

31. 孤独 　　　＿＿＿＿　＿＿＿＿　＿＿＿＿

32. 父亲或母亲快死了 　　　＿＿＿＿　＿＿＿＿　＿＿＿＿

33. 人们生我的气 　　　＿＿＿＿　＿＿＿＿　＿＿＿＿

34. 中毒 　　　　　 　　　　　 　　　　　

35. 得不到我爱的人 　　　　　 　　　　　 　　　　　

36. 朋友让我失望 　　　　　 　　　　　 　　　　　

37. 溺水 　　　　　 　　　　　 　　　　　

38. 得不到老板的认可

焦虑量表三：未来焦虑

　　人们会有不同的担忧或焦虑。请查看下面每一种情况，依据自己的担心或焦虑程度，勾选出最符合的一项（"从不""有时"或"经常"）。

	从不	有时	经常
1. 朋友不支持我	_____	_____	_____
2. 我该何去何从	_____	_____	_____
3. 被解雇	_____	_____	_____
4. 在空袭中受伤	_____	_____	_____
5. 没有异性朋友	_____	_____	_____
6. 兄弟姐妹怎样看我	_____	_____	_____
7. 我的公寓着火	_____	_____	_____
8. 我的宝宝怎样长大	_____	_____	_____
9. 动手术	_____	_____	_____
10. 我会不会结婚	_____	_____	_____
11. 噩梦或梦魇	_____	_____	_____

12. 得不到我爱的人　　　＿＿＿＿　＿＿＿＿　＿＿＿＿

13. 中毒　　　＿＿＿＿　＿＿＿＿　＿＿＿＿

14. 父亲或母亲快死了　　　＿＿＿＿　＿＿＿＿　＿＿＿＿

15. 孤独　　　＿＿＿＿　＿＿＿＿　＿＿＿＿

16. 该找什么样的工作　　　＿＿＿＿　＿＿＿＿　＿＿＿＿

17. 异性朋友怎样看我　　　＿＿＿＿　＿＿＿＿　＿＿＿＿

18. 不幸降临到我身上　　　＿＿＿＿　＿＿＿＿　＿＿＿＿

19. 身材不好　　　＿＿＿＿　＿＿＿＿　＿＿＿＿

20. 父亲怎样看我　　　＿＿＿＿　＿＿＿＿　＿＿＿＿

21. 如何为宝宝规划未来　　　＿＿＿＿　＿＿＿＿　＿＿＿＿

22. 自己快死了　　　＿＿＿＿　＿＿＿＿　＿＿＿＿

23. 身体不健康　　　＿＿＿＿　＿＿＿＿　＿＿＿＿

24. 闺密怎样看我　　　＿＿＿＿　＿＿＿＿　＿＿＿＿

25. 被车撞　　　＿＿＿＿　＿＿＿＿　＿＿＿＿

26. 老得太快　　　＿＿＿＿　＿＿＿＿　＿＿＿＿

27. 工作表现不好　　　＿＿＿＿　＿＿＿＿　＿＿＿＿

28. 邻居怎样看我　　　＿＿＿＿　＿＿＿＿　＿＿＿＿

29. 我是否快乐　　　＿＿＿＿　＿＿＿＿　＿＿＿＿

30. 是否有足够的钱生活　　　＿＿＿＿　＿＿＿＿　＿＿＿＿

31. 宝宝是否足够健康　　　＿＿＿＿　＿＿＿＿　＿＿＿＿

32. 对异性没有吸引力　　　＿＿＿＿　＿＿＿＿　＿＿＿＿

33. 得不到老板的认可　　　＿＿＿＿　＿＿＿＿　＿＿＿＿

34. 有人挑衅我   _____ _____ _____

35. 家里进小偷   _____ _____ _____

36. 母亲怎样看我   _____ _____ _____

37. 拔牙   _____ _____ _____

38. 不得不再次去医院   _____ _____ _____

    注：以上三份量表并不适用于其他研究。它们是针对本书的研究编制的，内容仅与本研究相关。把它们放在附录里，是为了让读者更具体地了解第八章和第九章中案例研究的方法。

过焦虑的生活

　　焦虑，如今似乎已经成了我们生活中的口头禅。到今天，我还不曾听说哪个人没有焦虑过。如果他真的没有焦虑过，我想他可能也没有真正活过。

　　如果一个人没有因为想要的玩具焦虑过，没有因为学业成绩焦虑过，没有因为心仪的对象焦虑过，没有因为干不完的工作焦虑过，没有因为身体的健康焦虑过，那么，他要么对生活根本没抱任何希望，要么是大脑严重受损以致无法思考。即使你遇见一个仙风道骨、看似无忧无虑的人，他一定也是经历了各种焦虑，才到达了今天风平浪静的境界。

　　焦虑，是渴望和恐惧的混合物。当你靠近一个有可能无法完全把握的对象时，你心情激动，你有所畏惧，这就是焦虑的感觉；而当你逃离一个无法把握的对象且不会回头张望时，你的情绪是恐惧而不是焦虑。所以，焦虑代表的是敞开，是靠近；而恐惧代表的是封闭，是远离。若想真正地拥抱生活，焦虑可谓必不可少。如此说来，如果现在有人告诉你，"去过一种没有焦虑的生活吧"，你还会相信，还会趋之若鹜吗？

当然，我们在这里说的是"正常焦虑"而非"神经质焦虑"。正常焦虑，即我们在面对生活或自身的各种可能性时产生的矛盾情绪：一方面，生命无限美好，生活充满诱惑，我们渴望出人头地，成为英雄；另一方面，这个英雄之旅充满艰辛，每当劳累的时候，我们就想"躺平"。于是，在这"进与退"之间，或者从根本的程度上说，在这"生与死"之间，我们被焦虑所浸染，焦虑在我们前行的路上与我们融为一体。

神经质焦虑与正常焦虑有所不同，它产生的反应与客观刺激并不成正比，且对我们的破坏性影响会更大。神经质焦虑会让我们感觉"四面楚歌"，进而行动力瘫痪。只有这种焦虑才是我们需要处理的——把它减轻到可以忍受的程度，不影响我们自由行动的程度。

神经质焦虑的主观反应之所以与客观刺激不成正比，是因为它涉及了个体的内心冲突。也就是说，个体不仅被客观刺激所影响，更重要的是受到主观态度的影响。比如，面对一次出国考试，这次考试可能实际上并没有那么难，但你就是焦虑不已、紧张万分。这可能是因为如果这次考试成功了，便意味着你能够离开父母，将其弃之不顾；但如果失败了，又意味着你能力不足，还不能独当一面。正是这种父母给予的羁绊，加重了你的焦虑，甚至还会让你"大病一场"，好让你不用参加考试。

如果我们认为真正严重的焦虑并非来自实际的威胁或困难，而是来自他人对自己的看法，那么从另一个角度来说，我们也找到了神经质焦虑的解决之道，那就是人们之间无条件的、健康的爱（在上述例子中，是父母对孩子的"放手"）。所谓无条件的爱，是指人与人之间的情感基调是爱，而不是竞争与敌意，那样只会产生更多的焦虑。而健康的爱，是指一种非共生依赖的关系。爱应该指向自由，让一个人走向独立，做他自己。

话又说回来，这个"做自己"的过程必然充满着焦虑，但这是一种正常的焦虑、健康的焦虑。正如存在主义哲学家克尔凯郭尔所说："冒险会导致焦虑，但不冒险会失去自我。"一个人的自我意识越强，创造力越强，他必然面对越多的焦虑，因为他过着一种自由的生活，一种承担责任的生活。可以说，在成为自己的过程中，焦虑终日与我们为伴。

因此，我们时下流行的口号——"过一种没有焦虑的生活"——是不是要改一改了？相反，我们应该提倡大家"过正常焦虑的生活"。先哲孟子不是早就说过"生于忧患，死于安乐"吗？焦虑代表了一种动力、一种活力、一种耐力。今天，"焦虑"成为有些人的口头禅，可能并不是因为他在承受多大的焦虑，而是他不愿承受一点儿焦虑，以为能够彻底消除焦虑。要是这样想，就大错特错了。

"为焦虑正名"，除了伟大的先哲们，最杰出的代表就是心理学家罗洛·梅了。实际上，我以上所述关于焦虑的感悟，都来自罗洛·梅的《焦虑的意义》一书。这本书初版于1950年，再版于1977年。20世纪关于焦虑的真知灼见在21世纪仍然熠熠生辉，甚至在技术日益发达、人类日益自恋的今天，"如何与焦虑相处"的观点显得更加弥足珍贵。

这本书源于罗洛·梅研究焦虑的博士论文，也源于他罹患肺结核的亲身经历。梅最初是一名教师，后来选择成为牧师，以牧师的身份为人们提供咨询，但最后他还是决定走上心理学的道路。1941年，32岁的梅进入哥伦比亚大学攻读博士学位。1943年4月，梅作为博士候选人开展对"未婚妈妈"焦虑的研究，同年8月不幸被确诊为"中晚期肺结核"。在疗养期间，他一度悲观绝望，焦虑无比，但通过阅读克尔凯郭尔等人的著作而深受启发。1946年，当他重新回归论文写作时，无疑极大地丰富了原来的心理学研究架构，包括了哲学家、神学家、诗人和小说家、历史学家、社会学家以及众多心理学家的观点。1949年，年届不惑的梅获得临床心理学博士学位。次年，《焦虑的意义》出版，为梅在焦虑研究领域赢得了重要的学术地位。

这本书引述了众多前人的观点和研究，还涉及梅所设计的临床心理实验，理论纷繁，数据庞杂，给读者的理解带来了一定的困难。但是，作为一本心理学博士论文，可读性能达到如此程度，已是十分难得。事实上，又有几本心理学博士论文能像《焦虑的意义》这样化身为经久不衰的畅销书？作为一本学术著作，本书信息丰富，归纳得当，观点新颖，论证合理，能让众多读者受益，值得一读再读。

这本书由我和程璇老师一起翻译。程璇老师提供了初稿，我对照原文进行了通读和校对，遇到有问题的地方，便一起讨论、订正，这样差不多花费了一年时间。在此，非常感谢本书编辑老师对交稿时间的一再宽限。返稿时，我们又对照原文通读了一遍，订正了"不少"错误，既让人欣慰又令人汗颜。无奈译事无完美，焦虑不可避。鉴于我们水平和能力有限，书中错讹在所难免，欢迎广大读者批评指正，在此表示感谢！

郑世彦

2021年10月于合肥

图书在版编目（CIP）数据

焦虑的意义 / （美）罗洛·梅（Rollo May）著；程璇，郑
世彦译 . -- 杭州：浙江教育出版社，2023.1（2023.5 重印）
ISBN 978-7-5722-4734-7

Ⅰ . ①焦… Ⅱ . ①罗… ②程… ③郑… Ⅲ . ①焦虑—
通俗读物 Ⅳ . ① B842.6-49

中国版本图书馆 CIP 数据核字（2022）第 211472 号

焦虑的意义
JIAOLV DE YIYI

［美］罗洛·梅　著　程　璇　郑世彦　译

责任编辑：赵露丹
美术编辑：韩　波
责任校对：马立改
责任印务：时小娟
出版发行：浙江教育出版社
　　　　　（杭州市天目山路 40 号　电话：0571-85170300-80928）
印　　刷：河北鹏润印刷有限公司
开　　本：787mm×1092mm　1/32
成品尺寸：130mm×185mm
印　　张：17.25
字　　数：316000
版　　次：2023 年 1 月第 1 版
印　　次：2023 年 5 月第 2 次印刷
标准书号：ISBN 978-7-5722-4734-7
定　　价：78.00 元

如发现印装质量问题，影响阅读，请与本社市场营销部联系调换。
电话：0571-88909719

在喧嚣的世界里，
坚持以匠人心态认认真真打磨每一本书，
坚持为读者提供
有用、有趣、有品位、有价值的阅读。
愿我们在阅读中相知相遇，在阅读中成长蜕变！

好读，只为优质阅读。

焦虑的意义

策划出品：好读文化　　　　　　监　　制：姚常伟

责任编辑：赵露丹　　　　　　　产品经理：程　斌

特邀编辑：云　爽　　　　　　　装帧设计：仙　境